Repetitorium Regelungstechnik

Band 2

von
Hanns Peter Jörgl

Mit 214 Abbildungen, 7 Tabellen,
72 Beispielen und 66 Aufgaben

Zweite Auflage

R. Oldenbourg Verlag Wien München 1998

Die Deutsche Bibliothek – CIP-Einheitsaufnahme

Jörgl, Hanns P.:
Repetitorium Regelungstechnik / von Hanns Peter Jörgl. –
Wien ; München : Oldenbourg
Bd. 2, 2. Aufl. 1998
ISBN 3-486-24532-5 (München)
ISBN 3-7029-0441-7 (Wien)

Umschlagentwurf: Mendell & Oberer, München
Herstellung: Grasl Druck & Neue Medien, Bad Vöslau

ISBN 3-7029-0441-7 R. Oldenbourg Verlag Wien
ISBN 3-486-24532-5 R. Oldenbourg Verlag München

Vorwort zur zweiten Auflage

Die nunmehr vorliegende zweite Auflage von Band 2 des Repetitoriums Regelungstechnik baut auf die im ersten Band behandelten Grundlagen der konventionellen Regelung von Eingrößensystemen auf. Neben der Wurzelortskurvenmethode, der Störgrößenaufschaltung und der Kaskadenregelung, die noch als Ergänzungen zu Band 1 gesehen werden können, werden die Grundlagen der Analyse und des Entwurfs von Eingrößenregelsystemen im Zustandsraum, der Analyse nichtlinearer Regelsysteme und der digitalen Regelung behandelt. Gegenüber der ersten Auflage wurden keine grundsätzlichen Änderungen, sondern nur eine Fehlerberichtigung vorgenommen.

Dieser Band soll nicht als Lehrbuch angesehen werden. Es wird vorausgesetzt, daß der Leser die Grundlagen der konventionellen Regelungstechnik, wie sie in Band 1 dargestellt wurden, beherrscht und sich mit dem hier behandelten Stoff in entsprechenden Lehrveranstaltungen vertraut gemacht hat. Dem Repetitorium liegen die vom Verfasser für Studierende des Maschinenbaus an der TU-Wien gehaltenen Vorlesungen "Regelungstechnik" und "Digitale Regelung" zugrunde. Auf Herleitungen angegebener Beziehungen wurde in der Mehrzahl der Fälle, und auf Beweise von Sätzen bewußt vollständig verzichtet. Die angegebene Liste von Lehrbüchern mit ausführlichen Literaturzitaten sollte es dem interessierten Leser ermöglichen, seine dahingehenden Wünsche zu befriedigen. Dem Charakter eines Repetitoriums entsprechend wurde eine große Anzahl durchgerechneter Beispiele sowie Aufgaben samt Lösungen (im Lösungsteil am Ende des Buches) aufgenommen. Dabei wurden Zahlenwerte, wo immer solche verwendet wurden, vorwiegend nach didaktischen Aspekten ausgewählt.

Die Voraussetzungen, die ein Leser für ein erfolgreiches Arbeiten mit diesem Repetitorium mitbringen muß, sind genau jene, mit denen Studierende des Maschinenbaus an der TU-Wien im 6. Semester, d.h. nach einer ersten einführenden Vorlesung über die Grundlagen der Regelungstechnik, vertraut sind. Auf die zahlreichen existierenden Softwarepakete zur rechnergestützten Analyse und Synthese von Regelsystemen wird in diesem Repetitorium nicht eingegangen. Diese stellen zwar ein sehr nützliches, in vielen Situationen beinahe unverzichtbares Hilfsmittel dar, liefern jedoch zum theoretischen Verständnis der Zusammenhänge keinen nennenswerten Beitrag. Die Studierenden der TU-Wien werden in den Rechen- und Laborübungen exemplarisch in den Umgang mit derartigen Programmpaketen eingeführt.

Danken möchte ich meinen derzeitigen und ehemaligen Mitarbeitern am Institut für Maschinen- und Prozeßautomatisierung der TU-Wien, den Herren Dr. Christian Hanser, Dipl.-Ing. Ensio Hokka und Dr. Reinhard Korb für die Kapiteldurchsicht, das Korrekturlesen und das Überprüfen der Lösungen zu den Beispielen und Aufgaben. Schließlich gilt mein Dank Herrn Dr. Thomas Cornides vom Oldenbourg Verlag für die Einladung, dieses Repetitorium zu verfassen.

Wien, im Januar 1998 H. Peter Jörgl

Inhalt

1. Wurzelortskurven

1.1 Definition

Betrachtet wird der in Bild 1.1 dargestellte Eingrößenregelkreis. Die Übertragungsfunktion $G_o(s)$ des offenen Regelkreises wird in folgender Form geschrieben:

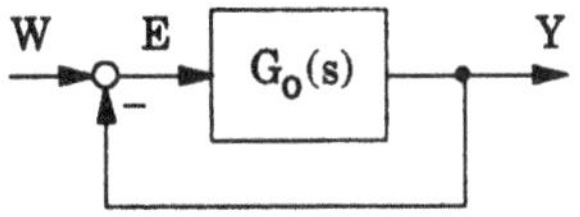

Bild 1.1

$$G_o(s) = K\frac{\prod_{\mu=1}^{m}(s-q_\mu)}{\prod_{v=1}^{n}(s-p_v)}, \quad -\infty < K < \infty. \tag{1.1}$$

Die Wurzelortskurve ist der geometrische Ort der Wurzeln der charakteristischen Gleichung

$$G_o(s)+1=0, \tag{1.2}$$

d.h. der geometrische Ort der Pole des geschlossenen Regelkreises in der komplexen s-Ebene ($s=\sigma+j\omega$), und zwar in Abhängigkeit von einem freien Parameter K.

Aus Gleichung (1.2) erhält man mit Gleichung (1.1) die Betragsbedingung und die Winkelbedingung:

Betragsbedingung:

$$K\frac{\prod_{\mu=1}^{m}|s-q_\mu|}{\prod_{v=1}^{n}|s-p_v|} = 1. \tag{1.3}$$

Winkelbedingung:

$$\sum_{\mu=1}^{m}\arg(s-q_\mu) - \sum_{v=1}^{n}\arg(s-p_v) = \sum_{\mu=1}^{m}\varphi_{q\mu} - \sum_{v=1}^{n}\varphi_{pv} = \begin{cases}(2k+1)\pi \text{ für } K>0\\ 2k\pi \text{ für } K<0\end{cases}, k=0,\pm 1,\pm 2,\ldots \tag{1.4}$$

Ob ein Punkt der komplexen s-Ebene ein Wurzelortskurvenpunkt ist, wird einzig und allein durch die Erfüllung der Winkelbedingung bestimmt. Mit der Betragsbedingung wird die Wurzelortskurve durch K parametrisiert.

1.2 Regeln zum Zeichnen der Wurzelortskurven

Im folgenden werden die Regeln, mit deren Hilfe Wurzelortskurven gezeichnet werden können, ohne Beweis angegeben.

(1.01) Da die Pole und Nullstellen von $G_0(s)$ entweder reell oder konjugiert komplex sind, verläuft die WOK immer symmetrisch zur reellen Achse.

(1.02) Für $K=0$ beginnen alle WOK-Äste in den Polen p_v $(v=1,2,\ldots,n)$ und enden für $K=\infty$ in den Nullstellen q_μ $(\mu=1,2,\ldots,m)$. Sind nur $m<n$ endliche Nullstellen vorhanden, so enden n-m Äste der WOK im Unendlichen. Von einem ρ-fachen Pol gehen ρ Äste aus, in einer ρ-fachen Nullstelle enden ρ Äste.

(1.03) Ein Punkt der reellen Achse ist ein WOK-Punkt, wenn gilt:

$$Z_P + Z_N = \begin{cases} \text{ungerade für } K > 0 \\ \text{gerade für } K < 0 \end{cases}. \tag{1.5}$$

Hierin ist Z_P die Anzahl der Pole und Z_N die Anzahl der Nullstellen rechts vom betrachteten Punkt auf der reellen Achse.

(1.04) Die Winkel, unter welchen die WOK-Äste aus einem reellen Pol austreten bzw. in eine reelle Nullstelle eintreten, lauten:

$$\left.\begin{aligned} \phi_{pr} = \phi_{qr} &= \frac{1}{\rho}\left[(Z_P - Z_N - 1)\,180° + r\,360°\right] \quad \text{für } K > 0 \\ \phi_{pr} = \phi_{qr} &= \frac{1}{\rho}\left[(Z_P - Z_N - 2)\,180° + r\,360°\right] \quad \text{für } K < 0 \end{aligned}\right\} \; r = 1,2,\ldots.,\rho. \tag{1.6}$$

Z_P und Z_N sind darin die Anzahl der reellen Pole bzw. Nullstellen rechts vom betrachteten Pol (Nullstelle), und ρ ist die Vielfachheit des betrachteten Poles (der betrachteten Nullstelle).

(1.05) Enden n-m Äste im Unendlichen, so existieren n-m Asymptoten, die sich im sogenannten Wurzelschwerpunkt σ_a auf der reellen Achse schneiden. Es gilt:

$$\sigma_a = \frac{\sum_{\nu=1}^{n} \mathrm{Re}(p_\nu) - \sum_{\mu=1}^{m} \mathrm{Re}(q_\mu)}{n - m}, \quad -\infty < K < \infty. \tag{1.7}$$

Für die Asymptotenneigungswinkel gilt:

$$\left.\begin{aligned} \phi_{ak} &= \frac{(2k-1)\,180°}{n-m} \quad \text{für } K > 0, \\ \phi_{ak} &= \frac{k\,360°}{n-m} \quad \text{für } K < 0, \end{aligned}\right\} \; k = 1,2,\ldots,(n-m). \tag{1.8}$$

(1.06) Die Verzweigungs- und Vereinigungspunkte σ_v der WOK auf der reellen Achse sind die reellen Lösungen der Gleichung

$$\frac{dK}{ds} = 0, \quad -\infty < K < \infty, \tag{1.9}$$

mit:

$$K = -\frac{\prod_{\nu=1}^{n}(s - p_\nu)}{\prod_{\mu=1}^{m}(s - q_\mu)}. \tag{1.10}$$

(1.07) Für den Austrittswinkel aus einem komplexen Pol bzw. den Eintrittswinkel in eine komplexe Nullstelle gilt:

$$\left.\begin{aligned} \phi_{p\kappa} &= \frac{1}{\rho_{p\kappa}}\left[-\sum_{\substack{\nu=1 \\ \nu\neq\kappa}}^{n} \varphi_{p\nu} + \sum_{\mu=1}^{m} \varphi_{q\mu} + (2r-1)\,180°\right], \quad \text{für } K > 0, \\ \phi_{p\kappa} &= \frac{1}{\rho_{p\kappa}}\left[-\sum_{\substack{\nu=1 \\ \nu\neq\kappa}}^{n} \varphi_{p\nu} + \sum_{\mu=1}^{m} \varphi_{q\mu} + r\,360°\right], \quad \text{für } K < 0 \end{aligned}\right\} \; r = 1,2,\ldots,\rho_{p\kappa}. \tag{1.11}$$

$$\left.\begin{aligned}\phi_{q\kappa} &= \frac{1}{\rho_{q\kappa}}\left[-\sum_{\substack{\mu=1\\ \mu\neq\kappa}}^{m}\varphi_{q\mu} + \sum_{v=1}^{n}\varphi_{pv} - (2r-1)180^\circ\right], \quad \text{für } K>0,\\ \phi_{q\kappa} &= \frac{1}{\rho_{q\kappa}}\left[-\sum_{\substack{\mu=1\\ \mu\neq\kappa}}^{m}\varphi_{q\mu} + \sum_{v=1}^{n}\varphi_{pv} - r\,360^\circ\right], \quad \text{für } K<0,\end{aligned}\right\} r = 1,2,\ldots,\rho_{q\kappa}. \quad (1.12)$$

Darin sind $\varphi_{q\mu}$ und φ_{pv} die Winkel der Vektoren von den Nullstellen und Polen zum betrachteten Pol (zur betrachteten Nullstelle) mit der positiven reellen Achse.

(1.08) Die Parametrisierung der Wurzelortskurve erfolgt durch die aus der Betragsbedingung durch Umformung erhaltene Beziehung:

$$K = \frac{\prod_{v=1}^{n}|s-p_v|}{\prod_{\mu=1}^{m}|s-q_\mu|}. \quad (1.13)$$

Beispiel 1.1: Gegeben ist die Übertragungsfunktion eines offenen Regelkreises:

$$G_o(s) = \frac{K_p}{s(1+0{,}5s)(1+0{,}25s)}.$$

Es ist die Wurzelortskurve für $K_p > 0$ zu zeichnen und mit Hilfe der Betragsbedingung die kritische Reglerverstärkung $K_{pkrit.}$ zu bestimmen.

Lösung: $$G_o(s) = \frac{8K_p}{s(s+2)(s+4)} = \frac{K}{s(s+2)(s+4)}, \quad K = 8K_p.$$

(1.01): $p_1 = 0,\ p_2 = -2,\ p_3 = -4$, keine endlichen Nullstellen, $n = 3,\ m = 0,\ n-m = 3$.

(1.03): $0 < s < \infty$: $Z_P + Z_N = 0 \Rightarrow \neq$ WOK, $-4 < s < -2$: $Z_P + Z_N = 2 \Rightarrow \neq$ WOK,
$-2 < s < 0$: $Z_P + Z_N = 1 \Rightarrow =$ WOK, $-\infty < s < -4$: $Z_P + Z_N = 3 \Rightarrow =$ WOK.

(1.04): p_1: $\phi_{p1} = (0-0-1)180^\circ + 360^\circ = 180^\circ$, p_2: $\phi_{p2} = (1-0-1)180^\circ + 720^\circ = 720^\circ = 0^\circ$,
p_3: $\phi_{p3} = (2-0-1)180^\circ + 1080^\circ = 180^\circ$.

(1.05): $\sigma_a = \frac{-2-4}{3} = -2$, $\phi_{a1} = \frac{180^\circ}{3} = 60^\circ$, $\phi_{a2} = \frac{540^\circ}{3} = 180^\circ$, $\phi_{a3} = \frac{900^\circ}{3} = 300^\circ$.

(1.06): $K = -s(s+2)(s+4)$, $\frac{dK}{ds} = -(3s^2 + 12s + 8) = 0 \Rightarrow \sigma_v = -0{,}845$.
Die Lösung $\sigma_v = -3{,}155$ gehört zur Wurzelortskurve für $K < 0$.

(1.08): Die Schnittpunkte der Wurzelortskurve mit der Imaginärachse liegen bei $\omega_{krit.} = 2\sqrt{2} \approx 2{,}83\ s^{-1}$. Für die kritische Verstärkung $K_{krit.}$ bzw. für $K_{pkrit.}$ erhält man mit der Betragsbedingung:

$$K_{krit.} = |s-p_1||s-p_2||s-p_3| = \left(2\sqrt{2}\right)\left(\sqrt{12}\right)\left(\sqrt{24}\right) = 48, \quad K_{pkrit.} = 6.$$

Bild 1.2 zeigt die resultierende WOK.

Beispiel 1.2: Gegeben ist die Übertragungsfunktion eines offenen Regelkreises:

$$G_o(s) = G_R(s)G_S(s) = \frac{K_p(1+0{,}25s)}{0{,}25s}\frac{1}{s+2} = \frac{K_p(s+4)}{s(s+2)}.$$

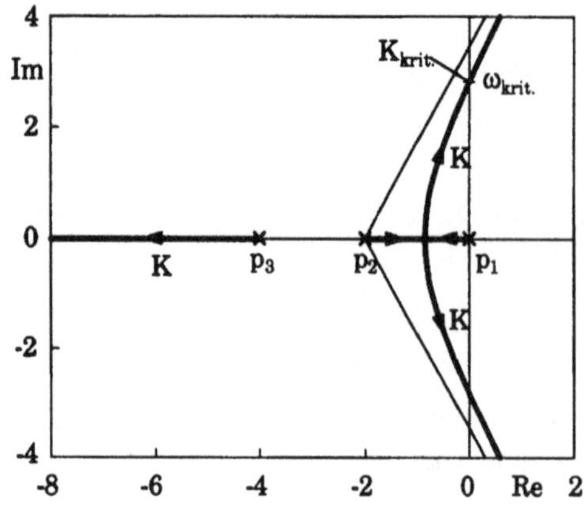

Bild 1.2

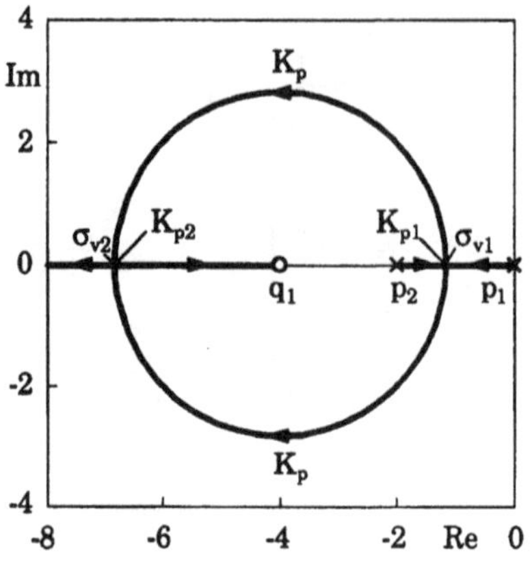

Bild 1.3

Es ist die Wurzelortskurve für $K_p > 0$ zu zeichnen und mit Hilfe der Betragsbedingung jener Bereich der Reglerverstärkung K_p zu bestimmen, für den der geschlossene Regelkreis reelle Pole besitzt.

Lösung: **(1.01):** $p_1 = 0,\ p_2 = -2,\ q_1 = -4, n = 2,\ m = 1,\ n - m = 1.$

(1.03): $0 < s < \infty$: $Z_P + Z_N = 0 \Rightarrow \neq$ WOK, $-4 < s < -2$: $Z_P + Z_N = 2 \Rightarrow \neq$ WOK,
$-2 < s < 0$: $Z_P + Z_N = 1 \Rightarrow =$ WOK, $-\infty < s < -4$: $Z_P + Z_N = 3 \Rightarrow =$ WOK.

(1.04): $\phi_{p1} = 180°,\ \phi_{p2} = 0°,\ \phi_{q1} = 180°.$

(1.06): $K_p = -\dfrac{s(s+2)}{s+4},\ \dfrac{dK_p}{ds} = -\dfrac{(2s+2)(s+4) - s(s+2)}{(s+4)^2} = 0 \ \Rightarrow\ \sigma_{v1} \approx -1{,}17,\ \sigma_{v2} \approx -6{,}83.$

(1.08):

$$K_{p1} = \frac{|\sigma_{v1} - p_1||\sigma_{v1} - p_2|}{|\sigma_{v1} - q_1|} \approx \frac{(1{,}17)(0{,}83)}{2{,}83} = 0{,}34,\ K_{p2} = \frac{|\sigma_{v2} - p_1||\sigma_{v2} - p_2|}{|\sigma_{v2} - q_1|} \approx \frac{(6{,}83)(4{,}83)}{2{,}83} = 11{,}66.$$

Der geschlossene Regelkreis hat für $0 < K_p \le K_{p1}$ und $K_{p2} \le K_p < \infty$, d.h. für $0 < K_p \le 0{,}34$ und $11{,}66 \le K_p < \infty$ ausschließlich reelle Pole. In Bild 1.3 ist die resultierende Wurzelortskurve dargestellt.

Beispiel 1.3: Gegeben ist die Übertragungsfunktion eines offenen Regelkreises:

$$G_o(s) = \frac{K(s+4)}{s(s^2 + 2s + 2)},\ -\infty < K < \infty.$$

Es ist die Wurzelortskurve für $K > 0$ und $K < 0$ zu zeichnen und mit Hilfe der Betragsbedingung die kritische Verstärkung $K_{krit.}$ zu bestimmen.

Lösung: **(1.01):** $p_1 = 0,\ p_{2,3} = -1 \pm j,\ q_1 = -4,\ n = 3,\ m = 1,\ n - m = 2.$

(1.03):

$K > 0$: $0 < s < \infty$: $Z_P - Z_N = 0 \Rightarrow \neq$ WOK, $-4 < s < 0$: $Z_P - Z_N = 1 \Rightarrow =$ WOK, $-\infty < s < -4$: $Z_P - Z_N = 2 \Rightarrow \neq$ WOK.

$K < 0$: $0 < s < \infty$: $Z_P - Z_N = 0 \Rightarrow =$ WOK, $-4 < s < 0$: $Z_P - Z_N = 1 \Rightarrow \neq$ WOK, $-\infty < s < -4$: $Z_P - Z_N = 2 \Rightarrow =$ WOK.

(1.04): $K>0$: $\phi_{p1}=180°$, $\phi_{q1}=0°$; $K<0$: $\phi_{p1}=0°$, $\phi_{q1}=180°$.

(1.05): $\sigma_a=\frac{-2+4}{2}=1$, $K>0$: $\phi_{a1}=90°$, $\phi_{a2}=270°$; $K<0$: $\phi_{a1}=180°$, $\phi_{a2}=0°$.

(1.06): $K=-\frac{s(s^2+2s+2)}{s+4}$, $\frac{dK}{ds}=0 \Rightarrow s^3+7s^2+8s+4=0 \Rightarrow \sigma_v=-5{,}725$.

(1.07):
$K>0$: $\phi_{p2}=-\varphi_{p1}-\varphi_{p3}+\varphi_{q1}+180°=-135°-90°+\arctan(1/3)+180°=-26{,}6°$,
$K<0$: $\phi_{p2}=-\varphi_{p1}-\varphi_{p3}+\varphi_{q1}+360°=-135°-90°+\arctan(1/3)+360°=153{,}4°$.

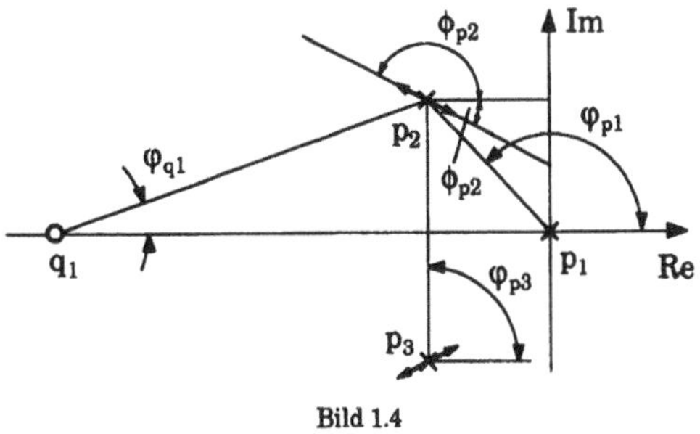

Bild 1.4

Die auftretenden Winkel sind in Bild 1.4 definiert.

(1.08): $K>0$:

Der Schnittpunkt der WOK mit der Imaginärachse liegt bei $\omega_{krit.}=2\ s^{-1}$. Die kritische Verstärkung erhält man aus der Betragsbedingung zu:

$$K_{krit.}=\frac{(2)(\sqrt{2})(\sqrt{10})}{\sqrt{20}}=2.$$

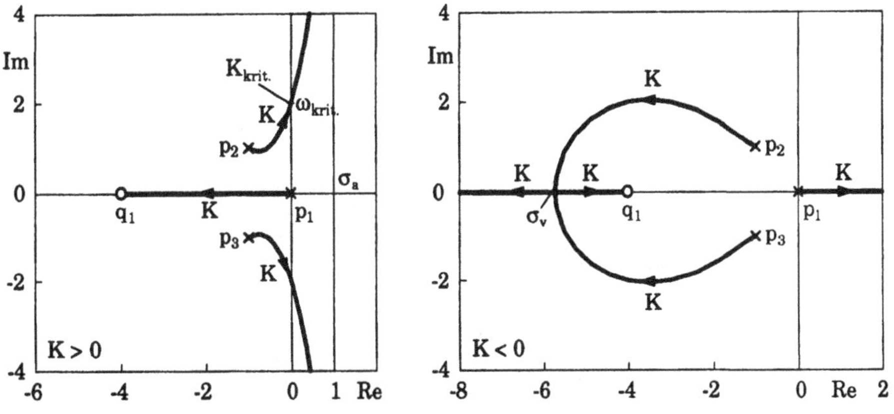

Bild 1.5

Aus den in Bild 1.5 dargestellten Verläufen der WOK erkennt man, daß der geschlossene Regelkreis für $K<0$ instabil ist. Ein Ast der WOK verläuft zur Gänze in der rechten s-Halbebene. Es gilt demnach für asymptotische Stabilität die Bedingung $0<K<2$.

Beispiel 1.4: Es werde die Übertragungsfunktion

$$G_o(s)=\frac{K(s+3)(s+4)}{s(s^2+4s+8)^2}$$

eines offenen Regelkreises betrachtet. Es ist die Wurzelortskurve für $K>0$ zu zeichnen und mit Hilfe der Betragsbedingung die kritische Verstärkung zu bestimmen.

Lösung: **(1.01):** $p_1=0, p_{2,3}=-2\pm j2$ $(\rho_{p2,3}=2)$, $q_1=-3$, $q_2=-4$, $n=5$, $m=2$, $n-m=3$.

(1.03): $0<s<\infty$: $Z_P+Z_N=0 \Rightarrow \neq$ WOK, $-4<s<-3$: $Z_P+Z_N=2 \Rightarrow \neq$ WOK,
$-3<s<0$: $Z_P+Z_N=1 \Rightarrow =$ WOK, $-\infty<s<-4$: $Z_P+Z_N=3 \Rightarrow =$ WOK.

(1.04): $\phi_{p1}=180°$, $\phi_{q1}=0°$, $\phi_{q2}=180°$.

(1.05): $\sigma_a = \dfrac{-8-(-3-4)}{3} = -\dfrac{1}{3},\ \phi_{a1} = 60°,\ \phi_{a2} = 180°,\ \phi_{a3} = 300°.$

(1.06): $K = -\dfrac{s(s^2+4s+8)^2}{(s+3)(s+4)},\ \dfrac{dK}{ds} = 0 \Rightarrow (s^2+4s+8)(3s^4+32s^3+108s^2+144s+96) = 0.$

Für $K > 0$ gilt die reelle Lösung $\sigma_v = -5{,}55$.

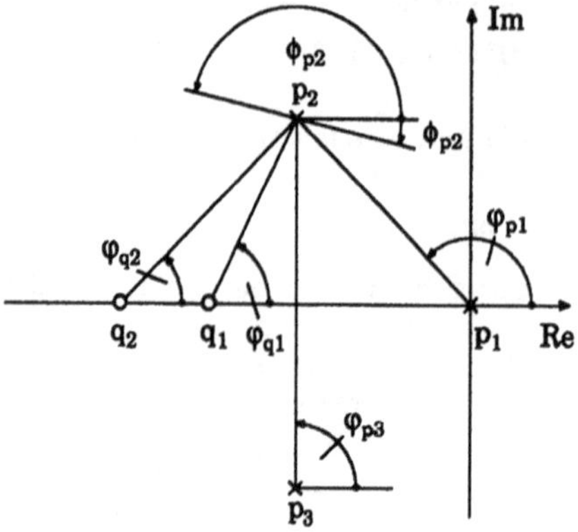

Bild 1.6

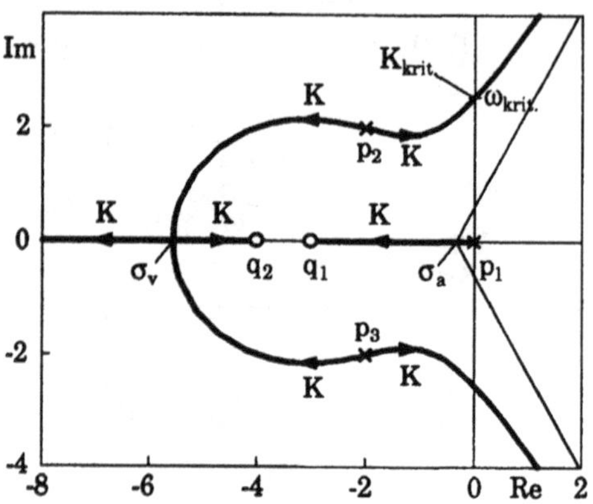

Bild 1.7

(1.07): Für den Austrittswinkel aus dem Doppelpol p_2 gilt mit den in Bild 1.6 definierten Winkeln:

$$\phi_{p2} = \frac{1}{2}[(-135°-2(90°)) + (\arctan(2)+45°) + 180°] \approx -13{,}3°,$$

$$\phi_{p2} = \frac{1}{2}[(-135°-2(90°)) + (\arctan(2)+45°) + 3(180°)] \approx 166{,}7°.$$

(1.08): Der Schnittpunkt der WOK mit der Imaginärachse liegt bei $\omega_{krit.} \approx 2{,}54\ s^{-1}$. Damit folgt mit der Betragsbedingung für die Verstärkung an der Stabilitätsgrenze:

$$K_{krit.} = \frac{|\omega_{krit.} - p_1||\omega_{krit.} - p_2|^2|\omega_{krit.} - p_3|^2}{|\omega_{krit.} - q_1||\omega_{krit.} - q_2|} \approx \frac{(2{,}54)(2{,}07)^2(4{,}96)^2}{(3{,}93)(4{,}74)} \approx 14{,}4.$$

Beispiel 1.5: Der Regelkreis mit der Übertragungsfunktion des offenen Kreises

$$G_o(s) = \frac{3(s+4/3)}{s(s+1)(s+3)}$$

besitzt Pole bei $s_{1,2} = -1 \pm j$ und $s_3 = -2$. Der Streckenpol bei -1 ändert seine Lage, d.h. in der Übertragungsfunktion $G_o(s)$ werde der Term $(s+1)$ durch $(s+1+\Delta)$, $-\infty < \Delta < \infty$, ersetzt. Es sind die Wurzelortskurven mit Δ als Parameter zu zeichnen. Außerdem soll mit Hilfe der Betragsbedingung jener Bereich von Δ bestimmt werden, für den der geschlossene Regelkreis asymptotisch stabil ist.

Lösung: Die charakteristische Gleichung lautet:

$$s(s+1+\Delta)(s+3) + 3s + 4 = s^3 + 4s^2 + 6s + 4 + \Delta s(s+3) = 0,$$

bzw.:

$$1 + \frac{\Delta s(s+3)}{(s+2)(s^2+2s+2)} = 1 + \tilde{G}_o(s) = 0.$$

Man erhält damit eine fiktive Übertragungsfunktion $\tilde{G}_o(s)$, die genau der in Gleichung (1.1) verlangten Form entspricht, und kann die WOK für $\Delta > 0$ und $\Delta < 0$ zeichnen.

(1.01): $p_{1,2} = -1 \pm j,\ p_3 = -2,\ q_1 = 0,\ q_2 = -3,\ n = 3,\ m = 2,\ n - m = 1.$

(1.03): $\Delta > 0$:

$0 < s < \infty$: $Z_P + Z_N = 0 \Rightarrow \neq$ WOK, $-3 < s < -2$: $Z_P + Z_N = 2 \Rightarrow \neq$ WOK,

$-2 < s < 0$: $Z_P + Z_N = 1 \Rightarrow =$ WOK, $-\infty < s < -3$: $Z_P + Z_N = 3 \Rightarrow =$ WOK.

$\Delta < 0$:

$0 < s < \infty$: $Z_P + Z_N = 0 \Rightarrow =$ WOK, $-3 < s < -2$: $Z_P + Z_N = 2 \Rightarrow =$ WOK,

$-2 < s < 0$: $Z_P + Z_N = 1 \Rightarrow \neq$ WOK, $-\infty < s < -3$: $Z_P + Z_N = 3 \Rightarrow \neq$ WOK.

(1.04): $\Delta > 0$: $\phi_{p3} = 0°, \phi_{q1} = 180°, \phi_{q2} = 180°$; $\Delta < 0$: $\phi_{p3} = 180°, \phi_{q1} = 0°, \phi_{q2} = 0°$.

(1.06):

$$\Delta = -\frac{(s+2)(s^2+2s+2)}{s(s+3)},\quad \frac{d\Delta}{ds} = 0 \Rightarrow s^4 + 6s^3 + 6s^2 - 8s - 12 = 0 \Rightarrow \sigma_{v1} \approx 1{,}21,\ \sigma_{v2} \approx -4{,}34.$$

(1.07): Mit den in Bild 1.8 definierten Winkeln erhält man für den Austrittswinkel aus dem Pol p_1:

$\Delta > 0$:

$$\phi_{p1} = -\varphi_{p2} - \varphi_{p3} + \varphi_{q1} + \varphi_{q2} + 180° = -90° - 45° + 135° + 26{,}6° + 180° = 206{,}6°$$

$\Delta < 0$:

$$\phi_{p1} = -\varphi_{p2} - \varphi_{p3} + \varphi_{q1} + \varphi_{q2} = -90° - 45° + 135° + 26{,}6° + 360° = 26{,}6°$$

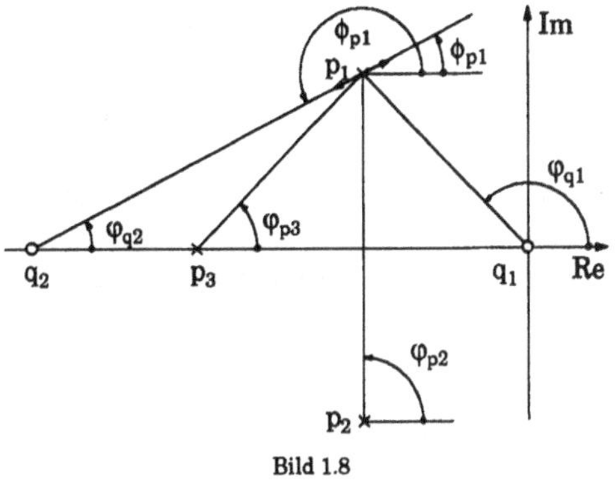

Bild 1.8

(1.08): Der Schnittpunkt der WOK für $\Delta < 0$ liegt bei $\omega_{krit.} \approx 1{,}258\ s^{-1}$. Aus der Betragsbedingung folgt:

$$|\Delta_{krit.}| = \frac{|\omega_{krit.} - p_1||\omega_{krit.} - p_2||\omega_{krit.} - p_3|}{|\omega_{krit.} - q_1||\omega_{krit.} - q_2|} \approx \frac{(1{,}033)(2{,}47)(2{,}363)}{(1{,}258)(3{,}253)} \approx 1{,}47.$$

Der geschlossene Regelkreis ist daher für $-1{,}47 < \Delta < \infty$ asymptotisch stabil.

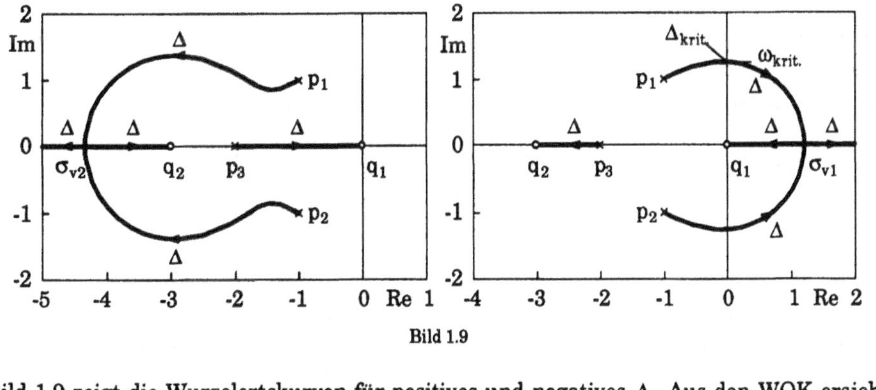

Bild 1.9

Bild 1.9 zeigt die Wurzelortskurven für positives und negatives Δ. Aus den WOK ersieht man, daß der geschlossene Regelkreis für alle Werte $0 < \Delta < \infty$ asymptotisch stabil ist. Für negative Δ existiert jedoch ein $\Delta_{krit.}$, ab welchem der Kreis instabil wird.

1.3 Reglerentwurf mit Hilfe der Wurzelortskurven

Da die Wurzelortskurven als Ort der Pole des geschlossenen Regelkreises in Abhängigkeit von einem Parameter definiert sind, können sie als Hilfsmittel beim Entwurf eines Regelsystems, d.h. bei der Festlegung der Reglerparameter, vorteilhaft eingesetzt werden. So können ungünstige Verläufe von Wurzelortskurven sehr anschaulich beurteilt und durch das Hinzufügen und Verschieben von Polen und/oder Nullstellen des Kompensationsgliedes (Reglers) verändert werden. Die Wurzelortskurven können somit zur gezielten Festlegung der Pole des geschlossenen Regelkreises eingesetzt werden.

Als sehr nützliches Hilfsmittel beim Reglerentwurf mit Wurzelortskurven erweisen sich WOK-Computerprogramme, die eine Beurteilung der Auswirkung zusätzlicher Reglerpole und Reglernullstellen auf die Pole des geschlossenen Regelkreises sehr erleichtern. Da der Entwurf in der komplexen WOK-Ebene durchgeführt wird und die Auswirkung der einzelnen Pole des geschlossenen Regelkreises auf das Zeitverhalten daraus nicht direkt ersichtlich ist, ist eine anschließende Simulation des Zeitverhaltens (z.B. Führungs- bzw. Störübergangsfunktion) des geschlossenen Regelkreises ratsam.

Besonders vorteilhaft läßt sich in den Wurzelortskurven der Entwurf auf ein dominantes Polpaar durchführen. Die dynamischen Spezifikationen im Zeitbereich, wie z.B. Anregelzeit T_{an}, maximale Überschwingweite e_m und Ausregelzeit T_r, müssen dafür in Spezifikationen hinsichtlich der Lage des dominanten Polpaares umgesetzt werden, d.h. es müssen dessen Dämpfungsgrad ζ und Kreisfrequenz ω_n spezifiziert werden.

1.3.1 Verstärkungskompensation

In manchen Fällen ist es möglich, die Anforderungen an das statische und dynamische Verhalten des geschlossenen Regelkreises einzig und allein durch eine geeignete Wahl der Reglerverstärkung K_p zu erfüllen.

Beispiel 1.6: In einem Regelkreis mit Einheitsrückführung soll eine IT2-Strecke mit der Übertragungsfunktion

$$G_S(s) = \frac{0,25}{s(1+0,25s)^2}$$

mit einem P-Regler ($G_R(s) = K_p$) geregelt werden. Es soll mit Hilfe der Wurzelortskurve untersucht werden, ob eine Reglerverstärkung gefunden werden kann, so daß folgende Spezifikationen erfüllt werden: max. Überschwingweite $e_m < 20\%$, Anregelzeit $T_{an} < 1,5$ s.

Lösung: Die Übertragungsfunktion des offenen Regelkreises lautet mit $K = 4K_p$:

$$G_o(s) = \frac{K}{s(s+4)^2}.$$

Die Wurzelortskurve ist in Bild 1.10 dargestellt. Betrachtet man das komplexe Polpaar als dominant, so folgt aus der Spezifikation $e_m < 20\%$ für den Dämpfungsgrad: $\zeta > 0,456$ bzw. für den Dämpfungswinkel $\beta > 27,1°$. Es wird nunmehr $\beta = 30°$ ($\zeta = 0,5$) gewählt. Mit der Betragsbedingung erhält man sodann für die WOK-Verstärkung bzw. die Reglerverstärkung im als dominant betrachteten Polpaar $s_{1,2} = -1 \pm j\sqrt{3}$: $K = 24$ bzw. $K_p = 6$. Der dritte Pol des geschlossenen Regelkreises liegt damit bei $s_3 = -6$. Die Annahme, daß das Polpaar

$s_{1,2}$ dominant ist, ist also näherungsweise gerechtfertigt. Die Führungsübertragungsfunktion des derart entworfenen Regelkreises lautet:

$$G_w(s) = \frac{24}{s^3 + 8s^2 + 16s + 24}.$$

In Bild 1.10 ist die Führungsübergangsfunktion $h_w(t)$ des geschlossenen Regelkreises dargestellt. Für die maximale Überschwingweite und die Anregelzeit liest man ab: $e_m \approx 15{,}2\%$ bzw. $T_{an} \approx 1{,}4\,s$. Es ist damit gezeigt, daß sich ein P-Regler (Verstärkungskompensation) zur Regelung dieser Strecke eignet.

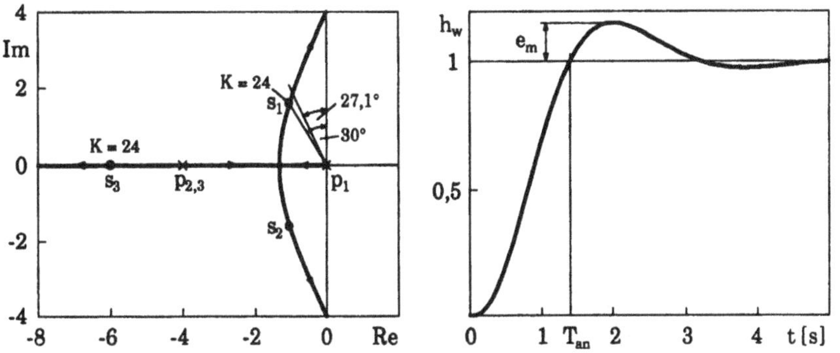

Bild 1.10

1.3.2 Entwurf von dynamischen Korrekturgliedern

Auch der Entwurf von dynamischen Korrekturgliedern mit Hilfe der Wurzelortskurven kann dann besonders vorteilhaft durchgeführt werden, wenn dieser für ein dominantes Polpaar erfolgen soll. Es wird dabei die Tatsache ausgenutzt, daß die Lage eines WOK-Punktes über die Winkelbedingung, die durch das Hinzufügen von Reglernullstellen und Reglerpolen verändert wird, festgelegt wird. Diese Vorgangsweise kann für alle üblichen Reglertypen (PI-, PD- und PID-Regler) sowie für Lead-, Lag- und Lead-Lag-Glieder verwendet werden. Die dynamischen Spezifikationen müssen dabei wieder in die gewünschte Lage des dominanten Polpaares umgerechnet werden.

Beispiel 1.7: Es wird der in Bild 1.11 im Blockschaltbild dargestellte Regelkreis betrachtet, wobei als Regler ein P- und ein realer PD-Regler zur Auswahl stehen.

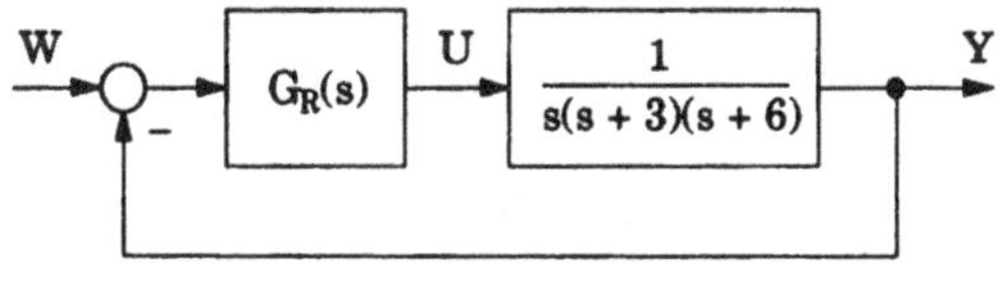

Bild 1.11

Folgende dynamische Spezifikationen bezüglich der Führungssprungantwort sind gefordert: maximale Überschwingweite $e_m \le 5\%$, Ausregelzeit $T_r(2\%) \le 2{,}5\,s$. Der Entwurf soll für das dominante Polpaar durchgeführt werden.

Lösung: Die Forderung $e_m \le 5\%$ wird mit

$$e_m = \exp\left(-\zeta\pi / \sqrt{1-\zeta^2}\right) \le 0{,}05$$

für $\zeta \geq 0{,}69$ erfüllt. Es wird $\zeta = \sqrt{2}/2 = 0{,}707$ gewählt. Für die Ausregelzeit gilt näherungsweise:

$$T_r(2\%) = 2{,}5\,s \approx \frac{4}{\zeta\omega_n}.$$

Mit dem gewählten ζ folgt, daß für das dominante Polpaar $\omega_n \geq 1{,}6\sqrt{2}$ gelten muß. Gewählt wird $\omega_n = \sqrt{8}$. Damit erhält man für die gewünschte Lage des dominanten Polpaares: $s_{1,2} = -2 \pm j2$.

In Bild 1.12 ist die WOK des Regelkreises mit einem P-Regler dargestellt. Es gilt:

$$G_o(s) = \frac{K_p}{s(s+3)(s+6)}.$$

Man erkennt, daß die Spezifikationen durch eine reine Verstärkungskompensation nicht erfüllt werden können, d.h. das dominante Polpaar $s_{1,2} = -2 \pm j2$ ist nicht zu realisieren. Für einen geforderten Dämpfungsgrad $\zeta = \sqrt{2}/2$ $(\beta = 45°)$ ergibt sich mit $K_p = 17{,}62$ für das dominante Polpaar $s_{1,2} = -1{,}146 \pm j1{,}146$ ein $\omega_n = 1{,}62\,s^{-1}$. Damit wird die Spezifikation bezüglich e_m erfüllt, nicht jedoch jene bezüglich T_r. Die Führungsübergangsfunktion des geschlossenen Regelkreises ist in Bild 1.14 dargestellt.

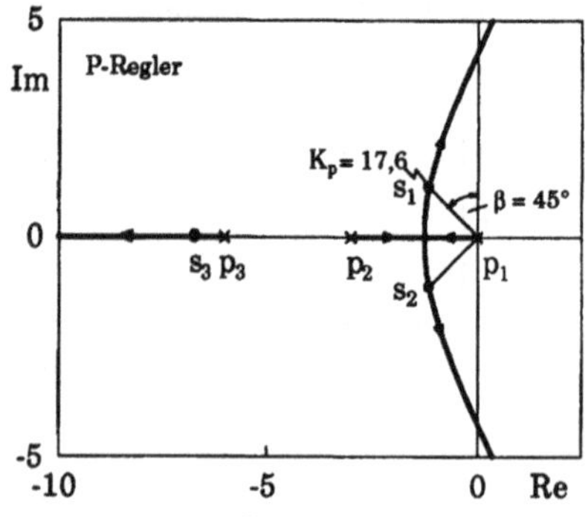

Bild 1.12

Es muß also gefordert werden, daß die gewünschten Pole Punkte auf der Wurzelortskurve sind. Dies wird durch das Einfügen der Reglernullstellen und Reglerpole erreicht, die so gelegt werden, daß die Winkelbedingung für die gewünschten Pole des geschlossenen Kreises erfüllt wird. Es soll nun diese Vorgangsweise anhand des Entwurfs des realen PD-Reglers demonstriert werden. Die Übertragungsfunktion des offenen Kreises lautet für diesen Fall:

$$G_o(s) = \frac{K_p(1+T_v s)}{1+Ts}\,\frac{1}{s(s+3)(s+6)} = \frac{K(s+a)}{s(s+b)(s+3)(s+6)},\quad K = \frac{K_p T_v}{T},\quad a = \frac{1}{T_v},\quad b = \frac{1}{T}.$$

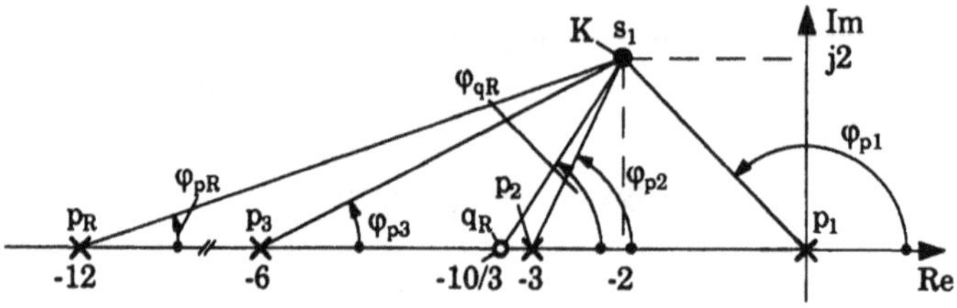

Bild 1.13

In Bild 1.13 wird veranschaulicht, wohin aufgrund der zu erfüllenden Winkelbedingung die Reglernullstelle $q_R = -a$ und der Reglerpol $p_R = -b$ gelegt werden müssen, um s_1 zu einem WOK-Punkt zu machen. Mit der Winkelbedingung (Gl. 1.4) muß gelten:

$$\varphi_{qR} - \varphi_{pR} - \sum_{\nu=1}^{3} \varphi_{p\nu} = -180°.$$

Man erhält damit für den Winkelbeitrag des Reglers:

$$\varphi_{qR} - \varphi_{pR} = -180° + 135° + \arctan(2) + \arctan(0{,}5) = 45°.$$

Es existiert also für das Entwurfsproblem keine eindeutige Lösung. Wählt man z.B. den Reglerpol bei $p_R = -b = -12$, dann ergibt sich für $\varphi_{pR} = \arctan(2/10) \approx 11{,}31°$ und folglich für $\varphi_{qR} \approx 33{,}69°$. Damit ist die Reglernullstelle bei $q_R = -a = -10/3$ festgelegt. Die WOK-Verstärkung im Pol s_1 erhält man mit Hilfe der Betragsbedingung (Gl. 1.3) zu:

$$K = \frac{|s_1 - p_1||s_1 - p_2||s_1 - p_3||s_1 - p_R|}{|s_1 - q_R|} = \frac{\sqrt{8}\sqrt{5}\sqrt{20}\sqrt{104}}{\sqrt{4 + (4/3)^2}} = 120.$$

Die resultierenden Reglerparameter lauten demnach: $T_v = 0{,}3\,s$, $T = 1/12\,s$, $K_p = 100/3$. Für die Übertragungsfunktion des offenen Regelkreises und die charakteristische Gleichung folgt:

$$G_o(s) = \frac{120(s + 10/3)}{s(s+3)(s+6)(s+12)} \quad \text{und} \quad s^4 + 21s^3 + 126s^2 + 336s + 400 = 0.$$

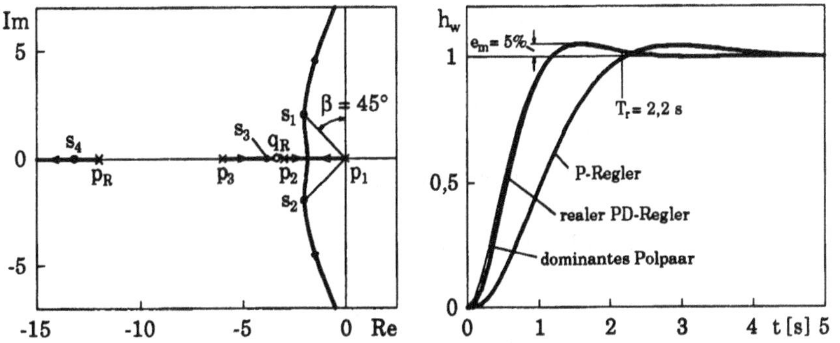

Bild 1.14

Die restlichen Pole des geschlossenen Regelkreises liegen bei $s_3 \approx -3{,}78$ und $s_4 \approx -13{,}22$. Man beachte, daß der Pol s_3 nahe der Nullstelle q_R des offenen (und geschlossenen) Regelkreises und der Pol s_4 weit links vom komplexen Polpaar $s_{1,2}$ zu liegen kommen. Dadurch wird die Dominanz von $s_{1,2}$ sichergestellt.

In Bild 1.14 ist die Wurzelortskurve dieses Systems für $K_p > 0$ dargestellt. Es ist darin sehr deutlich das "Verbiegen" der entscheidenden Äste durch den Regler gegenüber der WOK in Bild 1.12 zu erkennen. Ebenfalls in Bild 1.14 sind die Führungsübergangsfunktionen der beiden entworfenen Regelkreise dargestellt. Die "Referenzübergangsfunktion", die man erhält, wenn das Verhalten des geschlossenen Regelkreises nur durch die dominanten Pole $s_{1,2} = -2 \pm j2$ beschrieben wird, ist ebenfalls eingezeichnet. Man ersieht aus diesem Bild, daß mit dem PD-Regler eine nahezu identische Führungsübergangsfunktion erreicht wird.

1.3.3 Verstärkungskompensation plus Lag-Glied

Ein Lag-Korrekturglied zusammen mit einer Verstärkungskompensation kann dann vorteilhaft angewendet werden, wenn die dynamischen Spezifikationen für das dominante Polpaar erfüllt sind, die statischen Spezifikationen jedoch nicht. Es ist in einem solchen Fall die stationäre Verstärkung des offenen Regelkreises zu erhöhen, ohne dabei die Lage des dominanten Polpaares wesentlich zu verändern.

In Bild 1.15 ist $G_o^*(s)$ jene Übertragungsfunktion des offenen Regelkreises, durch welche die Erfüllung der dynamischen Spezifikationen sichergestellt wird. Für das zusätzliche Kompensationsglied bestehend aus einer Verstärkung und dem Lag-Glied gilt:

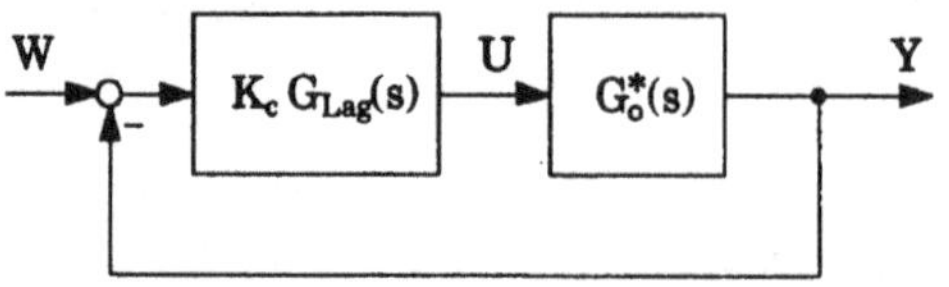

Bild 1.15

$$K_c G_{Lag}(s) = \frac{K_c}{\beta} \frac{s+1/T}{s+1/\beta T}; \quad \beta > 1 \qquad (1.14)$$

Um die Lage des dominanten Polpaares nicht merklich zu ändern, muß der Winkelbeitrag $\Delta\varphi_L = \varphi_{qL} - \varphi_{pL}$ des Lag-Gliedes klein gehalten werden ($|\Delta\varphi_L| \le 3°$). Man legt daher den Pol und die Nullstelle nahe an den Ursprung der komplexen s-Ebene (Bild 1.16). Daraus folgt, daß die Beträge $|s_1 - p_L|$ und $|s_1 - q_L|$ annähernd gleich groß sind. Es gilt also näherungsweise:

$$\left| \frac{K_c}{\beta} \frac{s+1/T}{s+1/\beta T} \right| \approx \frac{K_c}{\beta}. \qquad (1.15)$$

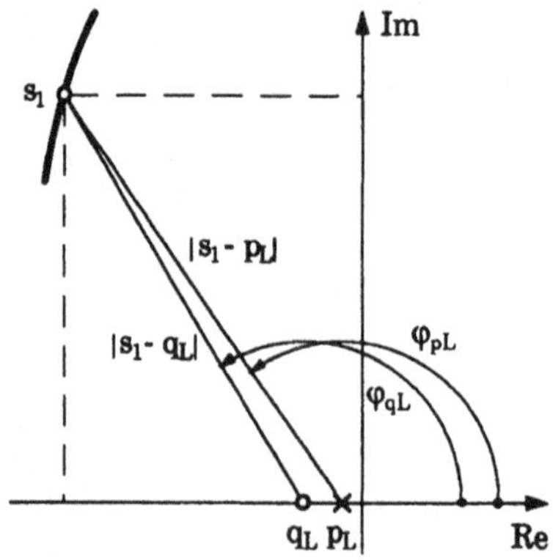

Bild 1.16

Wählt man $\beta = K_c$, worin K_c die zur Verbesserung des statischen Verhaltens benötigte Verstärkung ist, so bleibt die WOK-Verstärkung näherungsweise gleich.

Beispiel 1.8: Es wird der Regelkreis in Bild 1.17 betrachtet, in dem eine instabile Regelstrecke mit einem PID-Regler geregelt wird.

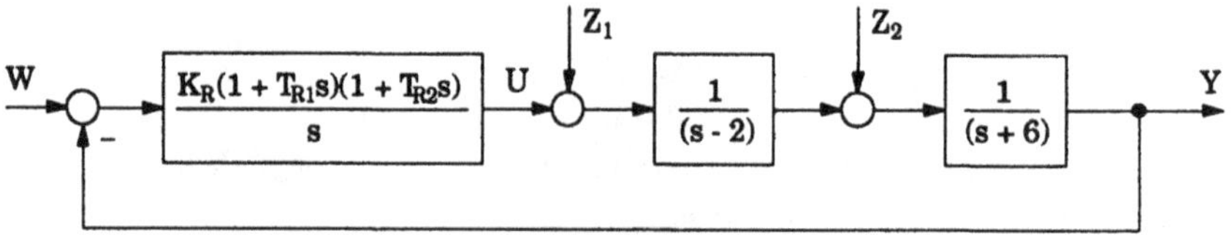

Bild 1.17

a) Es sind mit Hilfe der Winkel- und der Betragsbedingung die Reglerverstärkung K_R sowie die Reglerzeitkonstanten T_{R1} und T_{R2} derart zu bestimmen, daß der geschlossene Regelkreis ein dominantes Polpaar bei $s_{1,2} = -2 \pm j2$ besitzt. Außerdem ist zu bestimmen, wo der dritte Pol des geschlossenen Regelkreises liegt, und die Wurzelortskurve für $K_R > 0$ zu zeichnen.

b) Es ist nunmehr ein Geschwindigkeitsfehler $|e(\infty)| = 0{,}02$ verlangt. Um diese Spezifikation zu erfüllen, soll ein Lag-Kompensationsglied in Serie mit dem PID-Regler entworfen werden. Es ist die Wurzelortskurve des derart kompensierten Systems zu zeichnen.

Lösung: a) Mit $K = K_R T_{R1} T_{R2}$, $a = 1/T_{R1}$ und $b = 1/T_{R2}$ lautet die Übertragungsfunktion des offenen Regelkreises:

$$G_o(s) = \frac{K(s+a)(s+b)}{s(s-2)(s+6)}.$$

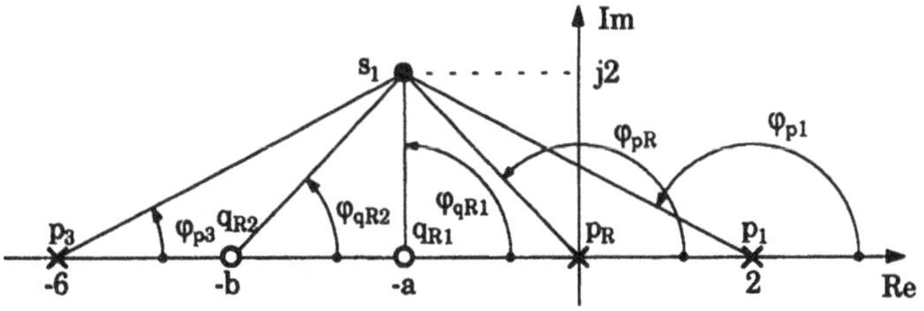

Bild 1.18

Für den erforderlichen Winkelbeitrag der Nullstellen $q_{R1} = -a$ und $q_{R2} = -b$ erhält man mit der Winkelbedingung (Gl. 1.4):

$$\varphi_{qR2} + \varphi_{qR1} = -180° + (180° - \arctan(0{,}5)) + 135° + \arctan(0{,}5).$$

Wählt man z.B., wie in Bild 1.18 veranschaulicht, $q_{R1} = -a = -2$ $(T_{R1} = 0{,}5\,\mathrm{s})$ und somit $\varphi_{qR1} = 90°$, dann ergibt sich für die zweite Reglernullstelle $\varphi_{qR2} = 45°$ und $q_{R2} = -b = -4$ $(T_{R2} = 0{,}25\,\mathrm{s})$. Die Lösung ist also nicht eindeutig. Für die WOK-Verstärkung K bzw. die Reglerverstärkung K_R erhält man mit der Betragsbedingung (Gl. 1.3):

$$K = \frac{\sqrt{20}\sqrt{8}\sqrt{20}}{2\sqrt{8}} = 10 \Rightarrow K_R = K / T_{R1}T_{R2} = 80.$$

Die charakteristische Gleichung lautet:

$$G_o(s) + 1 = \frac{10(s+2)(s+4)}{s(s-2)(s+6)} + 1 = 0 \quad \text{bzw.} \quad s^3 + 14s^2 + 48s + 80 = 0.$$

Für den dritten Pol des geschlossenen Regelkreises erhält man $s_3 = -10$. Das Polpaar $s_{1,2}$ kann als dominant betrachtet werden, da der dritte Pol weit genug links davon liegt. Bild 1.19 zeigt die resultierende Wurzelortskurve.

b) Der Geschwindigkeitsfehler des oben entworfenen Regelkreises beträgt:

$$e(\infty) = \frac{1}{K_v} = \lim_{s\to 0} \frac{1}{sG_o(s)} = \frac{1}{\frac{10(2)4}{(-2)6}} = -\frac{3}{20}.$$

Die Geschwindigkeitsfehlerkonstante beträgt demnach $K_v = -20/3$. Gefordert ist jedoch $K_v = -50$, was bedeutet, daß eine Verstärkung $K_c = 7{,}5$ in Serie mit dem PID-Regler geschaltet werden muß. Um das dominante Polpaar $s_{1,2}$ in seiner Lage zu erhalten, wird zusätzlich ein Lag-Kompensationsglied mit der Übertragungsfunktion

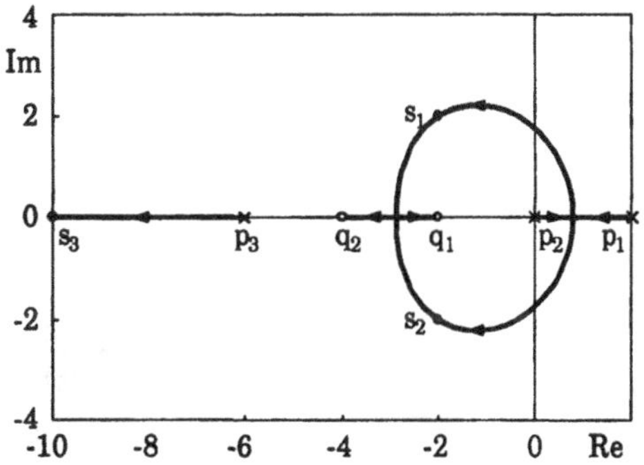

Bild 1.19

$$G_L(s) = \frac{1}{\beta}\,\frac{s + 1/T}{s + 1/\beta T} = \frac{1}{7{,}5}\,\frac{s + 0{,}15}{s + 0{,}02}$$

eingefügt. Die Übertragungsfunktion des offenen Kreises lautet nunmehr:

$$G_o(s) = K_c\, G_L(s) G_R(s) G_S(s) = \frac{10(s+2)(s+4)(s+0{,}15)}{s(s-2)(s+6)(s+0{,}02)}.$$

Damit ist sowohl die Lage des dominanten Polpaares näherungsweise erhalten als auch die Spezifikation bezüglich des Geschwindigkeitsfehlers erfüllt. Bild 1.20 zeigt die neue Wurzelortskurve sowie den vergrößerten Ausschnitt der WOK um den Ursprung.

Die Pole des geschlossenen Regelkreises liegen bei $s_{1,2} \approx -1{,}98 \pm j2{,}08$ ($\zeta \approx 0{,}69$), $s_3 \approx -9{,}91$ und $s_4 \approx -0{,}147$. Das Polpaar $s_{1,2}$ ist nach wie vor dominant, da der Pol s_4 des geschlossenen Kreises nahe bei der Nullstelle q_L liegt und seine Wirkung damit faktisch aufgehoben wird. Bild 1.19 zeigt die Führungsübergangsfunktionen des Regelkreises mit und ohne Lag-Kompensation. Der Positionsfehler ist in beiden Fällen Null.

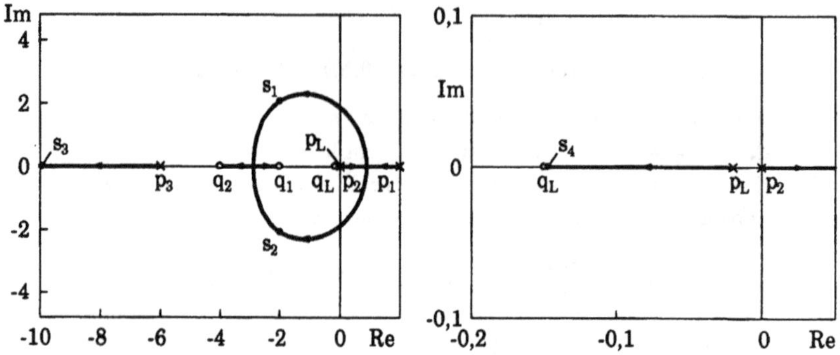

Bild 1.20

In Bild 1.21 sind die Führungsübergangsfunktionen des geschlossenen Regelkreises mit und ohne Lag-Kompensation sowie dessen Störübergangsfunktionen dargestellt.

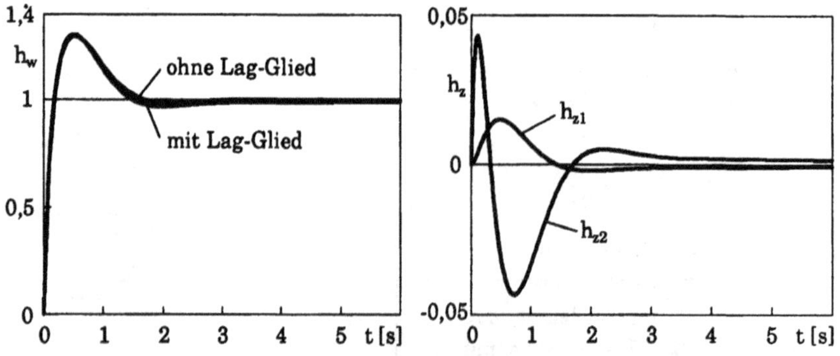

Bild 1.21

1.3.4 Überprüfung der Parameterempfindlichkeit

Die Wurzelortskurven sind auch zur Überprüfung der Parameterempfindlichkeit eines Regelkreises hervorragend geeignet. Die Vorgangsweise soll an einem Beispiel demonstriert werden.

Beispiel 1.9: Es wird der in Bild 1.22 dargestellte Regelkreis betrachtet. Dieser ist so ausgelegt, daß er ein komplexes Polpaar bei $s_{1,2} = -1 \pm j$ und den dritten Pol bei $s_3 = -4$ besitzt. Es soll mit Hilfe der Wurzelortskurvenmethode untersucht werden, in welchem Ausmaß sich die Pole der Strecke ändern dürfen, so daß für alle Pole des geschlossenen

Regelkreises ein Mindestdämpfungsgrad $\zeta_{min} \geq 0{,}5$ und ein Realteil $\leq -0{,}8$ garantiert wird.

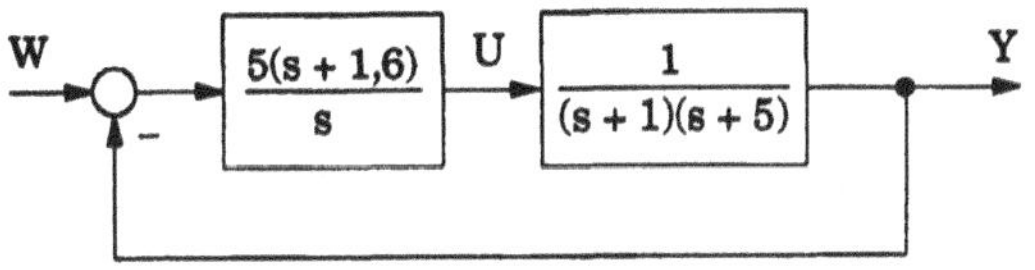

Bild 1.22

Lösung: Die Übertragungsfunktion des offenen Regelkreises wird dazu für die Parametervariationen wie folgt geschrieben:

$$G_o'(s) = \frac{5(s+1{,}6)}{s(s+1+\Delta_1)(s+5)}, \quad G_o''(s) = \frac{5(s+1{,}6)}{s(s+1)(s+5+\Delta_2)}.$$

Darin sind $-\infty < \Delta_1 < \infty$ und $-\infty < \Delta_2 < \infty$ die Änderungen der Pole der Strecke. Die charakteristische Gleichung lautet dann:

$$s^3 + (6+\Delta_1)s^2 + (10+5\Delta_1)s + 8 = 0 \quad \text{bzw.:} \quad s^3 + (6+\Delta_2)s^2 + (10+\Delta_2)s + 8 = 0.$$

Man definiert nun zwei fiktive Übertragungsfunktionen $\tilde{G}_o'(s)$ und $\tilde{G}_o''(s)$, in denen Δ_1 bzw. Δ_2 als die freien Parameter ("WOK-Verstärkungen") auftreten. Man erhält diese, indem man die charakteristischen Gleichungen wie folgt umschreibt:

$$1 + \tilde{G}_o'(s) = 1 + \frac{\Delta_1 s(s+5)}{(s+4)(s^2+2s+2)} = 0 \quad \text{bzw.} \quad 1 + \tilde{G}_o''(s) = 1 + \frac{\Delta_2 s(s+1)}{(s+4)(s^2+2s+2)}.$$

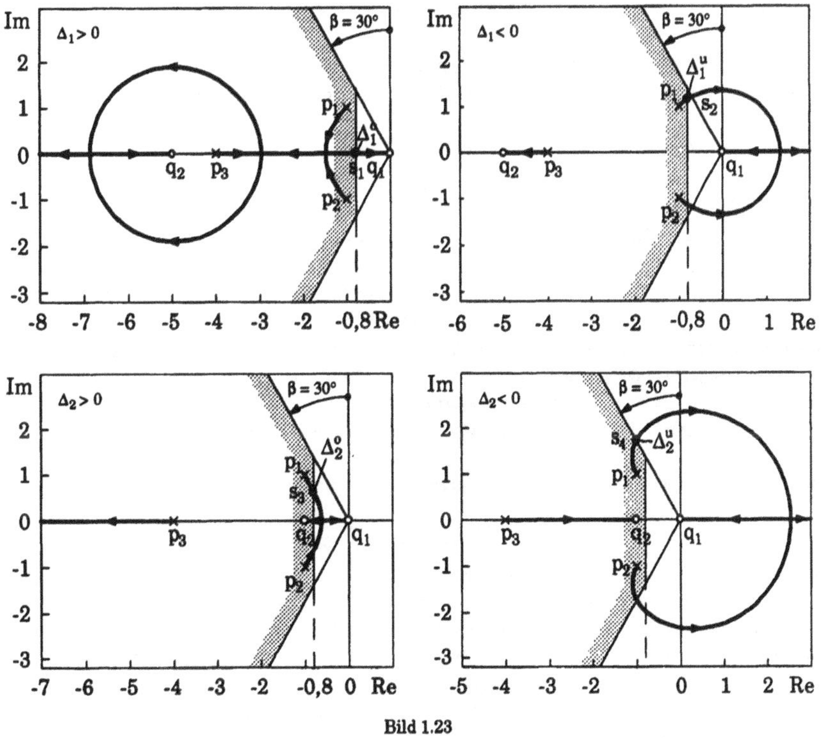

Bild 1.23

In Bild 1.23 sind die Wurzelortskurven für diese beiden Übertragungsfunktionen, jeweils für positives und negatives Δ_1 bzw. Δ_2, dargestellt. Mit Hilfe der Betragsbedingung können die in den Schnittpunkten der Wurzelortskurven mit der Dämpfungsgeraden für

$\beta = 30°$ sowie der Geraden $s = -0{,}8 \pm j\omega$ auftretenden Werte $\Delta_1^o \approx 0{,}99$, $\Delta_1^u \approx -0{,}3$, $\Delta_2^o \approx 3{,}17$ sowie $\Delta_2^u \approx -2$ bestimmt werden. Um mit den gewählten Parametern des PI-Reglers die geforderte Stabilitätsgüte garantieren zu können, darf der Streckenpol bei $p_{S1} = -1$ nur im Bereich $-1{,}99 < p_{S1} < -0{,}7$ und jener bei $p_{S2} = -5$ nur im Bereich $-8{,}17 < p_{S2} < -3$ schwanken.

1.4 Aufgaben

Aufgabe 1.1: Gegeben sind folgende Übertragungsfunktionen offener Regelkreise:

$$\text{a) } G_o(s) = \frac{K}{(s+1)(s+4)}, \quad \text{b) } G_o(s) = \frac{K(s-1)}{(s+1)(s+4)}, \quad \text{c) } G_o(s) = \frac{K(s^2-2s+5)}{(s+1)(s+4)}.$$

Zeichnen Sie die Wurzelortskurven jeweils für $K > 0$ und $K < 0$. Geben Sie mit Hilfe der Betragsbedingung an, für welchen Bereich von K die geschlossenen Regelkreise asymptotisch stabil sind.

Aufgabe 1.2: Gegeben ist die folgende Übertragungsfunktion eines offenen Regelkreises: $G_o(s) = \dfrac{K(s+a)}{s(s+2)(s+4)}$.
Zeichnen Sie die Wurzelortskurven für $K > 0$ und $a = 1, 3, 6$ bzw. 12.

Aufgabe 1.3: Gegeben sind die Übertragungsfunktionen offener Regelkreise:

$$\text{a) } G_o(s) = \frac{K(s+2)}{s(s+1)^3}, \quad \text{b) } G_o(s) = \frac{K(s^2+6s+10)}{s(s-2)(s+6)}, \quad \text{c) } G_o(s) = \frac{K(s^2+4s+8)}{s(s+1)(s+2)(s+4)^2},$$

$$\text{d) } G_o(s) = \frac{K(s+1)}{s(s-1)(s^2+4s+16)}, \quad \text{e) } G_o(s) = \frac{K}{s(s+3)(s^2+8s+20)}, \quad \text{f) } G_o(s) = \frac{K(s^2+2s+5)}{s^2(s+1)(s+8)}.$$

Zeichnen Sie unter Anwendung aller relevanten Regeln die Wurzelortskurven für $K > 0$. Bestimmen Sie, wenn angebracht, mit Hilfe der Betragsbedingung die Verstärkung $K_{krit.}$ an der Stabilitätsgrenze.

Aufgabe 1.4: Betrachten Sie den in Bild 1.24 im Blockschaltbild dargestellten Regelkreis.

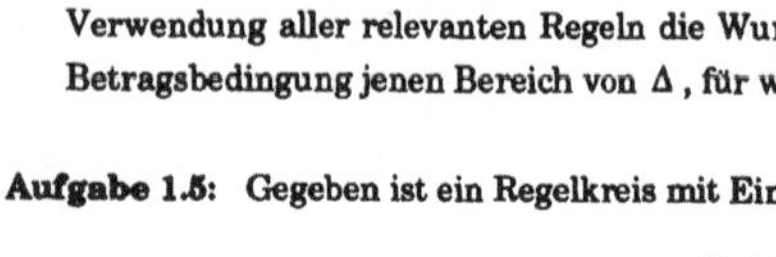

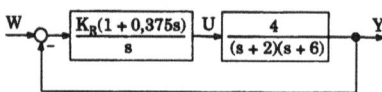

Bild 1.24

a) Zeichnen Sie unter Verwendung aller relevanten Regeln die Wurzelortskurve mit $K_R > 0$ als veränderlichem Parameter. Welchen Wert hat die Verstärkung K_R im auf der Wurzelortskurve liegenden konjugiert komplexen Polpaar $s_{1,2} = -2 \pm j2$? Bestimmen Sie den dritten Pol des geschlossenen Regelkreises.

b) Es werde nunmehr angenommen, daß der Streckenpol bei $s = -2$ seine Lage ändert. Ersetzen Sie daher in der Streckenübertragungsfunktion den Term $(s+2)$ durch $(s+2+\Delta)$, wobei gilt: $-\infty < \Delta < \infty$. Zeichnen Sie unter Verwendung aller relevanten Regeln die Wurzelortskurven für $\Delta > 0$ und $\Delta < 0$. Bestimmen Sie mit Hilfe der Betragsbedingung jenen Bereich von Δ, für welchen der geschlossene Kreis asymptotisch stabil bleibt.

Aufgabe 1.5: Gegeben ist ein Regelkreis mit Einheitsrückführung und der Übertragungsfunktion

$$G_o(s) = \frac{2K_p}{(s-1)(s^2+4s+8)}.$$

a) Zeichnen Sie die WOK für dieses System. Bestimmen Sie, um die WOK genauer zeichnen zu können, deren Schnittpunkt mit der imaginären Achse aus der charakteristischen Gleichung. Bestimmen Sie sodann mit Hilfe der Betragsbedingung jenes K_p, für das der geschlossene Regelkreis ein komplexes Polpaar mit einem Dämpfungsgrad $\zeta = 0{,}5$ besitzt. (Hinweis zum Zeichnen der WOK: Die Punkte $s_{1,2} = -1 \pm j$ liegen auf der WOK).

b) Stellen Sie fest, wie sich der Verlauf der Wurzelortskurve qualitativ ändert, wenn in der Übertragungsfunktion $G_o(s)$ der Term (s^2+4s+8) durch (s^2+4s+5) ersetzt wird. Betrachten Sie dazu die Bedingung für das Auftreten von Vereinigungs- bzw. Verzweigungspunkten.

Aufgabe 1.6: Von einem Regelkreis ist die Übertragungsfunktion des offenen Kreises gegeben:

$$G_o(s) = \frac{10K_p(s+2)}{s(s+4)(s+8)(s^2+4s+5)}.$$

a) Zeichnen Sie unter Verwendung aller relevanten Regeln die Wurzelortskurve dieses Systems für $K_p > 0$. Bestimmen Sie kritische Reglerverstärkung sowie den Schnittpunkt der WOK mit der imaginären Achse aus der charakteristischen Gleichung.

b) Bestimmen Sie mit Hilfe der Betragsbedingung jenen Bereich, den die Reglerverstärkung K_p annehmen muß, so daß für alle Pole des geschlossenen Kreises die Spezifikationen $\zeta \geq \sqrt{2}/2$ und $\mathrm{Re}(s_i) \leq -1$ erfüllt werden.

Aufgabe 1.7: Betrachten Sie den in Bild 1.25 dargestellten Regelkreis mit einem PI-Regler und einem reinen Totzeitglied als Regelstrecke. Um das Wurzelortskurvenverfahren mit $G_o(s)$ als gebrochen rationaler Übertragungsfunktion anwenden zu können, muß die Totzeit durch eine gebrochen rationale Näherung ersetzt werden. Dies kann durch die sogenannte Pade-Approximation, einem Allpaßglied 2. Ordnung, geschehen:

$$e^{-\tau s} \approx \frac{1 - \tau s/2 + \tau^2 s^2/12}{1 + \tau s/2 + \tau^2 s^2/12}.$$

Diese Näherung gilt mit guter Genauigkeit im Frequenzbereich $0 < \omega < 2\sqrt{3}/\tau$.

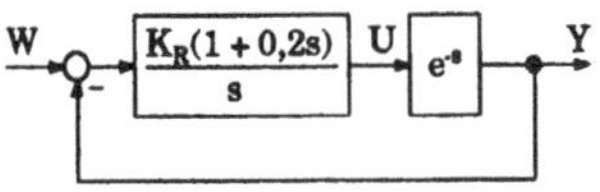

Bild 1.25

a) Nähern Sie die Regelstrecke durch eine Pade-Approximation an und zeichnen Sie unter Verwendung aller relevanten Regeln die Wurzelortskurve. Berechnen Sie die Stabilitätsgrenze ($K_{R\,krit.}$ und $\omega_{krit.}$) exakt aus der charakteristischen Gleichung.

b) Bestimmen Sie mit Hilfe der Betragsbedingung jene Reglerverstärkung K_R, für die der geschlossene Regelkreis ein komplexes Polpaar mit einem Dämpfungsgrad $\zeta = \sqrt{2}/2$ besitzt.

Aufgabe 1.8: Gegeben ist die Übertragungsfunktion eines offenen Regelkreises

$$G_o(s) = \frac{K_P}{s(s+6)(s^2+6s+13)}.$$

a) Zeichnen Sie die Wurzelortskurve unter Verwendung aller relevanten Regeln. Bestimmen Sie die Stabilitätsgrenze analytisch.

b) Bestimmen Sie mit Hilfe der Betragsbedingung jenen Bereich, den die Reglerverstärkung annehmen darf, so daß folgende Spezifikationen für die Pole des geschlossenen Regelkreises erfüllt werden: $\zeta \geq \sqrt{2}/2$ und $\mathrm{Re}(s_i) \leq -1$. Skizzieren Sie die Führungssprungantworten für die beiden Grenzfälle.

Aufgabe 1.9: Gegeben ist der in Bild 1.26 dargestellte Regelkreis.

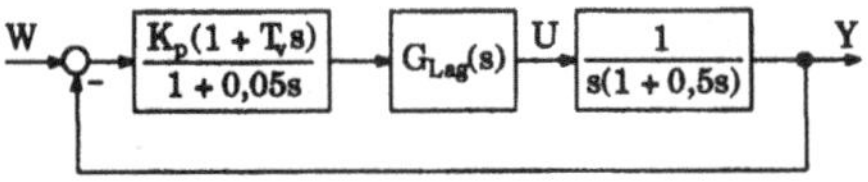

Bild 1.26

a) Bestimmen Sie, vorerst ohne Lag-Glied, K_p und T_v derart, daß der Regelkreis ein dominantes Polpaar mit $\zeta = 0,5$ und $\omega_n = 4\,s^{-1}$ aufweist. Bestimmen Sie den dritten Pol des geschlossenen Kreises sowie den Geschwindigkeitsfehler.

b) Entwerfen Sie das Lag-Korrekturglied so, daß ein Geschwindigkeitsfehler von 0,01 gewährleistet ist und das dominante Polpaar näherungsweise erhalten bleibt.

c) Zeichnen Sie die Wurzelortskurve des kompensierten Systems mit K_p als freiem Parameter. Skizzieren Sie die Führungsübergangsfunktion des geschlossenen Regelkreises.

Aufgabe 1.10: Gegeben ist die Übertragungsfunktion eines offenen Regelkreises

$$G_o(s) = G_R(s)G_S(s) = \frac{K_R(s^2+6s+10)}{s}\,\frac{0,5(s+8)}{(s-2)(s+6)}.$$

a) Zeichnen Sie die Wurzelortskurve für dieses System unter Anwendung aller relevanten Regeln. Bestimmen Sie den Schnittpunkt der WOK mit der imaginären Achse rechnerisch. Für $K_R = 4$ besitzt der geschlossene Regelkreis Pole bei $s_{1,2} = -2 \pm j2$ und $s_3 = -20/3$. Bestimmen Sie mit Hilfe der Betragsbedingung jenen Bereich, den die Streckenverstärkung (Nominalwert $K_S = 0,5$) annehmen darf, um für das Polpaar $s_{1,2}$ einen Dämpfungsgrad $0,6 \leq \zeta \leq 0,8$ zu garantieren.

b) Gehen Sie nunmehr davon aus, daß sich die Lage der Streckennullstelle und der Streckenpole verändern kann. Ersetzen Sie dazu in der Übertragungsfunktion $G_o(s)$ die Terme $(s+8)$, $(s+6)$ und $(s-2)$ durch $(s+8+\Delta_1)$, $(s+6+\Delta_2)$ sowie $(s-2+\Delta_3)$. Zeichnen Sie dazu die Wurzelortskurven mit $K_R = 4$ für positive und negative

Änderungsparameter Δ_1, Δ_2 und Δ_3. Bestimmen Sie sodann die Grenzen, innerhalb derer sich die Nullstelle bzw. die Pole bewegen dürfen, so daß die in Punkt a) geforderten Spezifikationen eingehalten werden.

Aufgabe 1.11: Betrachten Sie die in Bild 1.27 schematisch dargestellte Niveauregelstrecke. Regelgröße ist dabei der Behälterstand H [m], der mit einem Meßgerät in eine Spannung u_H [V] umgewandelt wird. Die Stellgröße u [V] verstellt über den Ventilhub h [cm] den Stellvolumenstrom Q_u [l/s]. Als Störgrößen wirken die Zu- bzw. Abflüsse Q_{z1}, Q_{z2} und Q_{z3} [l/s]. Das Blockschaltbild der Strecke ist ebenfalls in Bild 1.27 angegeben.

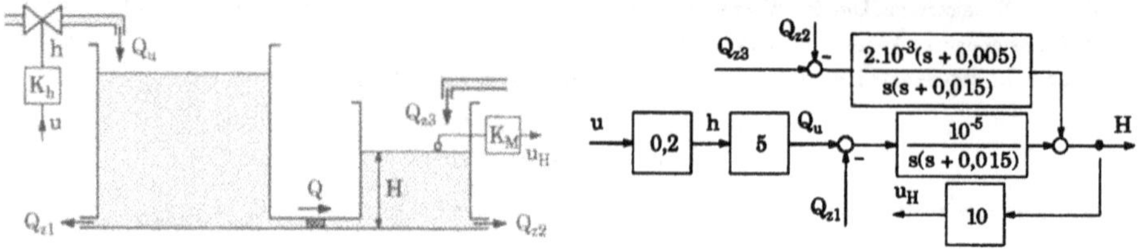

Bild 1.27

Diese Strecke soll mit einem PID-Regler mit der Übertragungsfunktion

$$G_R(s) = \frac{K_R(1+T_1 s)(1+T_2 s)}{s}$$

geregelt werden.

a) Entwerfen Sie den Regler mit Hilfe der Wurzelortskurvenmethode derart, daß der Regelkreis ein Polpaar bei $s_{1,2} = -0{,}01 \pm j0{,}01$ besitzt. Zeichnen Sie die Führungs- und Störungsübergangsfunktionen des geschlossenen Regelkreises.

   Hinweis: Legen Sie eine der Reglernullstellen über den Streckenpol (Pol-Nullstellen-Kürzung).

b) Zeichnen Sie die Wurzelortskurve mit K_R als freiem Parameter. Für welches K_R besitzt dieser Regelkreis einen reellen Doppelpol, und wo liegt dieser?

c) Es werde nunmehr angenommen, daß der Verstärkungsfaktor des Ventils im Laufe der Standzeit der Anlage von seinem Nominalwert ($K_v = 5$) abweicht: $K_v = 5 + \Delta K_v$. Zeichnen Sie mit dem in Punkt a) entworfenen Regler die Wurzelortskurven für $\Delta K_v > 0$ und $\Delta K_v < 0$. In welchem Bereich darf sich ΔK_v bewegen, damit für die Pole des geschlossenen Regelkreises die Forderung $\mathrm{Re}(s_{1,2}) \le 0{,}008$ erfüllt ist?

Aufgabe 1.12: Betrachten Sie das in Bild 1.28 schematisch sowie als Blockschaltbild dargestellte elektrohydraulische Positionierungssystem als Regelstrecke.

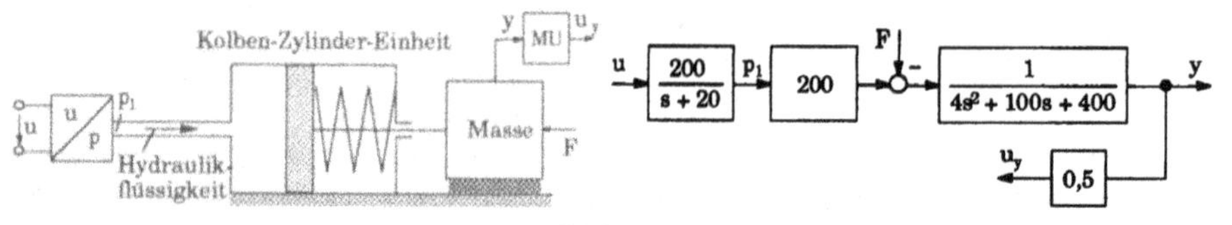

Bild 1.28

y [cm] ist dabei die Regelgröße, F [N] die Störgröße (z.B. die Schnittkraft), u [V] die Stellgröße und u_y [V] die der Position proportionale Meßspannung.

a) Entwerfen Sie mit Hilfe der Wurzelortskurvenmethode einen PI- und einen PID-Regler mit den Übertragungsfunktionen

$$G_R(s) = \frac{K_R(1+T_n s)}{s} \quad \text{und} \quad G_R(s) = \frac{K_R(1+T_1 s)(1+T_2 s)}{s}$$

   derart, daß der geschlossene Regelkreis ein dominantes Polpaar bei $s_{1,2} = -5 \pm j5$ besitzt. Zeichnen Sie die Wurzelortskurven für beide Fälle mit der Reglerverstärkung K_R als WOK-Parameter.

b) Skizzieren Sie die Führungs- und Störungsübergangsfunktionen des geschlossenen Regelkreises für beide Entwürfe.

2. Verbesserung des Regelverhaltens durch Erweiterung der Regelungsstruktur

In vielen konventionellen Eingrößen-Regelkreisen ist, bedingt z.B. durch das Totzeitverhalten der Regelstrecke, eine zufriedenstellend schnelle Ausregelung von Störeinflüssen oder auch ein rasches Folgen der Regelgröße auf Führungsgrößenänderungen oft nicht zu erzielen. In diesen Fällen bietet sich eine Modifizierung der Struktur des einschleifigen Regelkreises an. In den folgenden Abschnitten werden zwei derartige Erweiterungen, nämlich die *Störgrößenaufschaltung* und die *Kaskadenregelung*, behandelt.

2.1 Störgrößenaufschaltung

Ist in einem Regelkreis der Einfluß der Störgröße z(t) auf die Regelgröße y(t), d.h. die Übertragungsfunktion $G_{SZ}(s)$ bekannt, und ist diese Störgröße meßbar, dann kann die in Bild 2.1 im Blockschaltbild dargestellte Störgrößenaufschaltung realisiert werden. Wie man sieht, handelt es sich bei der Störgrößenaufschaltung um eine reine Steuerung, die hier in Kombination mit einer konventionellen Regelung wirksam wird.

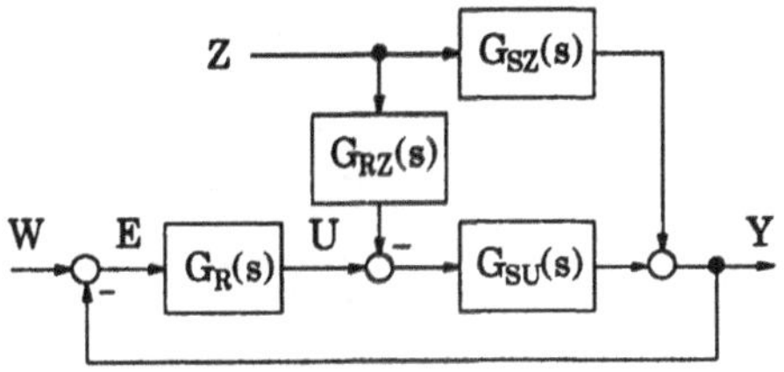

Bild 2.1

Aus Bild 2.1 erhält man:

$$Y = \frac{G_{SZ} - G_{RZ}G_{SU}}{1 + G_R G_{SU}} Z + \frac{G_R G_{SU}}{1 + G_R G_{SU}} W. \qquad (2.1)$$

Für eine vollständige Kompensation der Störung muß demnach gelten:

$$G_{SZ} = G_{RZ}G_{SU} \Rightarrow G_{RZ} = \frac{G_{SZ}}{G_{SU}}. \qquad (2.2)$$

Anmerkungen zur Realisierung von G_{RZ}:

- Eine Realisierung der Störgrößenaufschaltung ist nur dann möglich, wenn in der Übertragungsfunktion $G_{RZ} = Q_{RZ} / R_{RZ}$ gilt: $\mathrm{Grad}(Q_{RZ}) \le \mathrm{Grad}(R_{RZ})$.
- Weist G_{SU} Allpaßverhalten auf und/oder G_{SZ} instabiles Verhalten, dann führt eine vollständige Realisierung zu einer instabilen Übertragungsfunktion G_{RZ}, eine Tatsache, die nicht wünschenswert ist.
- Besitzen sowohl G_{SU} als auch G_{SZ} Totzeitverhalten, gilt also:
$$G_{RZ} = \frac{\tilde{G}_{SZ} e^{-T_1 s}}{\tilde{G}_{SU} e^{-T_2 s}},$$
dann ist aus Kausalitätsgründen eine Realisierung nur mit $T_1 - T_2 \ge 0$ möglich.
- In jenen Fällen, in denen eine dynamische Realisierung nicht möglich ist, begnügt man sich mit einer statischen Kompensation:
$$G_{RZ} = \frac{K_{SZ}}{K_{SU}}, \qquad (2.3)$$
worin K_{SZ} und K_{SU} die stationären Übertragungsbeiwerte der Übertragungsfunktionen G_{SZ} bzw. G_{SU} sind.
- Jede zwischen den Extremen "vollständige" und "statische Kompensation" liegende mögliche Realisierung verbessert das Störverhalten des geschlossenen Regelkreises.

Beispiel 2.1: Betrachtet wird der in Bild 2.2 dargestellte Regelkreis. Es soll eine Störgrößenaufschaltung $G_{RZ}(s)$ entworfen werden.

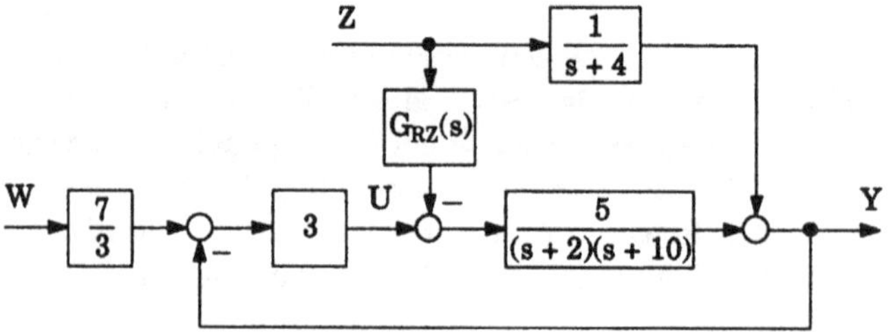

Bild 2.2

Lösung: Die Störübertragungsfunktion des geschlossenen Kreises ohne Störgrößenaufschaltung lautet:

$$G_Z(s) = \frac{Y(s)}{Z(s)} = \frac{(s+2)(s+10)}{(s+4)(s+5)(s+7)}.$$

Die Störübergangsfunktionen des ungeregelten Systems sowie des geregelten Systems ohne Störgrößenaufschaltung sind in Bild 2.3 dargestellt.

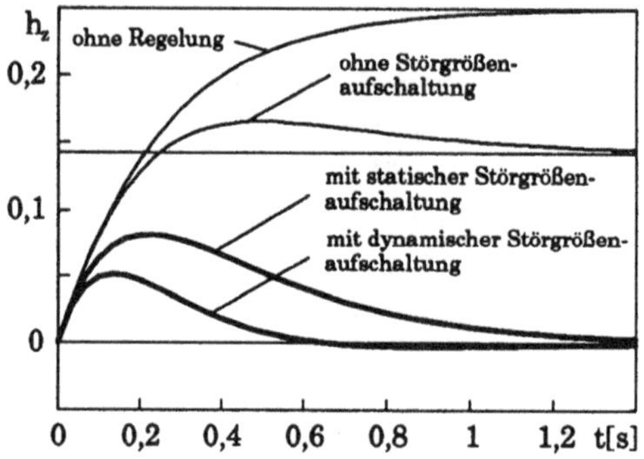

Bild 2.3

a) Vollständige Kompensation:

$$G_{RZ}(s) = \frac{0{,}2(s+2)(s+10)}{s+4}.$$

Diese Übertragungsfunktion ist nicht realisierbar!

b) Statische Störgrößenaufschaltung:

$$K_{RZ} = 1 \Rightarrow \tilde{G}_Z(s) = \frac{s}{(s+4)(s+5)}$$

Die zugehörige Störübergangsfunktion ist ebenfalls in Bild 2.3 dargestellt. Wie zu erwarten, wird die sprungförmige Störung stationär ausgeregelt.

c) Dynamische Kompensation: $G_{RZ}(s)$ wird näherungsweise durch

$$\hat{G}_{RZ}(s) = \frac{2(s+2)}{s+4}$$

ersetzt. Damit erhält man eine Störübertragungsfunktion des geschlossenen Regelkreises:

$$\hat{G}_Z(s) = \frac{s(s+2)}{(s+4)(s+5)(s+7)}.$$

Die ebenfalls in Bild 2.3 dargestellte Störübergangsfunktion des geschlossenen Regelkreises zeigt eine wesentliche Verbesserung der Störgrößenausregelung gegenüber jener, die durch statische Kompensation zu erzielen ist.

2.2 Kaskadenregelung

Die Kaskadenregelung ist eine vor allem in verfahrenstechnischen Anlagen häufig verwendete Regelschaltung zur Verbesserung des Störverhaltens. Die Struktur der Kaskadenregelung ist in Bild 2.4 dargestellt.

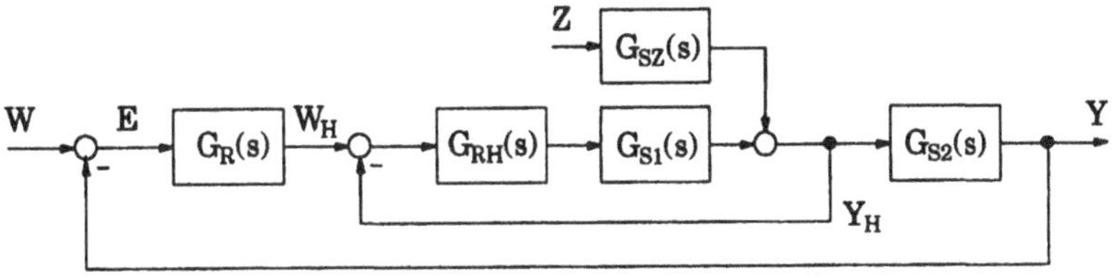

Bild 2.4

Neben der Regelgröße des *Führungsregelkreises* y(t) wird bei der Kaskadenregelung noch eine *Hilfsregelgröße* $y_H(t)$ gemessen, die als Regelgröße im sogenannten *Folgeregelkreis* fungiert. Die Hilfsregelgröße muß so gewählt werden, daß sie die Wirkung der Störgröße enthält. Der *Führungsregler* wirkt hier nicht direkt auf das Stellglied, sondern liefert den Sollwert für den unterlagerten *Folgeregler*. Zusammen mit dem Streckenteil G_{S1} bildet dieser den Folgeregelkreis. Die Störung z(t) wird bereits im Hilfsregelkreis soweit "angeregelt" (aber nicht notwendigerweise ausgeregelt), daß sie im zweiten Streckenteil nur mehr abgeschwächt wirksam wird. Es ist vorteilhaft, wenn der erste Streckenteil "schnell" im Vergleich zum zweiten ist, da in diesem Fall eine bessere Kompensation der Störung im Folgeregelkreis zu erwarten ist. Faßt man den Folgeregelkreis zu einer Übertragungsfunktion

$$G_H = \frac{G_{RH}G_{S1}}{1+G_{RH}G_{S1}} \qquad (2.4)$$

zusammen, so erhält man das in Bild 2.5 dargestellte modifizierte Blockschaltbild der Kaskadenregelung. Der Folgeregelkreis kann also als Teilübertragungsglied des Führungsregelkreises betrachtet werden. Man erhält:

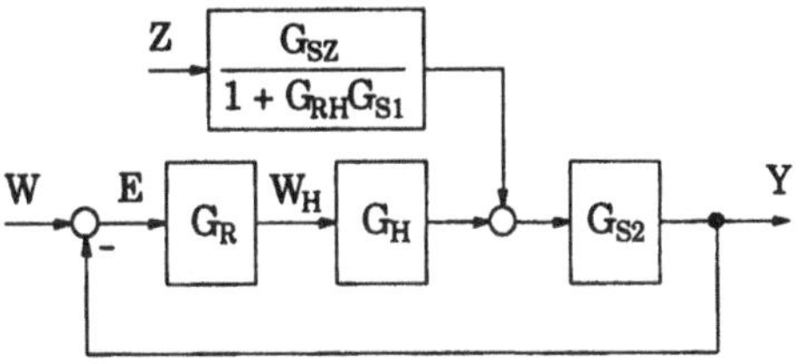

Bild 2.5

$$Y = G_Z Z + G_W W = \frac{G_{SZ}G_{S2}}{(1+G_R G_H G_{S2})(1+G_{RH}G_{S1})} Z + \frac{G_R G_H G_{S2}}{1+G_R G_H G_{S2}} W. \qquad (2.5)$$

Der Entwurf einer Kaskadenregelung kann somit in zwei Schritten erfolgen:

- Zuerst wird der Folgeregelkreis ausgelegt. Da eine Ausregelung der Störung im Folgeregelkreis nicht erforderlich ist, wird als Hilfsregler üblicherweise ein P-Regler verwendet.
- Ist der Folgeregelkreis bestimmt, d.h. $G_H(s)$ festgelegt, so kann in einem zweiten Schritt der Führungsregelkreis ausgelegt werden.

Beispiel 2.2: Es wird die in Bild 2.6 dargestellte Kaskadenregelung betrachtet. Für die Auslegung der Kaskadenregelung sollen folgende Spezifikationen gelten:

a) Der Folgeregelkreis soll so ausgelegt werden, daß, würde er isoliert betrachtet, die stationäre Störgrößenwirkung auf y_H halbiert wird.

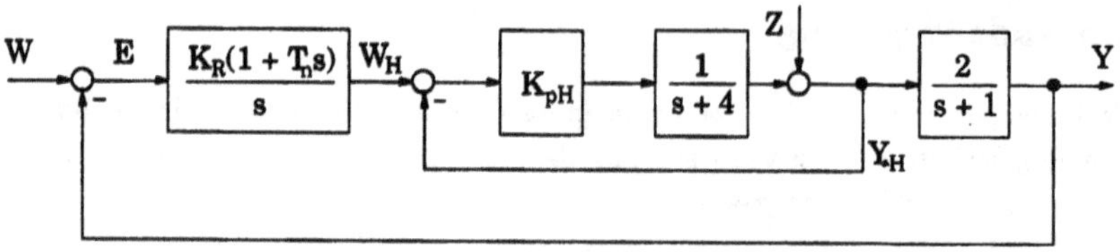

Bild 2.6

b) Beim Führungsregelkreis soll es sich um ein Verzögerungsglied 2.Ordnung mit Polen bei $s_{1,2} = -4 \pm j4$ handeln.

Lösung: Betrachtet man den Folgeregelkreis isoliert, dann gilt: $\dfrac{Y_H(s)}{Z(s)} = \dfrac{s+4}{s+4+K_{pH}}$.

Gefordert ist: $$\left.\frac{Y_H(s)}{Z(s)}\right|_{s=0} = \frac{4}{4+K_{pH}} = 0{,}5 \quad \Rightarrow \quad K_{pH} = 4.$$

Das umgeformte Blockschaltbild (Bild 2.5) ist in Bild 2.7 dargestellt:

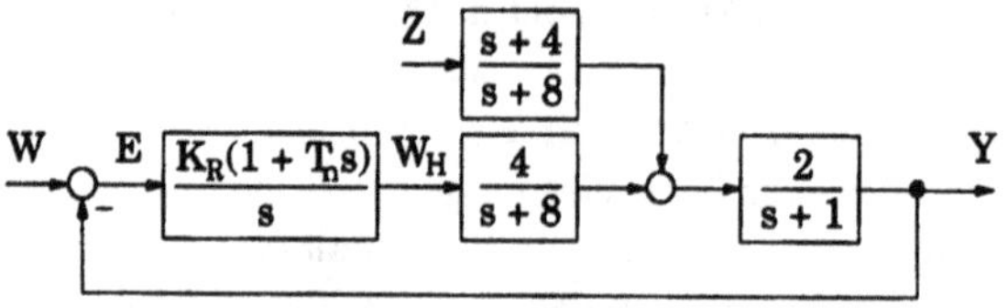

Bild 2.7

Um den geschlossenen Regelkreis in Form eines PT2-Gliedes zu erhalten, wählt man die Nachstellzeit $T_n = 1\,s$. Man erhält sodann für die Führungsübertragungsfunktion:

$$G_w(s) = \frac{8K_R}{s^2 + 8s + 8K_R}.$$

Um das geforderte Polpaar $s_{1,2} = -4 \pm j4$ zu erreichen, muß $K_R = 4$ gewählt werden. Für die Führungs- und Störübertragungsfunktion des geschlossenen Regelkreises folgt somit:

$$G_w(s) = \frac{32}{s^2 + 8s + 32}, \quad G_z(s) = \frac{2s(s+4)}{(s+1)(s^2 + 8s + 32)}.$$

Bild 2.8 zeigt die Führungs- und Störübergangsfunktion des Regelkreises mit und ohne Kaskade und mit demselben Regler.

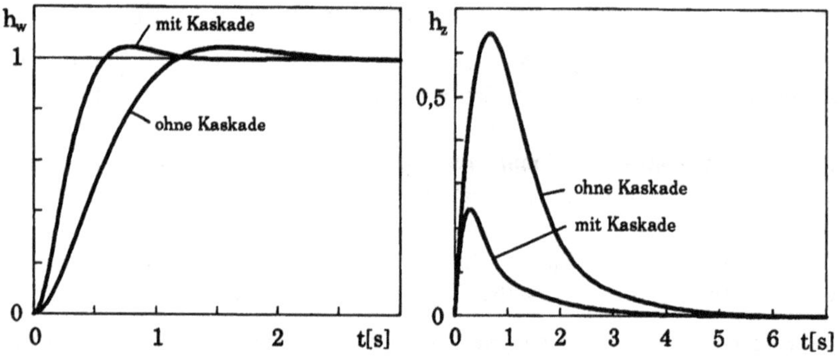

Bild 2.8

Beispiel 2.3: Bild 2.9 zeigt das Schema eines Doppeltanksystems als Regelstrecke. Regelgröße y ist der Stand H_2 im zweiten Behälter. Als Stellgröße u wirkt der Ventilhub h, wobei $Q_1 = Kh$ gilt. Störgrößen sind die Verbraucher-Volumenströme $z_1 = Q_2$ und $z_2 = Q_3$.

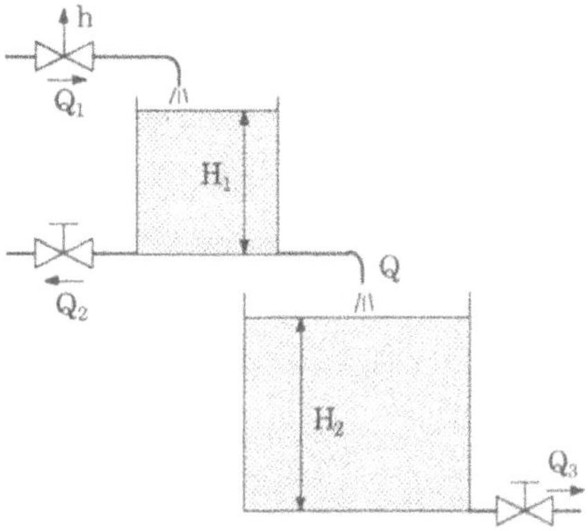

Bild 2.9

a) Diese Strecke soll vorerst mit einem P-Regler so geregelt werden, daß die Pole des geschlossenen Kreises einen Dämpfungsgrad $\zeta = 0,5$ besitzen. Bild 2.10 zeigt das Blockschaltbild der Strecke mit bereits eingesetzten Zahlenwerten.

b) Zur Verbesserung der Ausregelung der Störung z_1 ist eine Kaskadenregelung mit einem P-Regler als Folge- und als Führungsregler zu entwerfen, wobei der Pol des Folgeregelkreises bei $s = -5$ liegen und der Führungsregelkreis wieder einen Dämpfungsgrad $\zeta = 0,5$ aufweisen soll.

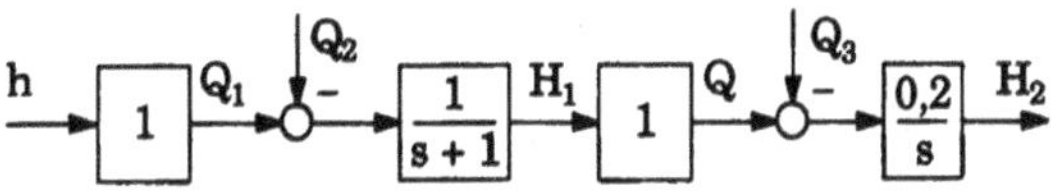

Bild 2.10

c) Zur Verbesserung der Ausregelung der Störgröße z_2 ist eine Störgrößenaufschaltung zu entwerfen. In welcher Form ist diese realisierbar?

Lösung: a) Geschlossener Regelkreis ohne Kaskade:

$$G_W(s) = \frac{0,2K_p}{s^2 + s + 0,2K_p} = \frac{\omega_n^2}{s^2 + 2\zeta\omega_n s + \omega_n^2}.$$

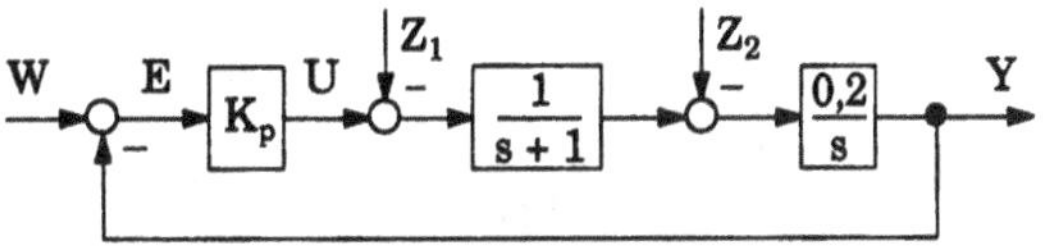

Bild 2.11

Um ein $\zeta = 0,5$ zu erreichen, muß $K_p = 5$ gewählt werden. Für die Kreisfrequenz folgt: $\omega_n = 1\,s^{-1}$. Die Führungs- und Störübertragungsfunktionen des geschlossenen Regelkreises lauten dann:

$$G_W(s) = \frac{1}{s^2 + s + 1}, \quad G_{Z1}(s) = \frac{-0,2}{s^2 + s + 1}, \quad G_{Z2}(s) = \frac{-0,2(s+1)}{s^2 + s + 1}.$$

Die entsprechenden Übergangsfunktionen sind in den Bildern 2.16 und 2.17 dargestellt.

b) Kaskadenregelung:

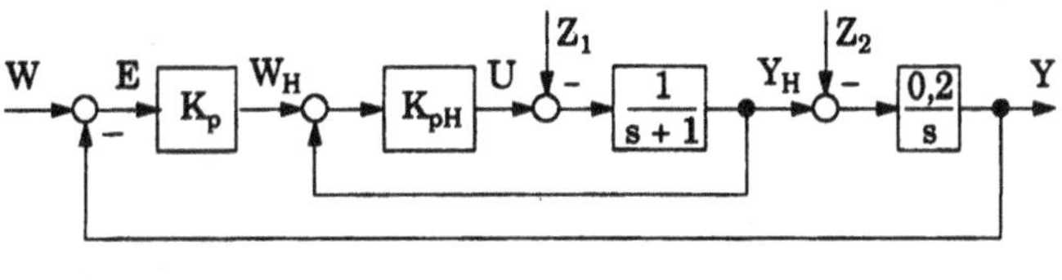

Bild 2.12

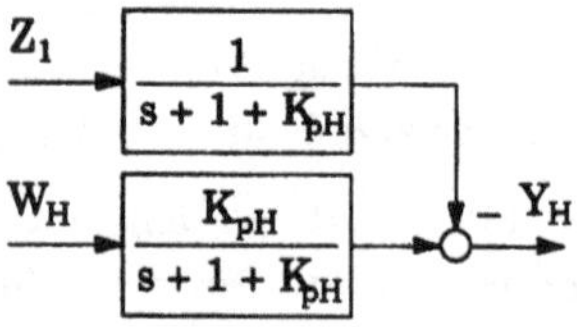

Bild 2.13

Bild 2.13 zeigt den umgeformten Folgeregelkreis. Aus der Forderung:

$$G_H(s) = \frac{K_{pH}}{s + 1 + K_{pH}} = \frac{K_{pH}}{s+5}$$

folgt für die Folgereglerverstärkung $K_{pH} = 4$. Das Blockschaltbild des Führungsregelkreises hat somit das in Bild 2.14 dargestellte Aussehen.

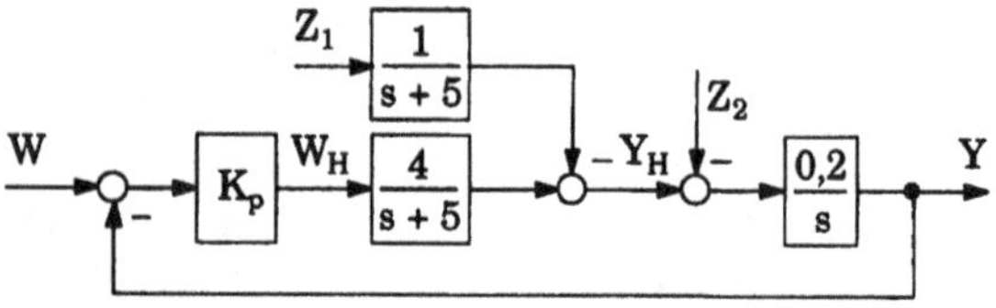

Bild 2.14

Für die Führungsübertragungsfunktion $G_W(s)$ folgt somit:

$$G_W(s) = \frac{0{,}8K_p}{s^2 + 5s + 0{,}8K_p} = \frac{\omega_n^2}{s^2 + 2\zeta\omega_n s + \omega_n^2}.$$

Die Spezifikation $\zeta = 0{,}5$ führt auf eine Führungsreglerverstärkung $K_p = 31{,}25$. Die Eigenfrequenz des ungedämpften Systems beträgt nunmehr $\omega_n = 5\,s^{-1}$. Die Übertragungsfunktionen des geschlossenen Kreises lauten somit:

$$G_W(s) = \frac{25}{s^2 + 5s + 25}, \quad G_{Z1}(s) = \frac{-0{,}2}{s^2 + 5s + 25}, \quad G_{Z2}(s) = \frac{-0{,}2(s+5)}{s^2 + 5s + 25}.$$

c) Zusätzliche Aufschaltung der Störgröße z_2: Die Übertragungsfunktion G_{RZ} für eine vollständige Kompensation der Störung z_2 lautet:

$$G_{RZ}(s) = \frac{s+5}{4},$$

und ist nicht realisierbar. Es wird daher einerseits eine statische Kompensation mit $G_{RZ}(s) = K_{RZ} = 1{,}25$, und andererseits eine dynamische Kompensation mit Hilfe eines Lead-Kompensationsgliedes mit der Übertragungsfunktion

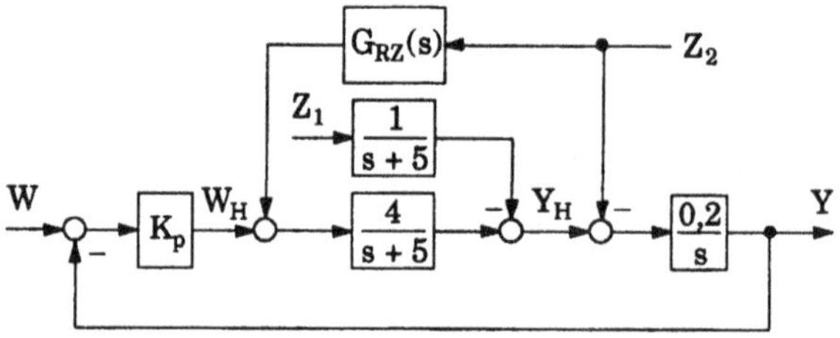

Bild 2.15

$$G_{RZ}(s) = \frac{50(s+5)}{4(s+50)}$$

realisiert. Beim Lead-Glied ist zu beachten, daß dessen stationäre Verstärkung gleich der des idealen Kompensationsgliedes sein muß. Der Pol des Lead-Gliedes kann frei gewählt werden. Nach einer Umformung des Blockschaltbildes (Bild 2.15) erhält man für die Störübertragungsfunktion $G_{Z2}(s)$:

Statische Kompensation:

$$G_{Z2}(s) = \frac{-0{,}2s}{s^2 + 5s + 25},$$

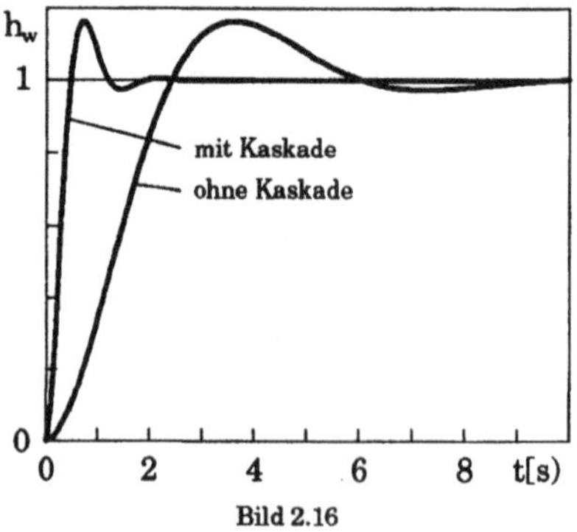

Bild 2.16

Dynamische Kompensation: $G_{Z2}(s) = \dfrac{-0{,}2s(s+5)}{(s+50)(s^2+5s+25)}$.

Die Kaskadenregelung bleibt von der Störgrößenaufschaltung unbeeinflußt. In Bild 2.16 sind die Führungsübergangsfunktionen des Regelkreises mit und ohne Kaskade dargestellt. Es ist deutlich die unterschiedliche Dynamik zu erkennen. Bild 2.17 zeigt die Störübergangsfunktionen des geschlossenen Regelkreises. Hier ist die Ausregelung der Störung z_2 zu erkennen, wobei sich bei einer dynamischen Aufschaltung eine annähernd vollständige Kompensation ergibt.

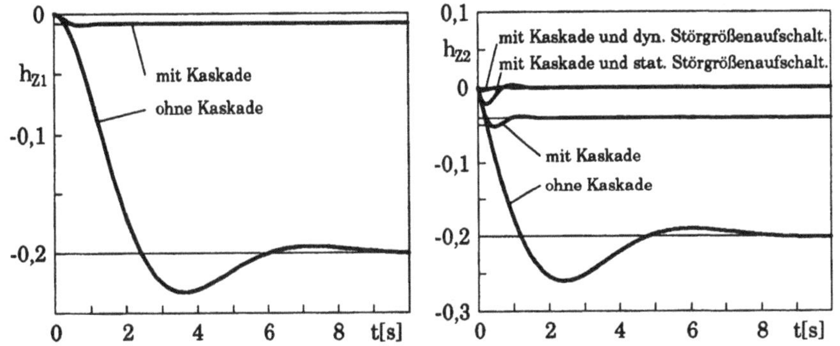

Bild 2.17

2.3 Aufgaben

Aufgabe 2.1: Gegeben ist der in Bild 2.18 dargestellte, auf Führungsverhalten ausgelegte Regelkreis.

a) Bestimmen Sie die Störübertragungsfunktion des geschlossenen Kreises ohne Störgrößenaufschaltung.

b) Ergänzen Sie das Blockschaltbild zu einem Regelkreis mit Störgrößenaufschaltung. Bestimmen Sie $G_{RZ}(s)$ zur vollständigen Kompensation der Störung z(t). Ist diese realisierbar?

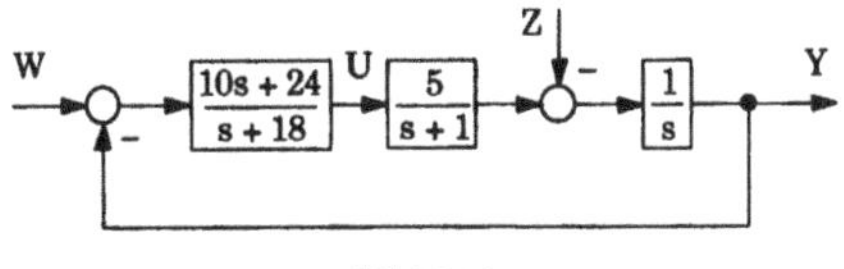

Bild 2.18

c) Realisieren Sie eine stationäre Kompensation. Bestimmen Sie die Störübertragungsfunktion des geschlossenen Regelkreises.

d) Entwerfen Sie eine realisierbare dynamische Störgrößenkompensation durch ein Lead-Kompensationsglied und bestimmen Sie wiederum die Störübertragungsfunktion des geschlossenen Regelkreises.

e) Skizzieren Sie die Störübergangsfunktionen für die drei entworfenen Regelungen.

Aufgabe 2.2: Gegeben ist die in Bild 2.19 im Blockschaltbild dargestellte Regelstrecke. Es ist dafür eine Kaskadenregelung zu entwerfen, wobei der Folgeregler P- und der Führungsregler PI-Verhalten haben sollen.

a) Zeichnen Sie das Blockschaltbild der Kaskadenregelung.

b) Entwerfen Sie den Folgeregler so, daß der Folgeregelkreis einen Pol bei $s = -5$ besitzt.

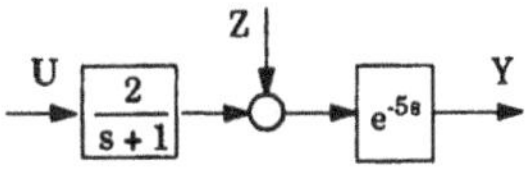

Bild 2.19

c) Geben Sie die Übertragungsfunktion des offenen Führungsregelkreises an.

d) Entwerfen Sie den Führungsregler mit Hilfe der Einstellregeln nach Ziegler-Nichols. Dabei gilt für die optimalen Parameter eines PI-Reglers: $K_p = 0{,}45\,K_{pkrit.}$ und $T_n = 0{,}85\,T_{krit.}$

Aufgabe 2.3: Bild 2.20 zeigt das Schema einer Bandförderanlage für Granulat. In Bild 2.21 ist das Blockschaltbild dieser Regelstrecke dargestellt. Regelgröße ist der Behälterstand H_2, Stellgröße die Schieberstellung h, und als Störgrößen wirken die Granulatvolumenströme Q_Z und Q_4. Die angegebenen Variablen seien bereits Abweichungen von einem Arbeitspunkt.

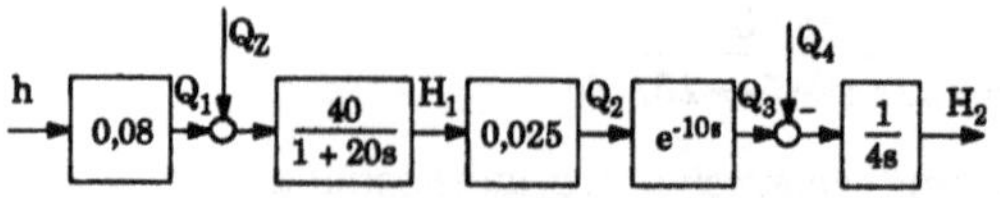

Bild 2.21

a) Es werde H_1 als meßbar angenommen. Entwerfen Sie zur besseren Ausregelung der Störgröße Q_Z eine Kaskadenregelung mit zwei P-Reglern derart, daß der Pol des Folgeregelkreises bei $s = -0{,}25$ zu liegen kommt und der Führungsregelkreis eine Phasenreserve $\psi_r \approx 50°$ besitzt.

b) Entwerfen Sie für die Störgröße Q_4 eine Störgrößenaufschaltung. Ist eine vollständige Kompensation realisierbar? Wenn nicht, wie muß dann eine statische Störgrößenkompensation aussehen?

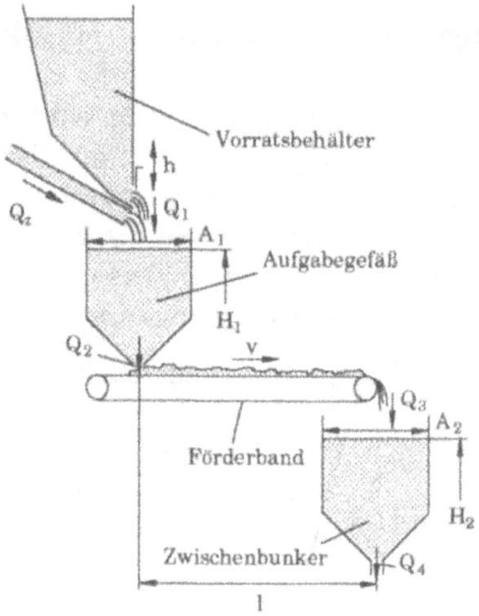

Bild 2.20

Aufgabe 2.4: Bild 2.22 zeigt schematisch einen Wärmetauscher, in dem im Gegenstrom das Medium von der Eintrittstemperatur T_e auf die Austrittstemperatur T_a erwärmt wird. Dabei wird angenommen, daß dazu Dampf konstanter Temperatur und konstanten Druckes verwendet wird. Regelgröße ist die Temperatur T_a, Stellgröße die Spannung u und als Störgröße werde die Temperatur T_e betrachtet. Ebenfalls in Bild 2.22 ist die Blockschaltbilddarstellung der Strecke mit den experimentell um einen Arbeitspunkt ermittelten Übertragungsfunktionen $G_{SU}(s)$ und $G_{SZ}(s)$ angegeben. Es soll ein PI-Regler mit folgender Übertragungsfunktion realisiert werden:

$$G_R(s) = \frac{K_R(1+T_n s)}{s}$$

a) Entwerfen Sie den Regler derart, daß eine Amplitudendurchtrittsfrequenz $\omega_1 \geq 0{,}15\ s^{-1}$ und eine Phasenreserve $\psi_r \approx 50° \pm 1°$ erzielt werden.

b) Eine Kompensation der Wirkung einer Störung ΔT_1 soll durch eine Störgrößenaufschaltung auf die Stellgröße erreicht werden. Geben Sie die Steuerübertragungsfunktion $G_{RZ}(s)$ für eine vollständige Kompensation an. Ist diese realisierbar?

c) Entwerfen Sie die statische Störgrößenaufschaltung K_{RZ}.

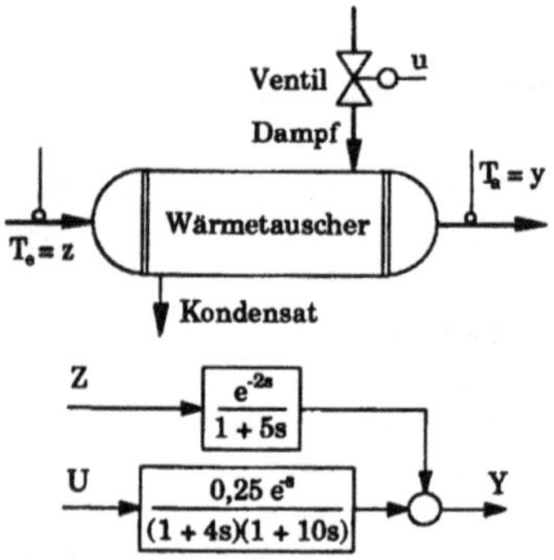

Bild 2.22

Aufgabe 2.5: Betrachten Sie das in Bild 2.23 dargestellte mechanisch-rotatorische System als Regelstrecke. Die Regelgröße sei die Winkelauslenkung $\theta_2(t)$, und als Stellgröße wirke das Moment M(t). Eine konventionelle Regelung führt, wenn man sich auf Standardreglertypen beschränkt, nicht zum Erfolg. Nimmt man an, daß neben $\theta_2(t)$ auch noch das Moment $M_K(t) = K[\theta_1(t) - \theta_2(t)]$ gemessen werden kann, so kann man damit eine Kaskadenregelung aufbauen.

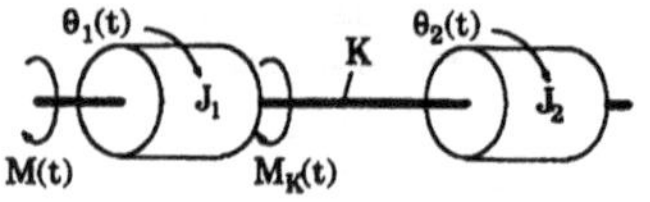

Bild 2.23

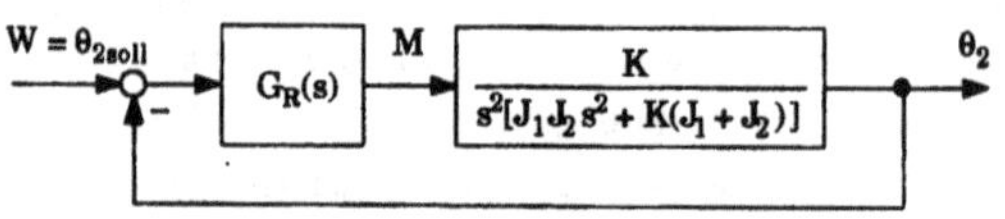

Bild 2.24

a) Zeigen Sie, daß der Regelkreis in Bild 2.24 mit konventionellen Reglertypen strukturell instabil ist.

b) Ermitteln Sie die Übertragungsfunktionen $G_{S1}(s) = M_K(s)/M(s)$ und $G_{S2}(s) = \theta_2(s)/M_K(s)$. Benutzen Sie dabei die Zahlenwerte $J_1 = J_2 = 1\ kgm^2$ und $K = 8\ Nm$.

c) Zeichnen Sie das Blockschaltbild der Kaskadenregelung.

d) Bestimmen Sie die Parameter K_{pH} und T_v eines idealen PD-Folgereglers derart, daß der Folgeregelkreis ein komplexes Polpaar bei $-4 \pm j4$ besitzt.

e) Wählen Sie als Führungsregler einen P-Regler und zeichnen Sie die Wurzelortskurve mit K_p als Parameter.

f) Bestimmen Sie jenen Bereich von K_p, für welchen das Gesamtsystem stabil ist.

3. Systemanalyse im Zustandsraum

3.1 Zustandsraumdarstellung

3.1.1 Einleitung

Bei der Beschreibung dynamischer Systeme im Zustandsraum handelt es sich um eine Beschreibung im Zeitbereich. Hat man es beim sogenannten Ein-/Ausgangsmodell im einfachsten Fall mit einem mathematischen Modell in Form einer linearen gewöhnlichen Differentialgleichung n-ter Ordnung mit konstanten Koeffizienten zu tun, so führt die Beschreibung im Zustandsraum auf n Differentialgleichungen 1. Ordnung.

Beispiel 3.1: Es wird das in Bild 3.1 schematisch dargestellte mechanisch-rotatorische System betrachtet. Eingangsgröße (Stellgröße) ist die Winkelgeschwindigkeit $\omega_1(t)$ und als Ausgangsgröße (Regelgröße) werde die Winkelgeschwindigkeit $\omega_2(t)$ betrachtet. Die Welle, über welche die Drehmasse angetrieben wird, werde als nachgiebig betrachtet, d.h. für das durch sie übertragene Moment M(t) gelte das Hookesche Gesetz $M(t) = K[\theta_1(t) - \theta_2(t)]$. Die Lagerreibung werde durch das winkelgeschwindigkeitsproportionale Reibungsmoment $M_R(t) = B\omega_2(t)$ modelliert. Es ist eine Zustandsdarstellung für dieses System (Regelstrecke) zu ermitteln.

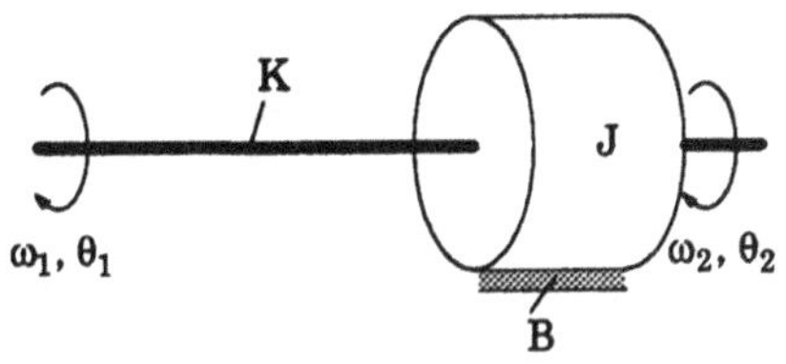

Bild 3.1

Lösung: Für die Welle und die Drehmasse erhält man durch Differenzieren des Hookeschen Gesetzes bzw. mit dem Drallsatz:

$$\dot{M}(t) = K[\omega_1(t) - \omega_2(t)], \quad \dot{\omega}_2(t) = \frac{1}{J}[M(t) - B\omega_2(t)].$$

Definiert man nun die Zustandsvariablen $x_1 = M$ und $x_2 = \omega_2$ sowie die Eingangsvariable $u = \omega_1$ und die Ausgangsvariable $y = \omega_2$, und faßt man die Zustandsvariablen zum Zustandsvektor $\underline{x}$ zusammen, so erhält man mit den entsprechenden Anfangszuständen:

$$\dot{\underline{x}} = \begin{bmatrix} 0 & -K \\ 1/J & -B/J \end{bmatrix} \underline{x} + \begin{bmatrix} K \\ 0 \end{bmatrix} u; \quad \underline{x}(t_0) = \underline{x}_0, \quad y = [0 \quad 1]\underline{x}.$$

Das so erhaltene mathematische Modell besteht also aus einem System von zwei gekoppelten Differentialgleichungen 1.Ordnung sowie einer skalaren Ausgangsgleichung.

3.1.2 Zustands- und Ausgangsgleichung

Jedes lineare zeitinvariante dynamische System läßt sich allgemein durch die Zustandsdifferentialgleichung (Zustandsgleichung) und die Ausgangsgleichung wie folgt beschreiben:

$$\dot{\underline{x}} = \underline{A}\,\underline{x} + \underline{B}\,\underline{u} + \underline{E}\,\underline{z}; \quad \underline{x}(t_0) = \underline{x}_0, \tag{3.1}$$

$$\underline{y} = \underline{C}\,\underline{x} + \underline{D}\,\underline{u} + \underline{F}\,\underline{z} \tag{3.2}$$

In Bild 3.2 sind die Gleichungen (3.1) und (3.2) als Blockschaltbild dargestellt.

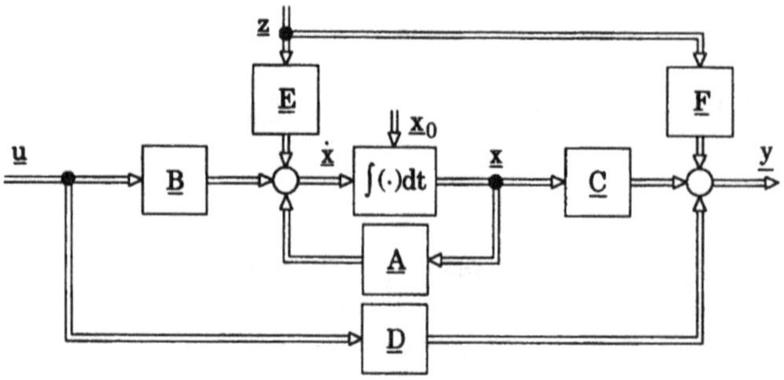

Bild 3.2

Darin sind:

$\underline{A}$:	(nxn) -	Systemmatrix	$\underline{F}$:	(mxq) -	Ausgangsstörmatrix
$\underline{B}$:	(nxr) -	Eingangsmatrix	$\underline{u}$:	(rx1) -	Steuervektor
$\underline{C}$:	(mxn) -	Ausgangsmatrix	$\underline{x}$:	(nx1) -	Zustandsvektor
$\underline{D}$:	(mxr) -	Durchgangsmatrix	$\underline{y}$:	(mx1) -	Ausgangsvektor
$\underline{E}$:	(nxq) -	Systemstörmatrix	$\underline{z}$:	(qx1) -	Störvektor

Im Fall, daß es sich um ein Eingrößensystem handelt, daß also nur eine Steuergröße und eine Ausgangsgröße existieren, u und y also skalare Größen sind, lauten die Zustandsdifferentialgleichung und die Ausgangsgleichung:

$$\dot{\underline{x}} = \underline{A}\,\underline{x} + \underline{b}\,u + \underline{E}\,\underline{z}; \quad \underline{x}(t_0) = \underline{x}_0, \tag{3.3}$$

$$y = \underline{c}^T\underline{x} + d\,u + \underline{f}^T\underline{z}. \tag{3.4}$$

Im Unterschied zum Mehrgrößenfall werden hier die Matrizen $\underline{B}$, $\underline{C}$, $\underline{D}$ und $\underline{F}$ zu:

$\underline{b}$:	(nx1) -	Eingangsvektor	d:	(1×1) -	Durchgangsbeiwert
$\underline{c}^T$:	(1xn) -	Ausgangsvektor	$\underline{f}^T$:	(1xq) -	Ausgangsstörvektor

In diesem Repetitorium werden nur derartige Eingrößensysteme behandelt. Bild 3.3 zeigt die Blockschaltbilddarstellung der Gleichungen (3.3) und (3.4).

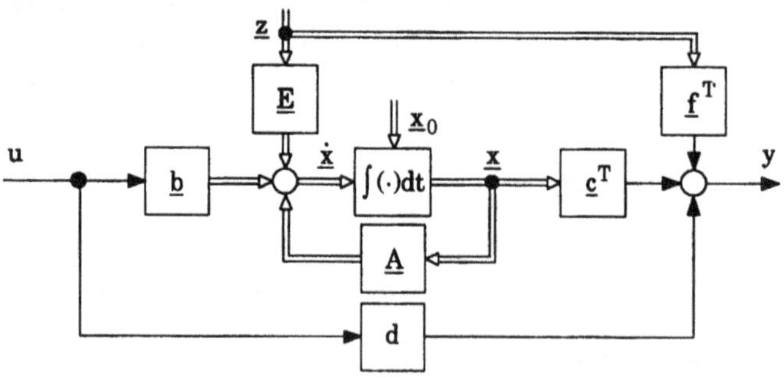

Bild 3.3

(3.01) Unter den Zustandsvariablen eines dynamischen Systems versteht man die kleinstmögliche Anzahl von Größen, aus denen sich bei Kenntnis ihrer Anfangsbedingungen zum Zeitpunkt t_0 das Verhalten des Systems für $t \geq t_0$, bei in diesem Zeitraum bekannten Steuergrößen, eindeutig bestimmen läßt.

(3.02) Unter der Zustandsvektorwahl versteht man die Festlegung der Zustandsvariablen, d.h. jener Größen, die als Komponenten des Zustandsvektors zur Beschreibung des Systemzustandes verwendet werden.

Beispiel 3.2: Es wird die in Bild 3.4 dargestellte Niveau-Regelstrecke betrachtet.

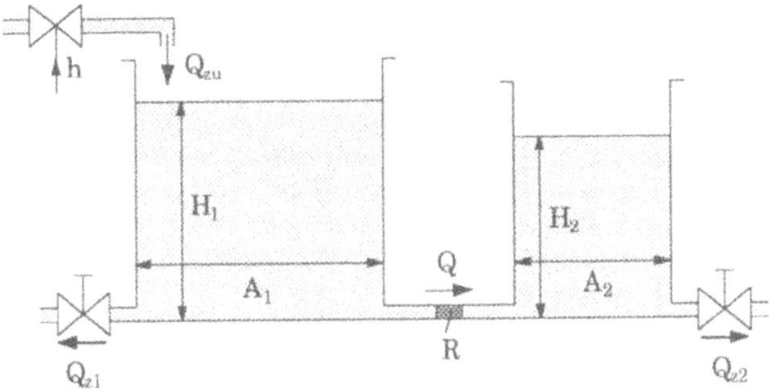

Bild 3.4

Für die Volumenströme [m^3/s] gelte: $Q_{zu} = Kh$, $RQ = H_1 - H_2$. $Q_{z1} = z_1$ und $Q_{z2} = z_2$ sind variable Störgrößen. R [s/m^2] ist ein fluidischer Widerstand und K [m^3/s,cm] die Ventilkonstante. Stellgröße ist der Ventilhub $h = u$ [cm] und Regelgröße der Behälterstand $H_2 = y$ [m]. Es sollen, mit im System auftretenden physikalischen Größen als Zustandsvariablen, zwei verschiedene Zustandsdarstellungen angegeben werden.

Lösung: Die dieses System beschreibenden Bilanzgleichungen lauten:

$$A_1\dot{H}_1 = Q_{zu} - Q - Q_{z1}, \quad A_2\dot{H}_2 = Q - Q_{z2}.$$

Zustandsvektorwahl 1: $x_1 = H_1$, $x_2 = H_2$.
Damit erhält man direkt aus den Bilanzgleichungen mit den Beziehungen für Q und Q_{zu} die Zustandsgleichung und die Ausgangsgleichung:

$$\dot{\underline{x}} = \begin{bmatrix} -1/RA_1 & 1/RA_1 \\ 1/RA_2 & -1/RA_2 \end{bmatrix}\underline{x} + \begin{bmatrix} K/A_1 \\ 0 \end{bmatrix}u + \begin{bmatrix} -1/A_1 & 0 \\ 0 & -1/A_2 \end{bmatrix}\underline{z}, \quad y = \begin{bmatrix} 0 & 1 \end{bmatrix}\underline{x}.$$

Zustandsvektorwahl 2: $x_1^* = H_1$, $x_2^* = Q$.
Differenziert man die Beziehung für den Volumenstrom Q und setzt darin für $\dot{H}_1$ und $\dot{H}_2$ ein, so erhält man folgende Zustands- und Ausgangsgleichung:

$$\dot{\underline{x}}^* = \begin{bmatrix} 0 & -1/A_1 \\ 0 & -(1/RA_1 + 1/RA_2) \end{bmatrix}\underline{x}^* + \begin{bmatrix} K/A_1 \\ K/RA_1 \end{bmatrix}u + \begin{bmatrix} -1/A_1 & 0 \\ -1/RA_1 & 1/RA_2 \end{bmatrix}\underline{z}, \quad y = \begin{bmatrix} 1 & -R \end{bmatrix}\underline{x}^*.$$

3.1.3 Normalformen der Zustandsdarstellung von Eingrößensystemen

Bei den aus der theoretischen Modellierung resultierenden Zustandsdarstellungen treten physikalische Größen als Zustandsvariablen auf. Daneben sind spezielle Formen, sogenannte Normalformen, definiert, in denen die Zustandsvariablen im allgemeinen keine physikalische Bedeutung haben. Es handelt sich dabei um die *Regelungsnormalform*, die *Beobachtungsnormalform* und die *Jordan-Normalform*. Ausgehend von der Übertragungsfunktion

$$G(s) = \frac{Y(s)}{U(s)} = \frac{a_n s^n + \ldots + a_2 s^2 + a_1 s + a_0}{s^n + \ldots + b_2 s^2 + b_1 s + b_0}, \tag{3.5}$$

sind diese Normalformen wie folgt definiert:

Regelungsnormalform:

$$\dot{\underline{x}}_R = \underline{A}_R \underline{x}_R + \underline{b}_R u, \tag{3.6}$$

$$y = \underline{c}_R \underline{x}_R + d_R u. \tag{3.7}$$

$$\underline{A}_R = \begin{bmatrix} 0 & 1 & 0 & & & 0 \\ . & 0 & 1 & & & . \\ . & . & 0 & & & . \\ . & . & & . & . & 0 \\ 0 & . & . & . & 0 & 1 \\ -b_0 & -b_1 & -b_2 & . & . & -b_{n-1} \end{bmatrix}, \quad \underline{b}_R = \begin{bmatrix} 0 \\ 0 \\ 0 \\ 0 \\ 0 \\ 1 \end{bmatrix}, \tag{3.8), (3.9}$$

$$\underline{c}_R^T = \left[(a_0 - a_n b_0) \;\; (a_1 - a_n b_1) \;\; . \; . \;\; (a_{n-1} - a_n b_{n-1})\right], \quad d_R = \left[a_n\right]. \tag{3.10), (3.11}$$

Bild 3.5 zeigt das Blockschaltbild der Zustandsdarstellung in Regelungsnormalform.

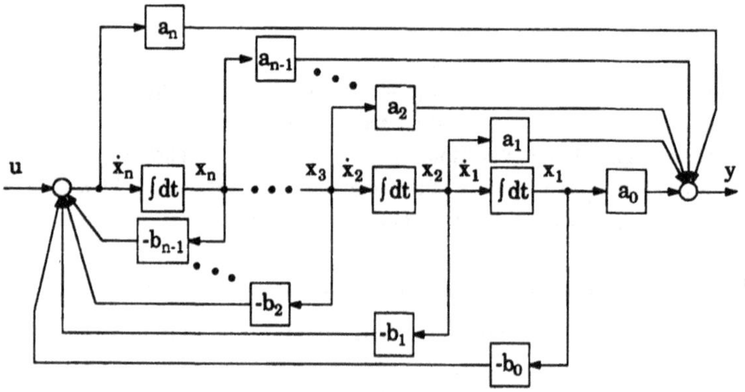

Bild 3.5

Beobachtungsnormalform:

$$\dot{\underline{x}}_B = \underline{A}_B \underline{x}_B + \underline{b}_B u, \tag{3.12}$$

$$y = \underline{c}_B^T \underline{x}_B + d_B u. \tag{3.13}$$

$$\underline{A}_B = \begin{bmatrix} 0 & 0 & . & . & 0 & -b_0 \\ 1 & 0 & . & . & & -b_1 \\ 0 & 1 & . & . & . & -b_2 \\ . & & & & & . \\ . & . & . & . & . & . \\ 0 & . & . & 0 & 1 & -b_{n-1} \end{bmatrix}, \quad \underline{b}_B = \begin{bmatrix} a_0 - a_n b_0 \\ a_1 - a_n b_1 \\ a_2 - a_n b_2 \\ . \\ . \\ a_{n-1} - a_n b_{n-1} \end{bmatrix}, \tag{3.14), (3.15}$$

$$\underline{c}_B^T = [0 \;\; 0 \;\; . \; . \; . \;\; 0 \;\; 1], \quad d_B = \left[a_n\right]. \tag{3.16), (3.17}$$

Bild 3.6 zeigt das Blockschaltbild der Beobachtungsnormalform.

Beispiel 3.3: Es werde ein Übertragungssystem mit der Übertragungsfunktion

$$G(s) = \frac{20}{s^3 + 3s^2 + 2s}$$

betrachtet. Gesucht sind die Zustandsdarstellungen in Regelungs- und Beobachtungsnormalform.

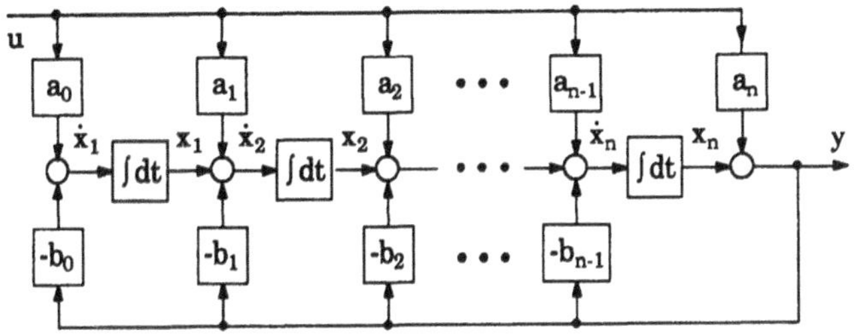

Bild 3.6

Lösung: Mit den Koeffizienten des Zähler- und Nennerpolynoms der Übertragungsfunktion $a_0 = 20$, $a_1 = a_2 = a_3 = 0$, $b_0 = 0$, $b_1 = 2$ und $b_2 = 3$ erhält man:

Regelungsnormalform: $$\underline{\dot{x}} = \begin{bmatrix} 0 & 1 & 0 \\ 0 & 0 & 1 \\ 0 & -2 & -3 \end{bmatrix} \underline{x} + \begin{bmatrix} 0 \\ 0 \\ 1 \end{bmatrix} u; \quad y = [20 \quad 0 \quad 0]\, \underline{x}.$$

Beobachtungsnormalform: $$\underline{\dot{x}} = \begin{bmatrix} 0 & 0 & 0 \\ 1 & 0 & -2 \\ 0 & 1 & -3 \end{bmatrix} \underline{x} + \begin{bmatrix} 20 \\ 0 \\ 0 \end{bmatrix} u; \quad y = [0 \quad 0 \quad 1]\, \underline{x}.$$

Beispiel 3.4: Gegeben die Übertragungsfunktion

$$G(s) = \frac{2s^3 + s^2 - 2}{s^3 + 6s^2 + 5s + 2}.$$

Gesucht sind die Zustandsdarstellungen in Regelungs- und Beobachtungsnormalform.

Lösung: Mit $a_0 = -2$, $a_1 = 0$, $a_2 = 1$, $a_3 = 2$, $b_0 = 2$, $b_1 = 5$ und $b_2 = 6$ erhält man:

Regelungsnormalform: $$\underline{\dot{x}} = \begin{bmatrix} 0 & 1 & 0 \\ 0 & 0 & 1 \\ -2 & -5 & -6 \end{bmatrix} \underline{x} + \begin{bmatrix} 0 \\ 0 \\ 1 \end{bmatrix} u; \quad y = [-6 \quad -10 \quad -11]\, \underline{x} + [2]\, u.$$

Beobachtungsnormalform: $$\underline{\dot{x}} = \begin{bmatrix} 0 & 0 & -2 \\ 1 & 0 & -5 \\ 0 & 1 & -6 \end{bmatrix} \underline{x} + \begin{bmatrix} -6 \\ -10 \\ -11 \end{bmatrix} u; \quad y = [0 \quad 0 \quad 1]\, \underline{x} + [2]\, u.$$

Jordan-Normalform:

$$\underline{\dot{x}}_J = \underline{A}_J \underline{x}_J + \underline{b}_J u, \tag{3.18}$$
$$y = \underline{c}_J^T \underline{x}_J + d_J u. \tag{3.19}$$

Die Jordan-Normalform der Zustandsdarstellung erhält man, wenn man die Übertragungsfunktion (3.6) in Partialbrüche zerlegt. Im allgemeinen können in der Übertragungsfunktion einfache reelle, mehrfache reelle und konjugiert komplexe Pole auftreten. Der Fall, daß mehrfache komplexe Pole auftreten, wird hier nicht behandelt.

A) Die Übertragungsfunktion G(s) besitzt nur einfache reelle Pole:

Partialbruchzerlegung:

$$G(s) = \frac{Y(s)}{U(s)} = \frac{c_1}{s - \lambda_1} + \frac{c_2}{s - \lambda_2} + \ldots + \frac{c_n}{s - \lambda_n} + d. \tag{3.20}$$

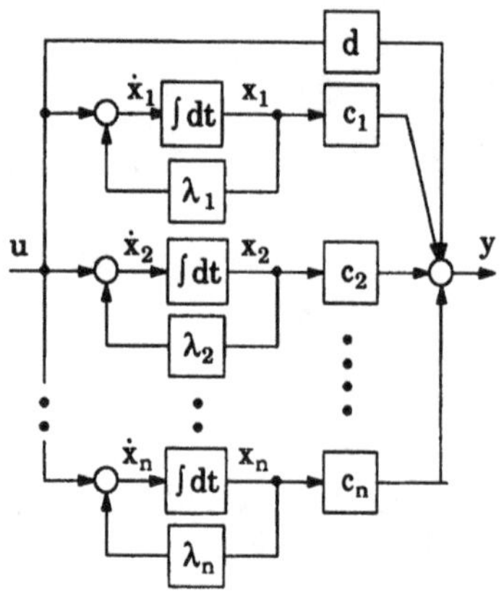

Bild 3.7

$$\underline{A}_J = \begin{bmatrix} \lambda_1 & 0 & . & . & 0 \\ 0 & \lambda_2 & . & . & . \\ . & . & & & . \\ . & & & . & 0 \\ 0 & & . & 0 & \lambda_n \end{bmatrix}, \quad \underline{b}_J = \begin{bmatrix} 1 \\ 1 \\ . \\ . \\ 1 \end{bmatrix}, \qquad (3.21), (3.22)$$

$$\underline{c}_J^T = \begin{bmatrix} c_1 & c_2 & . & . & c_n \end{bmatrix}, \quad d_J = d. \qquad (3.23), (3.24)$$

Die Systemmatrix $\underline{A}_J$ ist in diesem Fall eine Diagonalmatrix. Bild 3.7 zeigt das Blockschaltbild, aus dem die vollständige Entkopplung ersichtlich ist.

Beispiel 3.5: Gegeben ist die Übertragungsfunktion

$$G(s) = \frac{2s^2 + 8s + 16}{(s+1)(s+2)(s+3)}.$$

Gesucht ist die Jordan-Normalform der Zustandsdarstellung.

Lösung: Die Partialbruchzerlegung von G(s) ergibt: $G(s) = \dfrac{Y(s)}{U(s)} = \dfrac{5}{s+1} - \dfrac{8}{s+2} + \dfrac{5}{s+3}.$

Mit den Beziehungen (3.21) - (3.24) erhält man somit:

$$\dot{\underline{x}}_J = \begin{bmatrix} -1 & 0 & 0 \\ 0 & -2 & 0 \\ 0 & 0 & -3 \end{bmatrix} \underline{x}_J + \begin{bmatrix} 1 \\ 1 \\ 1 \end{bmatrix} u; \quad y = \begin{bmatrix} 5 & -8 & 5 \end{bmatrix} \underline{x}_J.$$

B) Die Übertragungsfunktion besitzt einen reellen Pol mit der Vielfachheit μ :

Partialbruchzerlegung:

$$G(s) = \frac{Y(s)}{U(s)} = \frac{c_1}{(s-\lambda_1)^{\mu}} + \frac{c_2}{(s-\lambda_1)^{\mu-1}} + \ldots + \frac{c_{\mu}}{s-\lambda_1} + \frac{c_{\mu+1}}{s-\lambda_{\mu+1}} + \ldots + \frac{c_n}{s-\lambda_n} + d. \qquad (3.25)$$

$$\underline{A}_J = \begin{bmatrix} \lambda_1 & 1 & 0 & . & 0 & & & \\ 0 & \lambda_1 & 1 & . & & & & \\ . & . & & & . & & & \\ . & & . & . & 1 & & & \\ 0 & & . & 0 & \lambda_1 & & & \\ & & & & & \lambda_{\mu+1} & & \\ & & & & & & \ddots & \\ & & & & & & & \lambda_n \end{bmatrix}, \quad \underline{b}_J = \begin{bmatrix} 0 \\ 0 \\ . \\ 0 \\ 1 \\ 1 \\ . \\ . \\ 1 \end{bmatrix}, \qquad (3.26), (3.27)$$

$$\underline{c}_J^T = \begin{bmatrix} c_1 & c_2 & . & . & c_{\mu} & c_{\mu+1} & . & . & c_n \end{bmatrix}, \quad d_J = d. \qquad (3.28), (3.29)$$

Bild 3.8 zeigt das Blockschaltbild dieser Darstellung. Man erkennt, daß die Zustandsvariablen, welche zu einem Mehrfachpol gehören, nicht entkoppelt werden können.

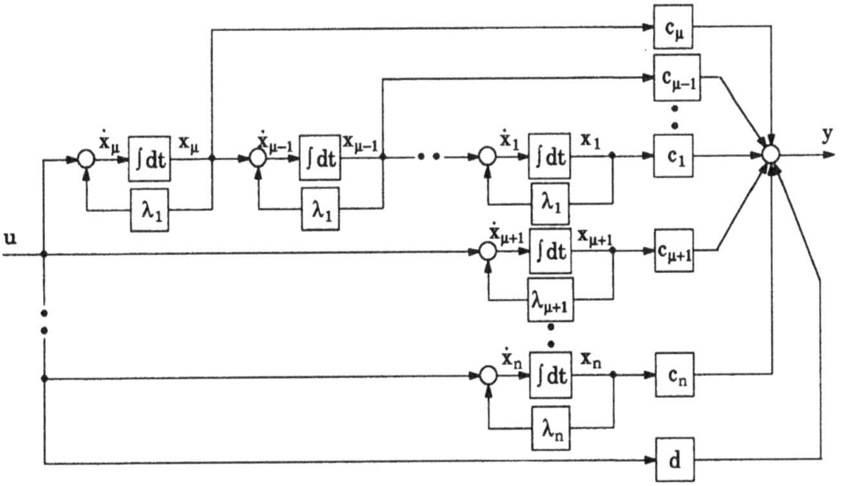

Bild 3.8

Eine zu einem Mehrfachpol λ_i gehörende Teilmatrix $\underline{J}_\mu$ (3.30), wie sie z.B. in Gleichung (3.26) auftritt, bezeichnet man als Jordan-Block. Im Eingangsvektor $\underline{b}_J$ sind die entsprechenden Zeilen mit $\underline{b}_\mu$ (3.31) besetzt.

$$\underline{J}_\mu = \begin{bmatrix} \lambda_i & 1 & 0 & . & 0 \\ 0 & \lambda_i & 1 & . & . \\ . & . & & & 0 \\ . & & & . & 1 \\ 0 & & . & 0 & \lambda_i \end{bmatrix}, \quad \underline{b}_\mu = \begin{bmatrix} 0 \\ . \\ . \\ 0 \\ 1 \end{bmatrix}. \qquad (3.30), (3.31)$$

Beispiel 3.6: Gegeben ist die Übertragungsfunktion G(s) eines dynamischen Systems:

$$G(s) = \frac{2s+8}{(s+1)^2(s+2)(s+3)}.$$

Gesucht ist die Darstellung dieses Systems in Jordan-Normalform.

Lösung: Die Partialbruchzerlegung ergibt: $G(s) = \frac{Y(s)}{U(s)} = \frac{3}{(s+1)^2} - \frac{3{,}5}{s+1} + \frac{4}{s+2} - \frac{0{,}5}{s+3}$.

Mit den Beziehungen (3.26) - (3.29) folgt für die Systemdarstellung in Jordan-Normalform:

$$\dot{\underline{x}}_J = \begin{bmatrix} -1 & 1 & 0 & 0 \\ 0 & -1 & 0 & 0 \\ 0 & 0 & -2 & 0 \\ 0 & 0 & 0 & -3 \end{bmatrix} \underline{x}_J + \begin{bmatrix} 0 \\ 1 \\ 1 \\ 1 \end{bmatrix} u; \quad y = \begin{bmatrix} 3 & -3{,}5 & 4 & -0{,}5 \end{bmatrix} \underline{x}_J.$$

C) Die Übertragungsfunktion G(s) besitzt ein konjugiert komplexes Polpaar:

Partialbruchzerlegung:

$$G(s) = \frac{Y(s)}{U(s)} = \frac{c_1 + c_2 s}{s^2 + as + b} + \frac{c_3}{s - \lambda_3} + \ldots + \frac{c_n}{s - \lambda_n} + d. \qquad (3.32)$$

$$\underline{A}_J = \begin{bmatrix} 0 & 1 & 0 & . & . & 0 \\ -b & -a & 0 & . & . & . \\ 0 & 0 & \lambda_3 & . & . & . \\ . & & . & . & . & . \\ . & & & . & . & 0 \\ 0 & & & . & 0 & \lambda_n \end{bmatrix}, \quad \underline{b}_J = \begin{bmatrix} 0 \\ 1 \\ 1 \\ 1 \\ 1 \\ 1 \end{bmatrix}, \qquad (3.33), (3.34)$$

$$\underline{c}_J^T = [c_1 \quad c_2 \quad c_3 \quad . \quad . \quad c_n], \quad d_J = d. \qquad (3.35), (3.36)$$

Bild 3.9 zeigt das Blockschaltbild der Jordan-Normalform eines derartigen Systems.

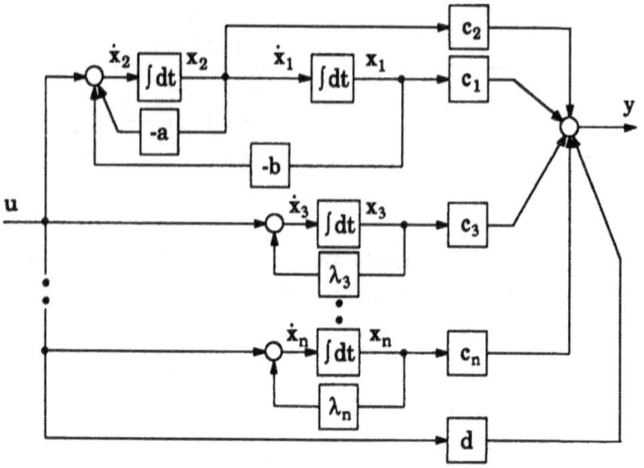

Bild 3.9

Beispiel 3.7: Gegeben ist eine Übertragungsfunktion mit einem komplexen Polpaar:

$$G(s) = \frac{10}{(s^2 + 4s + 5)s(s+2)}.$$

Gesucht ist die Zustandsdarstellung in Jordan-Normalform.

Lösung: Die Partialbruchzerlegung ergibt: $G(s) = \frac{Y(s)}{U(s)} = \frac{6+4s}{s^2+4s+5} + \frac{1}{s} - \frac{5}{s+2}$.

Mit den Beziehungen (3.33) -(3.36) erhält man somit:

$$\dot{\underline{x}}_J = \begin{bmatrix} 0 & 1 & 0 & 0 \\ -5 & -4 & 0 & 0 \\ 0 & 0 & 0 & 0 \\ 0 & 0 & 0 & -2 \end{bmatrix} \underline{x}_J + \begin{bmatrix} 0 \\ 1 \\ 1 \\ 1 \end{bmatrix} u; \quad y = [6 \quad 4 \quad 1 \quad -5]\, \underline{x}_J.$$

3.1.4 Transformation allgemeiner Zustandsdarstellungen auf die Normalformen

Gegeben sei die Zustandsdarstellung eines dynamischen Übertragungsgliedes

$$\dot{\underline{x}} = \underline{A}\,\underline{x} + \underline{b}\,u + \underline{E}\,\underline{z}; \quad \underline{x}(t_0) = \underline{x}_0, \qquad (3.3)$$

$$y = \underline{c}^T \underline{x} + d\,u + \underline{f}^T \underline{z}. \qquad (3.4)$$

Mit Hilfe einer sogenannten Ähnlichkeitstransformation

$$\underline{x} = \underline{T}\,\hat{\underline{x}} \quad \text{bzw.} \quad \hat{\underline{x}} = \underline{T}^{-1}\underline{x}, \qquad (3.37)$$

kann die Darstellung (3.3) - (3.4) in die Darstellung

$$\dot{\hat{\underline{x}}} = \hat{\underline{A}}\hat{\underline{x}} + \hat{\underline{b}}u + \hat{\underline{E}}\underline{z}; \quad \hat{\underline{x}}(t_0) = \hat{\underline{x}}_0, \tag{3.38}$$

$$y = \hat{\underline{c}}^T\hat{\underline{x}} + \hat{d}u + \hat{\underline{f}}^T\underline{z}. \tag{3.39}$$

transformiert werden. $\underline{T}$ ist darin eine $(n \times n)$ nichtsinguläre Transformationsmatrix. Setzt man die Beziehung (3.37) in die Zustands- und Ausgangsgleichung (3.3) und (3.4) ein, so erhält man nach einer kurzen Zwischenrechnung:

$$\hat{\underline{A}} = \underline{T}^{-1}\underline{A}\underline{T}, \quad \hat{\underline{b}} = \underline{T}^{-1}\underline{b}, \quad \hat{\underline{E}} = \underline{T}^{-1}\underline{E}, \quad \hat{\underline{c}}^T = \underline{c}^T\underline{T}, \quad \hat{d} = d, \quad \hat{\underline{f}}^T = \underline{f}^T. \tag{3.40a-f}$$

Wichtige Eigenschaften der Ähnlichkeitstransformation:

1) Die Determinante einer Matrix $\underline{A}$ ist gegenüber einer Ähnlichkeitstransformation invariant, d.h. es gilt: $|\underline{A}| = |\underline{T}^{-1}\underline{A}\underline{T}|$.
2) Die Eigenwerte einer Matrix $\underline{A}$ sind gegenüber einer Ähnlichkeitstransformation invariant, d.h. es gilt: $|s\underline{I} - \underline{A}| = |s\underline{I} - \underline{T}^{-1}\underline{A}\underline{T}|$.

Anmerkungen:

- Eine Transformation in die Regelungsnormalform ist nur dann möglich, wenn das System vollständig zustandssteuerbar ist (siehe dazu Satz **3.04**).
- Eine Transformation in die Beobachtungsnormalform ist nur dann möglich, wenn das System vollständig zustandsbeobachtbar ist (siehe dazu Satz **3.05**).
- Eine Transformation in die Jordan-Normalform ist nur dann möglich, wenn das System vollständig zustandssteuerbar und zustandsbeobachtbar ist.

Beispiel 3.8: Gegeben sei die Zustandsdarstellung eines vollständig zustandssteuerbaren und zustandsbeobachtbaren dynamischen Systems:

$$\dot{\underline{x}} = \begin{bmatrix} -5 & 2 \\ -6 & 2 \end{bmatrix}\underline{x} + \begin{bmatrix} 2 \\ 2 \end{bmatrix}u + \begin{bmatrix} 1 \\ 1 \end{bmatrix}z, \quad y = \begin{bmatrix} 1 & -1 \end{bmatrix}\underline{x}.$$

Es sind jene Transformationsmatrizen zu bestimmen, mit deren Hilfe eine Darstellung in der Regelungsnormalform, der Beobachtungsnormalform und der Jordan-Normalform erreicht wird.

Lösung: Die charakteristische Gleichung lautet:

$$|s\underline{I} - \underline{A}| = \begin{vmatrix} (s+5) & -2 \\ 6 & (s-2) \end{vmatrix} = (s+5)(s-2) + 12 = s^2 + 3s + 2 = (s+1)(s+2) = 0.$$

Die Eigenwerte der Matrix $\underline{A}$ sind also: $\lambda_1 = -1$ und $\lambda_2 = -2$.

Regelungsnormalform:

Für die Transformationsmatrix $\underline{T}_1$ muß mit (3.40a) und (3.40b) gelten: $\underline{A}_R = \underline{T}_1^{-1}\underline{A}\underline{T}_1$ und $\underline{b}_R = \underline{T}_1^{-1}\underline{b}$, bzw.:

$$\begin{bmatrix} t_1^{11} & t_1^{12} \\ t_1^{21} & t_1^{22} \end{bmatrix}\begin{bmatrix} 0 & 1 \\ -2 & -3 \end{bmatrix} = \begin{bmatrix} -5 & 2 \\ -6 & 2 \end{bmatrix}\begin{bmatrix} t_1^{11} & t_1^{12} \\ t_1^{21} & t_1^{22} \end{bmatrix} \quad \text{und} \quad \begin{bmatrix} 2 \\ 2 \end{bmatrix} = \begin{bmatrix} t_1^{11} & t_1^{12} \\ t_1^{21} & t_1^{22} \end{bmatrix}\begin{bmatrix} 0 \\ 1 \end{bmatrix}.$$

Die eindeutige Lösung dieses Gleichungssystems lautet:

$$\underline{T}_1 = \begin{bmatrix} 0 & 2 \\ -2 & 2 \end{bmatrix} \quad \text{bzw.} \quad \underline{T}_1^{-1} = \begin{bmatrix} 0{,}5 & -0{,}5 \\ 0{,}5 & 0 \end{bmatrix}.$$

Mit den Beziehungen (3.40c) und (3.40d) folgt das Ergebnis:

$$\dot{\underline{x}}_R = \begin{bmatrix} 0 & 1 \\ -2 & -3 \end{bmatrix} \underline{x}_R + \begin{bmatrix} 0 \\ 1 \end{bmatrix} u + \begin{bmatrix} 0 \\ 0,5 \end{bmatrix} z, \quad y = [2 \quad 0] \underline{x}_R.$$

Beobachtungsnormalform:
Hier muß gelten (3.40a und 3.40d): $\underline{A}_B = \underline{T}_2^{-1} \underline{A} \underline{T}_2$ und $\underline{c}_B^T = \underline{c}^T \underline{T}_2$, bzw.:

$$\begin{bmatrix} t_2^{11} & t_2^{12} \\ t_2^{21} & t_2^{22} \end{bmatrix} \begin{bmatrix} 0 & -2 \\ 1 & -3 \end{bmatrix} = \begin{bmatrix} -5 & 2 \\ -6 & 2 \end{bmatrix} \begin{bmatrix} t_2^{11} & t_2^{12} \\ t_2^{21} & t_2^{22} \end{bmatrix} \quad \text{und} \quad [0 \quad 1] = [1 \quad -1] \begin{bmatrix} t_2^{11} & t_2^{12} \\ t_2^{21} & t_2^{22} \end{bmatrix}.$$

Die eindeutige Lösung dieses Gleichungssystems lautet:

$$\underline{T}_2 = \begin{bmatrix} 1 & -3 \\ 1 & -4 \end{bmatrix} \quad \text{bzw.} \quad \underline{T}_2^{-1} = \begin{bmatrix} 4 & -3 \\ 1 & -1 \end{bmatrix}.$$

Mit den Beziehungen (3.40b) und (3.40c) erhält man die Darstellung in Beobachtungsnormalform:

$$\dot{\underline{x}}_B = \begin{bmatrix} 0 & -2 \\ 1 & -3 \end{bmatrix} \underline{x}_B + \begin{bmatrix} 2 \\ 0 \end{bmatrix} u + \begin{bmatrix} 1 \\ 0 \end{bmatrix} z, \quad y = [0 \quad 1] \underline{x}_B.$$

Jordan-Normalform (Diagonalform):
Für die Transformationsmatrix $\underline{T}_3$ muß mit (3.40a) und (3.40b) gelten: $\underline{A}_J = \underline{T}_3^{-1} \underline{A} \underline{T}_3$ und $\underline{b}_J = \underline{T}_3^{-1} \underline{b}$, bzw.:

$$\begin{bmatrix} t_3^{11} & t_3^{12} \\ t_3^{21} & t_3^{22} \end{bmatrix} \begin{bmatrix} -1 & 0 \\ 0 & -2 \end{bmatrix} = \begin{bmatrix} -5 & 2 \\ -6 & 2 \end{bmatrix} \begin{bmatrix} t_3^{11} & t_3^{12} \\ t_3^{21} & t_3^{22} \end{bmatrix} \quad \text{und} \quad \begin{bmatrix} 2 \\ 2 \end{bmatrix} = \begin{bmatrix} t_3^{11} & t_3^{12} \\ t_3^{21} & t_3^{22} \end{bmatrix} \begin{bmatrix} 1 \\ 1 \end{bmatrix}.$$

Die eindeutige Lösung dieses Gleichungssystems lautet:

$$\underline{T}_3 = \begin{bmatrix} -2 & 4 \\ -4 & 6 \end{bmatrix} \quad \text{bzw.} \quad \underline{T}_3^{-1} = \begin{bmatrix} 1,5 & -1 \\ 1 & -0,5 \end{bmatrix}.$$

Mit den Beziehungen (3.40c) und (3.40d) folgt das Ergebnis:

$$\dot{\underline{x}}_J = \begin{bmatrix} -1 & 0 \\ 0 & -2 \end{bmatrix} \underline{x}_J + \begin{bmatrix} 1 \\ 1 \end{bmatrix} u + \begin{bmatrix} 0,5 \\ 0,5 \end{bmatrix} z, \quad y = [2 \quad -2] \underline{x}_J.$$

3.2 Lösung der Zustandsgleichung

3.2.1 Lösung im Zeitbereich

Die Lösung der Zustandsdifferentialgleichung

$$\dot{\underline{x}} = \underline{A}\underline{x} + \underline{b}u; \quad \underline{x}(t=0) = \underline{x}_0 \tag{3.41}$$

lautet:

$$\underline{x}(t) = e^{\underline{A}t} \underline{x}_0 + \int_0^t e^{\underline{A}(t-\tau)} \underline{b} u(\tau) d\tau \tag{3.42}$$

bzw.:

$$\underline{x}(t) = \underline{\Phi}(t) \underline{x}_0 + \int_0^t \underline{\Phi}(t-\tau) \underline{b} u(\tau) d\tau. \tag{3.42}$$

Darin ist $\underline{\Phi}(t) = e^{\underline{A}t}$ die sogenannte Transitions- oder Übergangsmatrix. Es gelten folgende Beziehungen (ohne Beweis):

- $e^{\underline{A}t} = \underline{I} + \underline{A}t + \frac{1}{2!}\underline{A}^2t^2 + \frac{1}{3!}\underline{A}^3t^3 + \ldots = \sum_{k=0}^{\infty} \frac{\underline{A}^k t^k}{k!}$ (3.43)
- Die unendliche Reihe $\sum_{k=0}^{\infty} \frac{\underline{A}^k t^k}{k!}$ konvergiert für alle $\underline{A}$ (3.44)
- $\frac{d}{dt} e^{\underline{A}t} = \underline{A}e^{\underline{A}t} = e^{\underline{A}t}\underline{A}$ (3.45)
- $e^{\underline{A}t}e^{-\underline{A}t} = e^{\underline{A}(t-t)} = \underline{I}$ (3.46)

Die Inverse zu $\Phi(t) = e^{\underline{A}t}$ existiert immer, d.h. die Transitionsmatrix $\Phi(t)$ ist eine nichtsinguläre $(n \times n)$-Matrix.

3.2.2 Lösung der Zustandsgleichung mit Hilfe der Laplace-Transformation

Laplace-transformiert man die Zustandsdifferentialgleichung (3.41), so erhält man:

$$s\underline{X}(s) - \underline{x}_0 = \underline{A}\underline{X}(s) + \underline{b}U(s) \quad \text{bzw.} \quad (s\underline{I} - \underline{A})\underline{X}(s) = \underline{x}_0 + \underline{b}U(s)$$

Die Lösung im Laplace-Bereich lautet damit:

$$\underline{X}(s) = (s\underline{I} - \underline{A})^{-1}\underline{x}_0 + (s\underline{I} - \underline{A})^{-1}\underline{b}U(s). \tag{3.47}$$

Nach der Rücktransformation in den Zeitbereich erhält man die Lösung (3.42). Es gilt also:

$$\mathcal{L}[\underline{\Phi}(t)] = \underline{\Phi}(s) = (s\underline{I} - \underline{A})^{-1}. \tag{3.48}$$

Beispiel 3.9: Gegeben sei das dynamische System

$$\dot{\underline{x}} = \begin{bmatrix} 0 & 1 \\ -2 & -3 \end{bmatrix}\underline{x} + \begin{bmatrix} 0 \\ 1 \end{bmatrix}u; \quad \underline{x}_0 = \underline{0}, \quad y = [2 \quad 0]\underline{x}.$$

Es soll mit Hilfe der Laplace-Transformation die Transitionsmatrix $\underline{\Phi}(t)$ ermittelt werden sowie die Lösung y(t) für die Eingangsgröße $u(t) = \sigma(t)$ (Einheitssprungfunktion) bestimmt werden.

Lösung:
$$\underline{\Phi}(s) = (s\underline{I} - \underline{A})^{-1} = \begin{bmatrix} s & -1 \\ 2 & s+3 \end{bmatrix}^{-1} = \frac{1}{(s+1)(s+2)}\begin{bmatrix} s+3 & 1 \\ -2 & s \end{bmatrix}.$$

Die elementweise Rücktransformation von $\underline{\Phi}(s)$ ergibt für die Transitionsmatrix:

$$\underline{\Phi}(t) = \begin{bmatrix} 2e^{-t} - e^{-2t} & e^{-t} - e^{-2t} \\ -2e^{-t} + 2e^{-2t} & -e^{-t} - 2e^{-2t} \end{bmatrix}.$$

Im Laplace-Bereich erhält man für verschwindende Anfangsbedingungen mit (3.47):

$$\underline{X}(s) = (s\underline{I} - \underline{A})^{-1}\underline{b}U(s) = \frac{1}{(s+1)(s+2)}\begin{bmatrix} s+3 & 1 \\ -2 & s \end{bmatrix}\begin{bmatrix} 0 \\ 1 \end{bmatrix}\frac{1}{s} = \begin{bmatrix} \frac{1}{s(s+1)(s+2)} \\ \frac{1}{(s+1)(s+2)} \end{bmatrix},$$

und nach der Rücktransformation in den Zeitbereich: $\underline{x}(t) = \begin{bmatrix} 0{,}5 - e^{-t} + 0{,}5e^{-2t} \\ e^{-t} - e^{-2t} \end{bmatrix}$.

Für die Ausgangsgröße y(t) folgt mit der Ausgangsgleichung:

$$y(t) = \underline{c}^T\underline{x}(t) = [2 \quad 0]\begin{bmatrix} 0{,}5 - e^{-t} + 0{,}5e^{-2t} \\ e^{-t} - e^{-2t} \end{bmatrix} = 1 - 2e^{-t} + e^{-2t}.$$

3.2.3 Zusammenhang zwischen Übertragungsfunktion und Zustandsdarstellung

Setzt man in Gleichung (3.47) $\underline{x}_0 = \underline{0}$ (verschwindende Anfangsbedingungen), dann gilt:

$$\underline{X}(s) = (s\underline{I} - \underline{A})^{-1}\underline{b}U(s).$$

Mit der Laplace-transformierten Ausgangsgleichung (3.4), in der $\underline{z} = \underline{0}$ gesetzt wurde, folgt:

$$Y(s) = \left[\underline{c}^T(s\underline{I} - \underline{A})^{-1}\underline{b} + d\right]U(s),$$

bzw. für die Stellübertragungsfunktion:

$$G(s) = \frac{Y(s)}{U(s)} = \underline{c}^T(s\underline{I} - \underline{A})^{-1}\underline{b} + d. \tag{3.49}$$

Mit $\underline{x}_0 = \underline{0}$ und $u = 0$ erhält man aus der Laplace-transformierten Zustands- und Ausgangsgleichung (3.3) und (3.4):

$$Y(s) = \left[\underline{c}^T(s\underline{I} - \underline{A})^{-1}\underline{E} + \underline{f}^T\right]\underline{Z}(s) = \underline{G}_Z(s)\underline{Z}(s) \tag{3.50}$$

Darin ist $\underline{G}_Z(s)$ der $(1 \times q)$-Störübertragungsfunktionsvektor.

Beispiel 3.10: Es werde wieder das folgende System betrachtet:

$$\underline{A} = \begin{bmatrix} -5 & 2 \\ -6 & 2 \end{bmatrix}, \quad \underline{b} = \begin{bmatrix} 2 \\ 2 \end{bmatrix}, \quad \underline{c}^T = [1 \quad -1], \quad d = 0, \quad \underline{e} = \begin{bmatrix} 1 \\ 0 \end{bmatrix}, \quad f = 0.$$

Gesucht sind die Stell- und die Störübertragungsfunktion.

Lösung: Mit: $(s\underline{I} - \underline{A})^{-1} = \begin{bmatrix} s+5 & -2 \\ 6 & s-2 \end{bmatrix}^{-1} = \frac{1}{(s+1)(s+2)}\begin{bmatrix} s-2 & 2 \\ -6 & s+5 \end{bmatrix}$

folgt: $G(s) = \frac{Y(s)}{U(s)} = \underline{c}^T(s\underline{I} - \underline{A})^{-1}\underline{b} = [1 \quad -1]\frac{1}{(s+1)(s+2)}\begin{bmatrix} s-2 & 2 \\ -6 & s+5 \end{bmatrix}\begin{bmatrix} 2 \\ 2 \end{bmatrix} = \frac{2}{(s+1)(s+2)}$,

und: $G_Z(s) = \frac{Y(s)}{Z(s)} = \underline{c}^T(s\underline{I} - \underline{A})^{-1}\underline{e} = [1 \quad -1]\frac{1}{(s+1)(s+2)}\begin{bmatrix} s-2 & 2 \\ -6 & s+5 \end{bmatrix}\begin{bmatrix} 1 \\ 0 \end{bmatrix} = \frac{(s+4)}{(s+1)(s+2)}$.

3.3 Steuerbarkeit und Beobachtbarkeit

3.3.1 Steuerbarkeit

(3.03) Das dynamische System

$$\dot{\underline{x}} = \underline{A}\underline{x} + \underline{b}u; \quad \underline{x}(t_0) = \underline{x}_0 \tag{3.51}$$

ist vollständig zustandssteuerbar, wenn es durch eine Steuerfunktion $u(t, \underline{x}_0)$ von einem gegebenen Anfangszustand $\underline{x}_0$ innerhalb eines endlichen Zeitabschnittes in jeden beliebigen Zustand $\underline{x}_1$ gebracht werden kann.

Anmerkung: Die oben gegebene Definition der Steuerbarkeit bedeutet, daß jede Komponente des Zustandsvektors $\underline{x}$ von der Steuergröße u beeinflußt wird.

Die Frage nach der vollständigen Zustandssteuerbarkeit wird mit Ja oder Nein beantwortet. Die Antwort hängt nur von der Systemmatrix $\underline{A}$ und dem Eingangsvektor $\underline{b}$ ab. Das Kriterium für die Zustandssteuerbarkeit von R.E. Kalman lautet (ohne Beweis):

(3.04) Das System (3.51) ist dann und nur dann vollständig zustandssteuerbar, wenn die $(n \times n)$-Steuerbarkeitsmatrix

$$\underline{Q}_S = \left[\underline{b}, \underline{A}\underline{b}, \underline{A}^2\underline{b}, \ldots, \underline{A}^{n-1}\underline{b}\right] \tag{3.52}$$

den vollen Rang n besitzt.

3.3.2 Beobachtbarkeit

(3.05) Das dynamische System

$$\dot{\underline{x}} = \underline{A}\underline{x} + \underline{b}u; \quad \underline{x}(t_0) = \underline{x}_0, \tag{3.53}$$

$$y = \underline{c}^T\underline{x} + du, \tag{3.54}$$

ist vollständig zustandsbeobachtbar, wenn man bei bekannter Eingangsgröße (bzw. $u = 0$), aus dem in einem endlichen Zeitintervall $0 \le t \le t_1$ gegebenen Verlauf der Ausgangsgröße y(t), den Anfangszustand $\underline{x}_0$ eindeutig bestimmen kann.

Anmerkung: Die oben gegebene Definition bedeutet, daß jede Komponente des Zustandsvektors $\underline{x}$ einen Einfluß auf die Ausgangsgröße y ausübt.

Die Frage nach der vollständigen Zustandsbeobachtbarkeit wird ebenfalls mit Ja oder Nein beantwortet. Die Antwort hängt nunmehr von der Systemmatrix $\underline{A}$ und dem Ausgangsvektor $\underline{c}^T$ ab. Das Kriterium für die Zustandsbeobachtbarkeit von R.E. Kalman lautet (ohne Beweis):

(3.06) Das System (3.53) und (3.54) ist dann und nur dann vollständig zustandsbeobachtbar, wenn die $(n \times n)$-Beobachtbarkeitsmatrix

$$\underline{Q}_B = \begin{bmatrix} \underline{c}^T \\ \underline{c}^T\underline{A} \\ \cdot \\ \cdot \\ \underline{c}^T\underline{A}^{n-1} \end{bmatrix} \tag{3.55}$$

den vollen Rang n besitzt.

Beispiel 3.11: Gegeben ist das folgende dynamische System:

$$\dot{\underline{x}} = \begin{bmatrix} -2 & 0 & 0 \\ -1 & -3 & -2 \\ 1 & 0 & -1 \end{bmatrix}\underline{x} + \begin{bmatrix} 1 \\ 0 \\ 0 \end{bmatrix}u, \quad y = \begin{bmatrix} 1 & 1 & 1 \end{bmatrix}\underline{x}.$$

a) Es soll durch Ranguntersuchung an $\underline{Q}_S$ und $\underline{Q}_B$ das System auf Steuerbarkeit und Beobachtbarkeit überprüft werden.

b) Es soll die Matrix $\underline{A}$ auf ihre Jordan-Normalform transformiert und ein Blockschaltbild gezeichnet werden. Was kann man aus diesem Blockschaltbild bezüglich der Steuerbarkeit und Beobachtbarkeit schließen?

c) Es ist die Übertragungsfunktion $G(s) = Y(s)/U(s)$ zu bestimmen. Was fällt daran auf?

Lösung:

a) $$\underline{Q}_S = \begin{bmatrix}\underline{b} & \underline{A}\underline{b} & \underline{A}^2\underline{b}\end{bmatrix} = \begin{bmatrix}1 & -2 & 4\\ 0 & -1 & 3\\ 0 & 1 & -3\end{bmatrix}, \quad \underline{Q}_B = \begin{bmatrix}\underline{c}^T\\ \underline{c}^T\underline{A}\\ \underline{c}^T\underline{A}^2\end{bmatrix} = \begin{bmatrix}1 & 1 & 1\\ -2 & -3 & -3\\ 4 & 9 & 9\end{bmatrix}.$$

Man erkennt: $\text{Rang}\,\underline{Q}_S = 2<3 \Rightarrow$ Das System ist nicht vollständig zustandssteuerbar.

$\text{Rang}\,\underline{Q}_B = 2<3 \Rightarrow$ Das System ist nicht vollständig zustandsbeobachtbar.

b) $$\text{Det}(s\underline{I} - \underline{A}) = \begin{vmatrix}s+2 & 0 & 0\\ 1 & s+3 & 2\\ -1 & 0 & s+1\end{vmatrix} = (s+1)(s+2)(s+3).$$

Die Eigenwerte der Matrix $\underline{A}$ lauten: $\lambda_1 = -1$, $\lambda_2 = -2$, $\lambda_3 = -3$. Die Jordan-Normalform (Diagonalform) $\underline{\Lambda}$ von $\underline{A}$ kann entweder mit Hilfe der Gleichung

$$\underline{T}_J\underline{\Lambda} = \underline{A}\underline{T}_J$$

bestimmt, oder als Matrix der Eigenvektoren von $\underline{A}$ gewählt werden. In beiden Fällen erhält man eine nicht eindeutige Lösung. Hier wird die Lösung

$$\underline{T} = \begin{bmatrix}0 & 1 & 0\\ -1 & 1 & 1\\ 1 & -1 & 0\end{bmatrix} \quad \text{bzw.} \quad \underline{T}^{-1} = \begin{bmatrix}1 & 0 & 1\\ 1 & 0 & 0\\ 0 & 1 & 1\end{bmatrix}$$

verwendet. Die daraus resultierende Zustandsdarstellung lautet:

$$\dot{\underline{x}}_J = \begin{bmatrix}-1 & 0 & 0\\ 0 & -2 & 0\\ 0 & 0 & -3\end{bmatrix}\underline{x} + \begin{bmatrix}1\\ 1\\ 0\end{bmatrix}u, \quad y = \begin{bmatrix}0 & 1 & 1\end{bmatrix}\underline{x}.$$

Bild 3.10 zeigt das Blockschaltbild dieser Zustandsdarstellung. Aus dem Blockschaltbild kann man Folgendes erkennen:

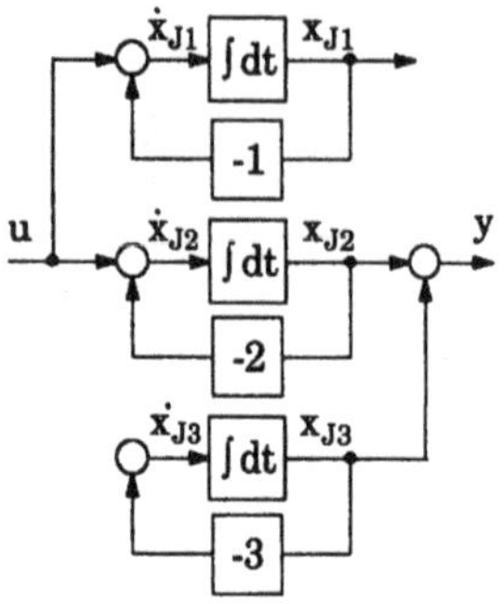

Bild 3.10

- Die Eingangsgröße wirkt nicht auf den Zustand x_{J3}. Dieser Zustand ist daher nicht steuerbar.
- Die Zustandsgröße x_{J1} geht nicht in den Ausgang y ein. Dieser Zustand ist daher nicht beobachtbar.
- Nur der Zustand x_{J2} ist steuerbar und beobachtbar.

c) $$G(s) = \underline{c}^T(s\underline{I} - \underline{A})^{-1}\underline{b} = \begin{bmatrix}1 & 1 & 1\end{bmatrix}\begin{bmatrix}s+2 & 0 & 0\\ 1 & s+3 & 2\\ -1 & 0 & s+1\end{bmatrix}^{-1}\begin{bmatrix}1\\ 0\\ 0\end{bmatrix}$$

bzw.: $$G(s) = \frac{1}{s+2}.$$

Wie schon aus dem Blockschaltbild ersichtlich, wird das Ein-/Ausgangsverhalten alleine durch den steuer- und beobachtbaren Zustand beschrieben. Es ergibt sich folglich als Übertragungsfunktion ein PT1-Glied (Verzögerungsglied 1.Ordnung).

3.4 Aufgaben

Aufgabe 3.1: Betrachten Sie das in Bild 3.11 schematisch dargestellte Positioniersystem als Regelstrecke. Stellgröße ist die Spannung u [V], Störgröße die Kraft F [N] und als Ausgangsgröße interessiert die Position y [m] der bewegten Masse. Zwischenvariablen sind die Drücke p_1 und p_2 [N/m²] sowie der Volumenstrom Q [m³/s]. Der u/p-Wandler wird durch die Differentialgleichung $T\dot{p}_1 + p_1 = Ku$ beschrieben, worin T [s] und K [N/m²V] die experimentell ermittelte Zeitkonstante bzw. der stationäre Übertragungsbeiwert des Wandlers sind. Für den Druckverlust in der Rohrleitung gelte näherungsweise die lineare Beziehung $p_1 - p_2 = RQ$, wobei R [Ns/m⁵] der fluidische Widerstand ist. Die Feder habe eine lineare Kennlinie, d.h. für die Federkraft gilt mit der Federkonstanten k [N/m]: $F_k = ky$. Alle auftretenden Reibungskräfte werden durch eine geschwindigkeitsproportionale Kraft $F_b = b\dot{y}$ modelliert, worin b [Ns/m] die Reibungskonstante ist. Die Masse m [kg] repräsentiert den Kolben, die Kolbenstange und die bewegte Last. Wählen Sie als Zustandsvariable $x_1 = p_1$, $x_2 = y$ sowie $x_3 = \dot{y}$ und geben Sie die resultierende Zustandsdarstellung an.

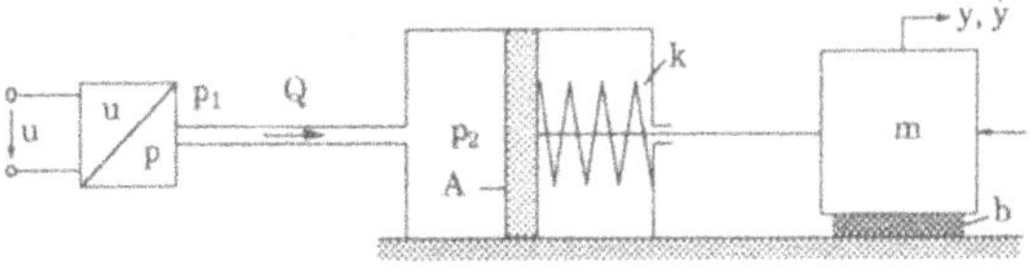

Bild 3.11

Aufgabe 3.2: Betrachten Sie das in Bild 3.12 dargestellte mechanische Übertragungssystem als Regelstrecke. Eingangsgrößen sind die Stellgröße $\omega_e(t) = u(t)$ sowie die Störgröße $M_L(t) = z(t)$ (Lastmoment). Die Winkelgeschwindigkeit $\omega_2(t) = y(t)$ sei die Regelgröße. Die Antriebswelle werde als nachgiebig betrachtet und es gelte für das von der Welle übertragene Moment: $dM_K / dt = K(\omega_1 - \omega_2)$. Für das von der fluidischen Kupplung übertragene Moment gelte die linearisierte Beziehung $M_F = B(\omega_e - \omega_1)$. Wählen Sie $x_1 = \omega_1$, $x_2 = M_K$ und $x_3 = \omega_2$ als Zustandsvariable und geben Sie die Zustandsdarstellung für diese Strecke an.

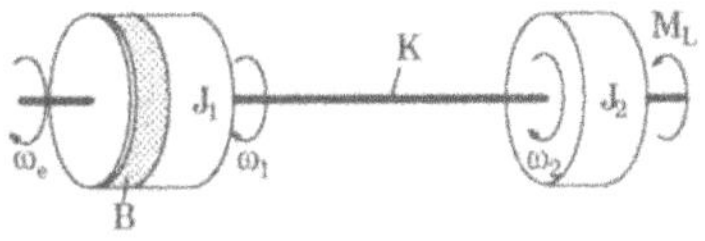

Bild 3.12

Aufgabe 3.3: Betrachten Sie das in Bild 3.13 dargestellte elektromechanische System als Regelstrecke. Dabei ist die Ankerspannung u des Gleichstrommotors die Stellgröße, die Winkelgeschwindigkeit ω_2 die Regelgröße (Ausgangsgröße) und das Lastmoment M_L die Störgröße. Für das vom Motor abgegebene Moment gelte $M = K_1 i$ und die Gegen-EMK sei durch $u_b = K_2 \omega_1$ gegeben. Für das von der Welle übertragene Moment gelte $M_K = K(\theta_1 - \theta_2)$. Wählen Sie als Zustandsvariable $x_1 = i$ und $x_2 = \omega_2$ und ermitteln Sie die daraus resultierende Zustandsdarstellung.

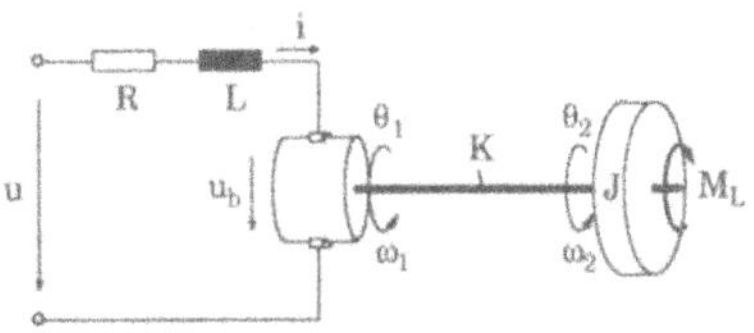

Bild 3.13

Aufgabe 3.4: Betrachten Sie das in Bild 3.14 dargestellte thermische System als Regelstrecke. Es wird dabei die Flüssigkeit im inneren Behälter durch jene im äußeren erwärmt. Die interessierende Ausgangsgröße (Regelgröße) ist die Temperatur θ_1 [K]. Eingangsgrößen in das System sind der Volumenstrom Q_2 [m³/min] (Stellvolumenstrom) und die Temperatur θ_{1e} [K] (Störgröße). Die Temperatur θ_{2e} sowie der Volumenstrom Q_1 seien konstant. V_1 und V_2 [m³] sind die konstanten Volumina der Flüssigkeiten, A [m²] ist die effektive Wärmedurchgangsfläche und k [kJ/min,K,m²] die als konstant angenommene Wärmedurchgangszahl. Die spezifische Wärme der beiden Flüssigkeiten c sowie deren Dichte ρ können als konstant angenommen werden. Wählen Sie die Abweichungen der Temperaturen θ_1 und θ_2 von einem Arbeitspunkt als Zustandsvariable und geben Sie die resultierende Zustandsdarstellung des um diesen Arbeitspunkt linearisierten Systems an.

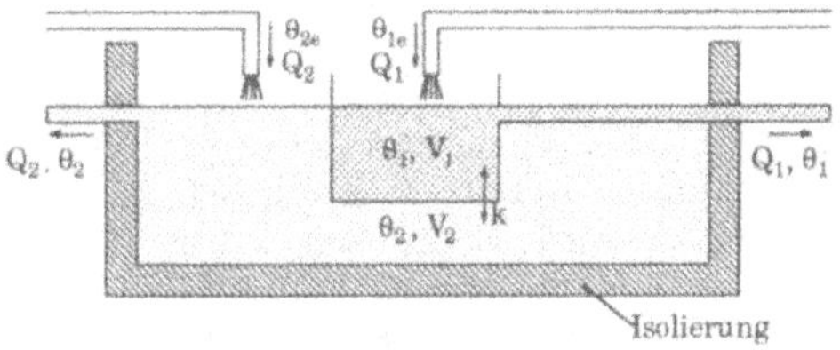

Bild 3.14

Aufgabe 3.5: Betrachten Sie den in Bild 3.15 dargestellten Riementrieb als Regelstrecke. Die Nachgiebigkeit und Dämpfungseigenschaft des vorgespannten Riemens werde durch eine Parallelschaltung eines Feder- und Dämpfungselements modelliert. Eingangsgrößen sind das Antriebsmoment (Stellgröße) M [Nm] sowie das Lastmoment (Störgröße) M_L [Nm]. Ausgangsgröße ist die Winkelgeschwindigkeit ω_2 [1/s]. Wählen Sie als Zustandsvariable: $x_1 = \omega_1$, $x_2 = \omega_2$ und $x_3 = F_k$. Geben Sie damit die Zustandsdarstellung des Riementriebes an.

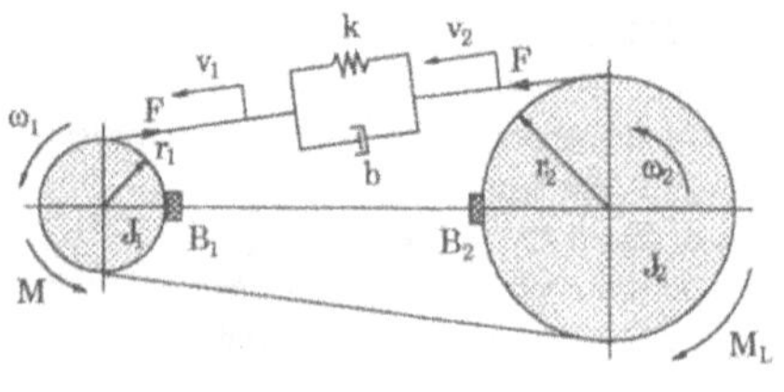

Bild 3.15

Aufgabe 3.6: Geben Sie für die durch folgende Übertragungsfunktionen beschriebenen Systeme jeweils die Regelungs- und die Jordan-Normalform an.

$$\text{a)}\ G(s) = \frac{2s+2}{s(s^2+4s+8)}, \quad \text{b)}\ G(s) = \frac{2s^2+2s+2}{(s+2)^2}, \quad \text{c)}\ G(s) = \frac{8}{(s+2)(s+1)^2(s^2+2s+2)}.$$

Aufgabe 3.7: Gegeben sind folgende Zustandsdarstellungen dynamischer Systeme:

$$\text{a)}\ \underline{\dot{x}} = \begin{bmatrix} -1 & 0 & -1 \\ 0 & -1 & 0 \\ 1 & 0 & 1 \end{bmatrix}\underline{x} + \begin{bmatrix} 0 \\ 1 \\ -1 \end{bmatrix}u, \quad \text{b)}\ \underline{\dot{x}} = \begin{bmatrix} -2 & 10 & 1 \\ -1 & 0 & 1 \\ 0 & 0 & -1 \end{bmatrix}\underline{x} + \begin{bmatrix} 2 \\ 0 \\ 1 \end{bmatrix}u, \quad \text{c)}\ \underline{\dot{x}} = \begin{bmatrix} -1 & 0 & -2 \\ 0 & -4 & 0 \\ 1 & 0 & -4 \end{bmatrix}\underline{x} + \begin{bmatrix} 1 \\ 1 \\ 0 \end{bmatrix}u,$$

$$y = \begin{bmatrix} 2 & 1 & 1 \end{bmatrix}\underline{x}, \qquad y = \begin{bmatrix} 4 & 2 & -3 \end{bmatrix}\underline{x} + 3u, \qquad y = \begin{bmatrix} 0 & 1 & 0 \end{bmatrix}\underline{x}.$$

Transformieren Sie diese Darstellungen in die Regelungs- und die Jordan-Normalform und geben Sie die jeweiligen Transformationsmatrizen an.

Aufgabe 3.8: Gegeben sind folgende Zustandsdarstellungen:

$$\text{a)}\ \underline{\dot{x}} = \begin{bmatrix} 0 & 1 \\ 0 & -4 \end{bmatrix}\underline{x} + \begin{bmatrix} 0 \\ 1 \end{bmatrix}u + \begin{bmatrix} 1 \\ 0 \end{bmatrix}z, \ \underline{x}_0 = \underline{0}, \quad \text{b)}\ \underline{\dot{x}} = \begin{bmatrix} -2 & 0 \\ 0 & -4 \end{bmatrix}\underline{x} + \begin{bmatrix} 1 \\ 1 \end{bmatrix}u + \begin{bmatrix} 2 \\ 0 \end{bmatrix}z, \ \underline{x}_0 = \underline{0},$$

$$y = \begin{bmatrix} 2 & 0 \end{bmatrix}\underline{x}. \qquad y = \begin{bmatrix} 1 & -2 \end{bmatrix}\underline{x} + \begin{bmatrix} 1 \end{bmatrix}u.$$

Bestimmen Sie für beide Systeme mit Hilfe der Laplace-Transformation die Transitionsmatrix $\underline{\Phi}(t)$ sowie die Lösung der Zustandsgleichung $\underline{x}(t)$ und den Ausgang $y(t)$ für die Fälle a) $u(t) = \sigma(t)$ $(z = 0)$ und b) $z(t) = \sigma(t)$ $(u = 0)$.

Aufgabe 3.9: Bestimmen Sie aus den in Aufgabe 3.8 gegebenen Zustandsdarstellungen jeweils die Übertragungsfunktionen $G(s) = Y(s)/U(s)$ und $G_Z(s) = Y(s)/Z(s)$.

Aufgabe 3.10: Geben Sie für die in den Aufgaben 3.1 bis 3.4 ermittelten Zustandsdarstellungen jeweils die Übertragungsfunktionen $G(s) = Y(s)/U(s)$ und $G_Z(s) = Y(s)/Z(s)$ an.

Aufgabe 3.11: Das Bild 3.16 zeigt das Blockschaltbild einer Regelstrecke.

a) Geben Sie mit den gewählten Zustandsgrössen die Zustands- und die Ausgangsgleichung an.

b) Transformieren Sie die Systemmatrix $\underline{A}$ auf Diagonalform und bestimmen Sie die Zustands- und Ausgangsgleichung. Zeichnen Sie das Blockschaltbild und geben Sie an, welche der Zustände steuerbar und/oder beobachtbar sind.

c) Bestimmen Sie $G(s) = Y(s)/U(s)$.

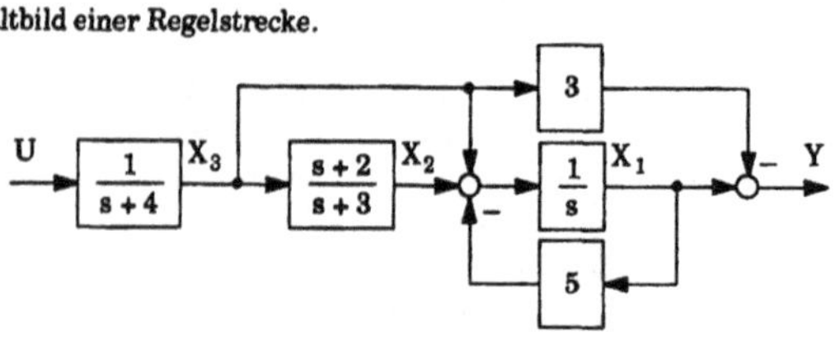

Bild 3.16

Aufgabe 3.12: Überprüfen Sie die Steuerbarkeit und Beobachtbarkeit folgender Systeme:

$$\text{a)}\ \underline{\dot{x}} = \begin{bmatrix} 0 & 2 & 1 \\ 1 & 3 & 2 \\ -2 & -6 & -4 \end{bmatrix}\underline{x} + \begin{bmatrix} 0 \\ 0 \\ 1 \end{bmatrix}u, \quad \text{b)}\ \underline{\dot{x}} = \begin{bmatrix} 1 & -1 & -1 \\ -2 & 0 & 1 \\ 6 & -12 & -4 \end{bmatrix}\underline{x} + \begin{bmatrix} 0 \\ 0 \\ 1 \end{bmatrix}u, \quad \text{c)}\ \underline{\dot{x}} = \begin{bmatrix} -2 & 1 & 0 \\ 0 & -3 & 0 \\ 4 & 2 & -4 \end{bmatrix}\underline{x} + \begin{bmatrix} 0 \\ 1 \\ 1 \end{bmatrix}u,$$

$$y = \begin{bmatrix} 1 & 2 & 1 \end{bmatrix}\underline{x}. \qquad y = \begin{bmatrix} 0 & 1 & 0 \end{bmatrix}\underline{x}. \qquad y = \begin{bmatrix} -1 & 0 & 1 \end{bmatrix}\underline{x}.$$

4. Reglerentwurf im Zustandsraum

4.1 Führungsregelung durch Zustandsvektorrückführung und Polvorgabe

Das Bild 4.1 zeigt das Regelschema der Führungsregelung durch Zustandsvektorrückführung für ein Eingrößensystem, das durch die Zustandsdarstellung

$$\dot{\underline{x}} = \underline{A}\underline{x} + \underline{b}u + \underline{E}\underline{z}; \quad \underline{x}_0 = \underline{0}, \tag{4.1}$$

$$y = \underline{c}^T\underline{x} + du, \tag{4.2}$$

beschrieben wird.

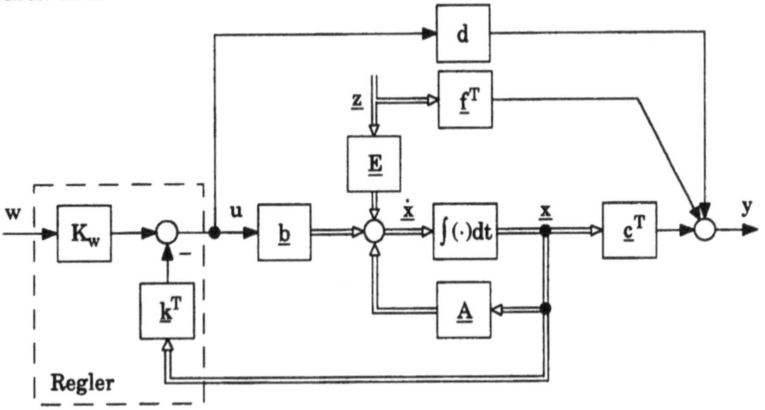

Bild 4.1

Es wird vorerst davon ausgegangen, daß $\underline{z} = \underline{0}$ ist und alle Zustandsgrößen gemessen und damit zurückgeführt werden können. Das Regelgesetz lautet:

$$u = K_w w - \underline{k}^T\underline{x}. \tag{4.3}$$

Ist das zu regelnde System (die Regelstrecke) vollständig zustandssteuerbar, dann können mit den n freien Parametern des Rückführvektors $\underline{k}^T = [k_1\ k_2 \ldots k_n]$, die n Pole des geschlossenen Regelkreises eindeutig festgelegt werden (Polvorgabe). Damit, wie erwünscht, die Regelgröße y im stationären (eingeschwungenen) Zustand mit der Führungsgröße w (dem Sollwert) übereinstimmt, wird die Vorverstärkung K_w verwendet.

Nach der Substitution des Regelgesetzes (4.3) in die Gleichung (4.1) erhält man die Zustandsgleichung des geschlossenen Regelkreises:

$$\dot{\underline{x}} = (\underline{A} - \underline{b}\underline{k}^T)\underline{x} + \underline{b}K_w w. \tag{4.4}$$

Daraus erhält man das charakteristische Polynom des geschlossenen Regelkreises, dessen Koeffizienten von den Elementen des Rückführvektors abhängen, zu:

$$P_k(s, \underline{k}^T) = \mathrm{Det}\left[s\underline{I} - (\underline{A} - \underline{b}\underline{k}^T)\right]. \tag{4.5}$$

Durch Vorgabe der Pole des geschlossenen Regelkreises und damit des charakteristischen Polynoms wird diesem das gewünschte dynamische Verhalten erteilt:

$$P(s) = (s-\lambda_1)(s-\lambda_2)\ldots\ldots(s-\lambda_n). \tag{4.6}$$

Durch einen Koeffizientenvergleich zwischen den Polynomen (4.5) und (4.6) werden sodann die Elemente des Rückführvektors $\underline{k}^T$ ermittelt.

Die Vorverstärkung K_w wird wie folgt bestimmt: Im stationären Zustand ($\underline{\dot{x}} = \underline{0}$) nach einer sprungförmigen Führungsgrößenänderung und mit $\underline{z} = \underline{0}$ soll $y = w$ sein. Man erhält dafür aus Gleichung (4.4):

$$\underline{x} = (\underline{b}\underline{k}^T - \underline{A})^{-1}\underline{b}K_w w. \tag{4.7}$$

Setzt man das Regelgesetz (4.3) und die Beziehung (4.7) in die Ausgangsgleichung (4.2) ein und berücksichtigt, daß $y = w$ gilt, dann folgt für die Vorverstärkung:

$$K_w = \left[(\underline{c}^T - d\underline{k}^T)(\underline{b}\underline{k}^T - \underline{A})^{-1}\underline{b} + d\right]^{-1}. \tag{4.8}$$

Die Zustands- und Ausgangsgleichung des geschlossenen Regelkreises lauten dann:

$$\underline{\dot{x}} = (\underline{A} - \underline{b}\underline{k}^T)\underline{x} + \underline{b}K_w w + \underline{E}\underline{z}, \tag{4.9}$$

$$y = (\underline{c}^T - d\underline{k}^T)\underline{x} + dK_w w. \tag{4.10}$$

Die Führungs- und Störübertragungsfunktionen des geschlossenen Regelkreises lauten nach der Laplace-Transformation der Zustandsgleichung (4.9) und der Ausgangsgleichung (4.10) wie folgt:

$$G_W(s) = \left[(\underline{c}^T - d\underline{k}^T)(s\underline{I} - \underline{A} + \underline{b}\underline{k}^T)^{-1}\underline{b} + d\right]K_w, \tag{4.11}$$

$$\underline{G}_Z(s) = (\underline{c}^T - d\underline{k}^T)(s\underline{I} - \underline{A} + \underline{b}\underline{k}^T)^{-1}\underline{E}. \tag{4.12}$$

Anmerkungen:

- Man kann aus vorgegebenen Spezifikationen für die Führungssprungantwort, wie maximale Überschwingweite, Anregelzeit, Ausregelzeit etc. die gewünschten Eigenwerte (die Pole) des geschlossenen Regelkreises bestimmen. Hier sei vor allem auf das Prinzip des dominanten Polpaares hingewiesen, bei dem angestrebt wird, das Verhalten des geschlossenen Regelkreises näherungsweise gleich dem eines vorgegebenen PT2-Gliedes zu machen. Es wird daher das gewünschte komplexe Polpaar spezifiziert und die restlichen Pole werden so plaziert, daß sie das dynamische Verhalten des Kreises wenig oder nicht beeinflussen, d.h. "so weit nach links" wie möglich. Dem sind jedoch durch eine etwaige Stellgrößenbeschränkung Grenzen gesetzt, deren Überprüfung nur in einer Simulation geschehen kann.
- Etwaige Nullstellen der Regelstrecke sind gegenüber einer Zustandsvektorrückführung invariant, d.h. sie werden nicht beeinflußt und treten in der Führungsübertragungsfunktion unverändert auf (ohne Beweis).
- Eine Ausregelung sprungförmiger Störungen ist mit diesem Regelschema im allgemeinen nicht möglich, d.h. es tritt ein permanenter Regelfehler auf.

Beispiel 4.1: Es wird die Niveauregelstrecke (Doppeltanksystem) aus Beispiel 3.2 betrachtet. Mit der ersten Zustandsvektorwahl ($x_1 = H_1$, $x_2 = H_2$) und den Zahlenwerten $A_1 = 1\,m^2$, $A_2 = 0{,}5\,m^2$, $R = 100\,s/m^2$, $K = 0{,}01\,m^3/s{,}cm$ erhält man die folgende Zustandsdarstellung:

$$\underline{\dot{x}} = \begin{bmatrix} -0{,}01 & 0{,}01 \\ 0{,}02 & -0{,}02 \end{bmatrix} \underline{x} + \begin{bmatrix} 0{,}01 \\ 0 \end{bmatrix} u + \begin{bmatrix} -1 & 0 \\ 0 & -2 \end{bmatrix} \underline{z}, \quad y = \begin{bmatrix} 0 & 1 \end{bmatrix} \underline{x}.$$

Es ist eine Führungsregelung durch Zustandsvektorrückführung derart zu entwerfen, daß die Pole des geschlossenen Regelkreises bei $s_{1,2} = -0{,}04 \pm j0{,}04$ zu liegen kommen. Dies entspricht einer maximalen Überschwingweite $e_m \approx 4{,}3\%$ und einer Anregelzeit $T_{an} \approx 59\,s$. Ferner sollen die Führungs- und die Störübertragungsfunktionen des geschlossenen Regelkreises berechnet werden.

Lösung: Das charakteristische Polynom (4.5) lautet mit $\underline{k}^T = \begin{bmatrix} k_1 & k_2 \end{bmatrix}$:

$$P_k(s, \underline{k}^T) = \begin{vmatrix} s + 0{,}01 + 0{,}01k_1 & -0{,}01 + 0{,}01k_2 \\ -0{,}02 & s + 0{,}02 \end{vmatrix} = s^2 + (0{,}03 + 0{,}01k_1)s + 0{,}02(0{,}01k_1 + 0{,}01k_2).$$

Das Sollpolynom mit dem gewählten Polpaar lautet:

$$P(s) = (s + 0{,}04)^2 + 0{,}04^2 = s^2 + 0{,}08s + 0{,}0032.$$

Der Koeffizientenvergleich ergibt:

$$\begin{aligned} 0{,}08 &= 0{,}03 + 0{,}01k_1 & &\Rightarrow & k_1 &= 5, \\ 0{,}0002k_1 + 0{,}0002k_2 &= 0{,}0032 & &\Rightarrow & k_2 &= 11. \end{aligned}$$

Der Rückführvektor lautet also: $\underline{k}^T = \begin{bmatrix} 5 & 11 \end{bmatrix}$. Für die Vorverstärkung erhält man für $d = 0$ mit Gleichung (4.8):

$$K_w = \frac{1}{\begin{bmatrix} 0 & 1 \end{bmatrix} \begin{bmatrix} 0{,}06 & 0{,}10 \\ -0{,}02 & 0{,}02 \end{bmatrix}^{-1} \begin{bmatrix} 0{,}01 \\ 0 \end{bmatrix}} = \frac{0{,}0032}{0{,}0002} = 16.$$

Mit dem Regelgesetz $u = 16w - \begin{bmatrix} 5 & 11 \end{bmatrix} \underline{x}$ folgt für die Zustandsgleichung des geschlossenen Regelkreises:

$$\underline{\dot{x}} = \begin{bmatrix} -0{,}06 & -0{,}1 \\ 0{,}02 & -0{,}02 \end{bmatrix} \underline{x} + \begin{bmatrix} 0{,}16 \\ 0 \end{bmatrix} w + \begin{bmatrix} -1 & 0 \\ 0 & -2 \end{bmatrix} \underline{z}.$$

Die gesuchten Übertragungsfunktionen erhält man mit $P(s) = s^2 + 0{,}08s + 0{,}0032$ zu:

$$Y(s) = \begin{bmatrix} 0 & 1 \end{bmatrix} \begin{bmatrix} s + 0{,}06 & 0{,}1 \\ -0{,}02 & s + 0{,}02 \end{bmatrix}^{-1} \begin{bmatrix} 0{,}16 \\ 0 \end{bmatrix} W(s) \quad \Rightarrow \quad G(s) = \frac{0{,}0032}{P(s)},$$

$$Y(s) = \begin{bmatrix} 0 & 1 \end{bmatrix} \begin{bmatrix} s + 0{,}06 & 0{,}1 \\ -0{,}02 & s + 0{,}02 \end{bmatrix}^{-1} \begin{bmatrix} -1 & 0 \\ 0 & -2 \end{bmatrix} \begin{bmatrix} Z_1(s) \\ Z_2(s) \end{bmatrix} \quad \Rightarrow \quad \underline{G}_Z(s) = \begin{bmatrix} \dfrac{-0{,}02}{P(s)} & \dfrac{-2(s + 0{,}06)}{P(s)} \end{bmatrix}.$$

Wie man sehen kann, haben beide Störübertragungsfunktionen globales P- und nicht wie erwünscht globales D-Verhalten, wodurch keine Ausregelung der Störungen möglich ist.

In Bild 4.2 ist die Führungssprungantwort für $\Delta w = 0{,}2\,m$ und in Bild 4.3 die Störsprungantworten für $\Delta z_1 = \Delta z_2 = 0{,}001\,m^3/s$ dargestellt. Nach beiden sprungförmigen Störungen verbleibt ein stationärer Regelfehler.

In vielen Fällen ist es vorteilhaft, die Zustandsgleichung vor dem Reglerentwurf in die Regelungsnormalform zu transformieren. Die Berechnung des Rückführvektors gestaltet sich dann besonders einfach, da man die Berechnung der Determinante von $(s\underline{I} - \underline{A} + \underline{bk}^T)$ nicht durchführen muß, sondern das charakteristische Polynom des geschlossenen Regelkreises sofort anschreiben kann. Nach Beendigung des Entwurfs muß das Regelgesetz wieder rücktransformiert werden. Diese Vorgangsweise soll anhand des Beispiels 4.2 demonstriert werden.

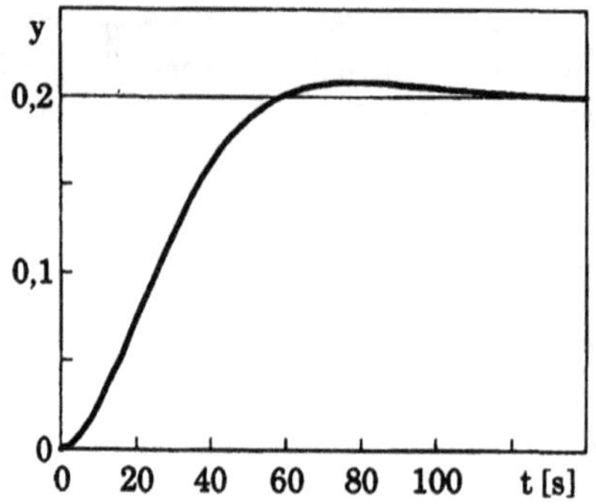

Bild 4.2

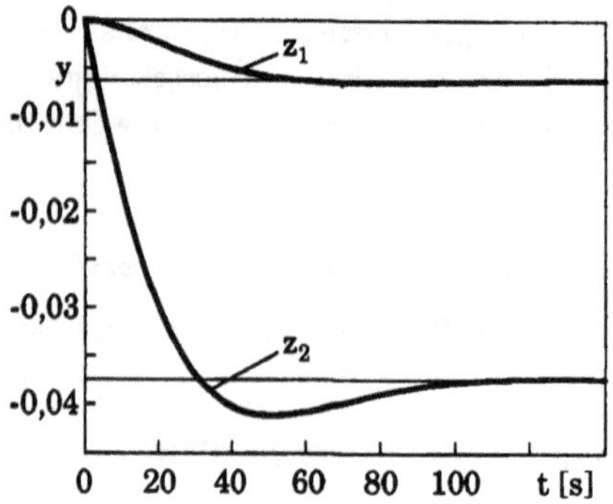

Bild 4.3

Beispiel 4.2: Eine Regelstrecke werde durch folgende Zustandsdarstellung beschrieben:

$$\underline{\dot{x}} = \begin{bmatrix} 0 & 1/3 & 0 \\ -6 & 0 & 6 \\ 0 & -1 & -4 \end{bmatrix}\underline{x} + \begin{bmatrix} 0 \\ 0 \\ 4 \end{bmatrix}u, \quad y = \begin{bmatrix} 1 & 0 & 0 \end{bmatrix}\underline{x}.$$

Eine Führungsregelung durch Zustandsvektorrückführung soll derart entworfen werden, daß das dominante Polpaar des geschlossenen Regelkreises bei $s_{1,2} = -2 \pm j2$ und der dritte Pol bei $s_3 = -10$ zu liegen kommen ($P(s) = s^3 + 14s^2 + 48s + 80$).

Lösung: Die Transformationsmatrix $\underline{T}$, die resultierende Zustandsdarstellung in Regelungsnormalform sowie die Matrix $(\underline{A} - \underline{b}\underline{k}_R^T)$ lauten:

$$\underline{T}_R = \begin{bmatrix} 8 & 0 & 0 \\ 0 & 24 & 0 \\ 8 & 0 & 4 \end{bmatrix}, \quad \underline{\dot{x}}_R = \begin{bmatrix} 0 & 1 & 0 \\ 0 & 0 & 1 \\ -8 & -8 & -4 \end{bmatrix}\underline{x}_R + \begin{bmatrix} 0 \\ 0 \\ 1 \end{bmatrix}u, \quad (\underline{A} - \underline{b}\underline{k}_R^T) = \begin{bmatrix} 0 & 1 & 0 \\ 0 & 0 & 1 \\ -8 - k_{R1} & -8 - k_{R2} & -4 - k_{R3} \end{bmatrix}.$$

$$y = \begin{bmatrix} 8 & 0 & 0 \end{bmatrix}\underline{x}_R,$$

Wie man sieht, enthält die letzte Zeile der Matrix $(\underline{A} - \underline{b}\underline{k}_R^T)$ in dieser Form exakt die Koeffizienten des charakteristischen Polynoms des geschlossenen Regelkreises mit negativen Vorzeichen. Dieses lautet somit:

$$P_k(s, \underline{k}_R^T) = s^3 + (4 + k_{R3})s^2 + (8 + k_{R2})s + (8 + k_{R1}).$$

Der Koeffizientenvergleich mit dem Sollpolynom P(s) liefert: $\underline{k}_R^T = \begin{bmatrix} 72 & 40 & 10 \end{bmatrix}$. Für die Vorverstärkung erhält man:

$$K_w = \left[\begin{bmatrix} 8 & 0 & 0 \end{bmatrix} \begin{bmatrix} 0 & -1 & 0 \\ 0 & 0 & -1 \\ 80 & 48 & 14 \end{bmatrix}^{-1} \begin{bmatrix} 0 \\ 0 \\ 1 \end{bmatrix} \right]^{-1} = 10.$$

Mit der inversen Transformationsmatrix

$$\underline{T}_R^{-1} = \begin{bmatrix} 1/8 & 0 & 0 \\ 0 & 1/24 & 0 \\ -1/4 & 0 & 1/4 \end{bmatrix}$$

und der Transformation $\underline{x}_R = \underline{T}_R^{-1}\underline{x}$ lautet sodann das Regelgesetz:

$$u = 10w - [72 \quad 40 \quad 10]\underline{T}_R^{-1}\underline{x} = 10w - [6{,}5 \quad 5/3 \quad 2{,}5]\underline{x}.$$

Die Zustandsdarstellung des geschlossenen Kreises sowie die Übertragungsfunktion $G_W(s)$ lauten somit:

$$\dot{\underline{x}} = \begin{bmatrix} 0 & 1/3 & 0 \\ -6 & 0 & 6 \\ -26 & -23/3 & -14 \end{bmatrix}\underline{x} + \begin{bmatrix} 0 \\ 0 \\ 40 \end{bmatrix} w,$$

$$y = [1 \quad 0 \quad 0]\underline{x},$$

$$G_W(s) = \frac{Y(s)}{W(s)} = \frac{80}{s^3 + 14s^2 + 48s + 80}.$$

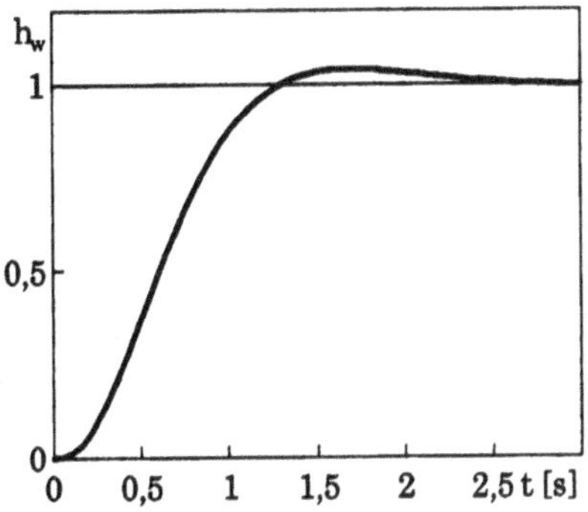

Bild 4.4

In Bild 4.4 ist die Führungsübergangsfunktion des geschlossenen Regelkreises dargestellt.

4.2 Führungsregelung mit stationärer Störgrößenkompensation

Zur stationären Kompensation der q_m auf die Regelstrecke wirkenden und meßtechnisch erfaßbaren Störgrößen $\underline{z}_m$, in der Zustandsgleichung

$$\dot{\underline{x}} = \underline{A}\underline{x} + \underline{b}u + \underline{E}_m\underline{z}_m + \underline{E}_{nm}\underline{z}_{nm}; \quad \underline{x}_0 = \underline{0}, \tag{4.13}$$

kann das Regelgesetz (4.3) wie folgt modifiziert werden:

$$u = K_w w + \underline{k}_z^T\underline{z}_m - \underline{k}^T\underline{x}. \tag{4.14}$$

Der Vektor $\underline{z}_{nm}$ in Gleichung (4.13) enthält alle nichtmeßbaren Störungen. Für $w = 0$ und nach der Substitution von (4.14) in (4.13) und unter Verwendung der Ausgangsgleichung (4.2), erhält man im stationären Zustand:

$$y = \left[(\underline{c}^T - d\underline{k}^T)(\underline{b}\underline{k}^T - \underline{A})^{-1}(\underline{b}\underline{k}_z^T + \underline{E}) + d\underline{k}_z^T\right]\underline{z}_m + (\underline{c}^T - d\underline{k}^T)(\underline{b}\underline{k}^T - \underline{A})^{-1}\underline{E}_{nm}\underline{z}_{nm}. \tag{4.15}$$

Um den stationären Einfluß von $\underline{z}_m$ auf den Ausgang y zum Verschwinden zu bringen, muß die Forderung

$$(\underline{c}^T - d\underline{k}^T)(\underline{b}\underline{k}^T - \underline{A})^{-1}(\underline{b}\underline{k}_z^T + \underline{E}_m) + d\underline{k}_z^T = \underline{0}^T \tag{4.16}$$

erfüllt werden. Für die nicht meßbaren Störgrößen $\underline{z}_{nm}$ ist ein bleibender Regelfehler zu erwarten. Die Zustandsgleichung und die Ausgangsgleichung des geschlossenen Regelkreises lauten in diesem Fall:

$$\dot{\underline{x}} = (\underline{A} - \underline{b}\underline{k}^T)\underline{x} + \underline{b}K_w w + \left[\underline{b}\underline{k}_z^T + \underline{E}\right]\underline{z}_m + \underline{E}_{nm}\underline{z}_{nm}, \tag{4.17}$$

$$y = (\underline{c}^T - d\underline{k}^T)\underline{x} + dK_w w + d\underline{k}_z^T\underline{z}_m. \tag{4.18}$$

Während für die Führungsübertragungsfunktion nach wie vor Gleichung (4.11) gilt, erhält man für die Störübertragungsfunktionen:

$$\underline{G}_{Zm} = (\underline{c}^T - d\underline{k}^T)(s\underline{I} - \underline{A} + \underline{b}\underline{k}^T)^{-1}(\underline{b}\underline{k}_z^T + \underline{E}_m) + d\underline{k}_z^T, \tag{4.19}$$

$$\underline{G}_{Znm} = (\underline{c}^T - d\underline{k}^T)(s\underline{I} - \underline{A} + \underline{b}\underline{k}^T)^{-1}\underline{E}_{nm}. \tag{4.20}$$

Beispiel 4.3: In Beispiel 4.1 wurde das Regelgesetz $u = 16w - [5 \;\; 11]\underline{x}$ für die Führungsregelung des Systems

$$\dot{\underline{x}} = \begin{bmatrix} -0,01 & 0,01 \\ 0,02 & -0,02 \end{bmatrix}\underline{x} + \begin{bmatrix} 0,01 \\ 0 \end{bmatrix}u + \begin{bmatrix} -1 \\ 0 \end{bmatrix}z_1 + \begin{bmatrix} 0 \\ -2 \end{bmatrix}z_2, \quad y = [0 \;\; 1]\underline{x}$$

durch Zustandsvektorrückführung ermittelt. Die Matrizen $\underline{\underline{E}}_m$ und $\underline{\underline{E}}_{nm}$ werden hier zu Vektoren $\underline{e}_m$ bzw. $\underline{e}_{nm}$. Das Regelgesetz wird nunmehr um eine stationäre Störgrößenaufschaltung der Störgröße z_2 erweitert:

$$u = 16w - [5 \;\; 11]\underline{x} + k_{z2}z_2 \,.$$

Es wird dabei angenommen, daß nur der Störvolumenstrom z_2 meßbar ist. Die Antwort des geschlossenen Regelkreises auf eine sprungförmige Störung Δz_1 entspreche bereits den Spezifikationen (siehe Bild 4.3). Die Auswertung der Gleichung (4.17) lautet sodann:

$$[0 \;\; 1]\begin{bmatrix} 0,06 & 0,10 \\ -0,02 & 0,02 \end{bmatrix}^{-1}\left[\begin{bmatrix} 0,01 \\ 0 \end{bmatrix}k_{z2} + \begin{bmatrix} 0 \\ -2 \end{bmatrix}\right] = 0 \text{ bzw. } k_{z2} = 600.$$

Die Zustandsgleichung des geschlossenen Regelkreises ist somit gegeben durch:

$$\dot{\underline{x}} = \begin{bmatrix} -0,06 & -0,10 \\ 0,02 & -0,02 \end{bmatrix}\underline{x} + \begin{bmatrix} 0,16 \\ 0 \end{bmatrix}u + \begin{bmatrix} -1 \\ 0 \end{bmatrix}z_1 + \begin{bmatrix} 6 \\ -2 \end{bmatrix}z_2.$$

Die Störübertragungsfunktion $G_{z2}(s)$ lautet:

$$G_{z2} = \frac{Y(s)}{Z_2(s)} = \frac{-2s}{s^2 + 0,08s + 0,0032}.$$

Sie hat nunmehr wie erwartet globales D-Verhalten. In Bild 4.5 ist zum Vergleich mit Bild 4.3 wieder die Antwort des geschlossenen Regelkreises auf eine sprungförmige Änderung der Störgröße $\Delta z_2 = 0,001$ m³/s dargestellt. Die Verbesserung des Störverhaltens ist darin deutlich zu erkennen (geringerer maximaler Regelfehler, kein bleibender Regelfehler).

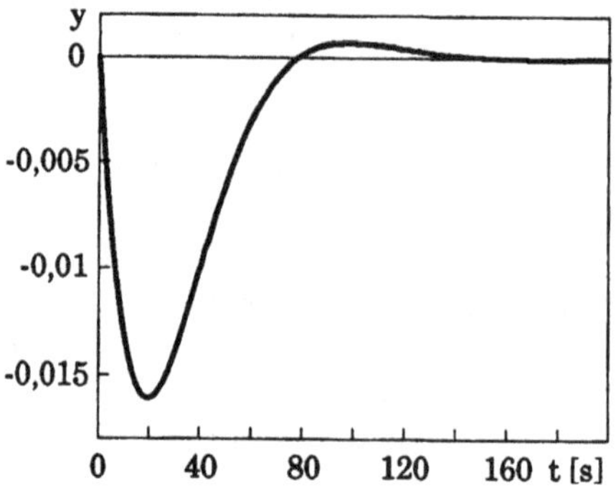

Bild 4.5

4.3 Regelung durch Zustandsvektorrückführung mit Integration des Regelfehlers und Polvorgabe

Eine andere Methode, die neben der Führungsregelung die Ausregelung sprungförmiger Störungen erlaubt, ist die der Zustandsvektorrückführung mit zusätzlicher Integration des Regelfehlers. Es wird dazu die Zustandsdarstellung eines Eingrößensystems

$$\dot{\underline{x}} = \underline{\underline{A}}\,\underline{x} + \underline{b}u + \underline{\underline{E}}\,\underline{z}\,, \tag{4.21}$$

$$y = \underline{c}^T\underline{x} + du + \underline{f}^T\underline{z}, \tag{4.22}$$

betrachtet. Die Entwurfsaufgabe kann wie folgt definiert werden: Es ist ein Regelgesetz derart zu entwerfen, daß bei spezifizierter Dynamik die Regelgröße der Führungsgröße stationär exakt folgt und daß sprungförmige Störungen ohne bleibenden Regelfehler ausgeregelt werden.

Dazu definiert man eine zusätzliche Zustandsvariable

$$p = \int_0^t (y - w)\,dt. \tag{4.23}$$

Dann folgt mit der Ausgangsgleichung (4.22):

$$\dot{p} = y - w = \underline{c}^T \underline{x} + d\,u + \underline{f}^T \underline{z} - w. \tag{4.24}$$

Faßt man (4.21) und (4.24) in Matrixschreibweise zusammen, so erhält man:

$$\begin{bmatrix} \dot{\underline{x}} \\ \dot{p} \end{bmatrix} = \begin{bmatrix} \underline{A} & \underline{0} \\ \underline{c}^T & 0 \end{bmatrix} \begin{bmatrix} \underline{x} \\ p \end{bmatrix} + \begin{bmatrix} \underline{b} \\ d \end{bmatrix} u + \begin{bmatrix} \underline{E} & \underline{0} \\ \underline{f}^T & -1 \end{bmatrix} \begin{bmatrix} \underline{z} \\ w \end{bmatrix}. \tag{4.25}$$

Im stationären Zustand gilt $\dot{\underline{x}} = \underline{0}$ und da $y = w$ ist, auch $\dot{p} = 0$. Damit folgt aus (4.25):

$$\begin{bmatrix} \underline{E} & \underline{0} \\ \underline{f}^T & -1 \end{bmatrix} \begin{bmatrix} \underline{z} \\ w \end{bmatrix} = -\begin{bmatrix} \underline{A} & \underline{0} \\ \underline{c}^T & 0 \end{bmatrix} \begin{bmatrix} \underline{x}_s \\ p_s \end{bmatrix} - \begin{bmatrix} \underline{b} \\ d \end{bmatrix} u_s. \tag{4.26}$$

Definiert man nun die Abweichungen vom stationären Zustand wie folgt:

$$\underline{s} = \begin{bmatrix} \underline{s}_1 \\ s_2 \end{bmatrix} = \begin{bmatrix} \underline{x} - \underline{x}_s \\ p - p_s \end{bmatrix} \quad \Rightarrow \quad \dot{\underline{s}} = \begin{bmatrix} \dot{\underline{x}} \\ \dot{p} \end{bmatrix}, \quad v = u - u_s, \tag{4.27}$$

und setzt man die Beziehung (4.26) in die erweiterte Zustandsgleichung (4.25) ein, so erhält man:

$$\dot{\underline{s}} = \underline{\hat{A}}\,\underline{s} + \underline{\hat{b}}\,v \quad \text{mit} \quad \underline{\hat{A}} = \begin{bmatrix} \underline{A} & \underline{0} \\ \underline{c}^T & 0 \end{bmatrix}, \quad \underline{\hat{b}} = \begin{bmatrix} \underline{b} \\ d \end{bmatrix}. \tag{4.28}$$

Der erwünschte Zustand, in den das System durch die neue Steuergröße v gebracht werden muß, ist $\underline{s} = \underline{0}$. Das Regelgesetz wird wieder in Form einer Zustandsvektorrückführung realisiert:

$$v = -\underline{\hat{k}}^T \underline{s} = -\underline{k}^T \underline{s}_1 - K s_2, \tag{4.29}$$

bzw.:

$$u - u_s = -\underline{k}^T (\underline{x} - \underline{x}_s) - K(p - p_s). \tag{4.30}$$

Da für die stationären Werte $u_s = -\underline{k}^T \underline{x}_s - K p_s$ gelten muß, folgt schließlich aus (4.30) das Regelgesetz:

$$u = -\underline{\hat{k}}^T \begin{bmatrix} \underline{x} \\ p \end{bmatrix} = -\underline{k}^T \underline{x} + K \int_0^t (w - y)\,dt. \tag{4.31}$$

Der Rückführvektor $\underline{\hat{k}}^T = [\underline{k}^T\ K]$ wird wieder durch Polvorgabe bestimmt. Bild 4.6 zeigt das Blockschaltbild des derart realisierten Regelkreises.

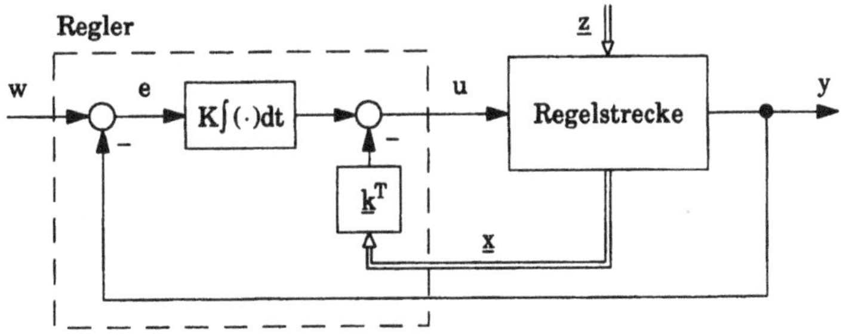

Bild 4.6

Die oben beschriebene Regelung durch Zustandsvektorrückführung ist nur dann möglich, wenn das System (4.28) vollständig zustandssteuerbar ist. Dies ist dann der Fall, wenn das System (4.21) vollständig zustandssteuerbar ist und zusätzlich die Matrix

$$\underline{G} = \begin{bmatrix} \underline{A} & \underline{b} \\ \underline{c}^T & d \end{bmatrix} \tag{4.32}$$

den vollen Rang besitzt (ohne Beweis).

Setzt man das Regelgesetz (4.31) in die erweiterte Zustandsgleichung der Strecke (4.25) ein, so folgt für die erweiterte Zustandsgleichung des geschlossenen Regelkreises:

$$\begin{bmatrix} \dot{\underline{x}} \\ \dot{p} \end{bmatrix} = \begin{bmatrix} \underline{A} - \underline{b}\underline{k}^T & -K\underline{b} \\ \underline{c}^T - d\underline{k}^T & -dK \end{bmatrix} \begin{bmatrix} \underline{x} \\ p \end{bmatrix} + \begin{bmatrix} \underline{E} & \underline{0} \\ \underline{f}^T & -1 \end{bmatrix} \begin{bmatrix} \underline{z} \\ w \end{bmatrix}. \tag{4.33}$$

Die Führungs- und Störübertragungsfunktionen des geschlossenen Regelkreises lauten:

$\underline{z} = \underline{0}$: $$G_W(s) = \left[(\underline{c}^T - d\underline{k}^T) \quad -dK\right] \underline{\Phi}(s) \begin{bmatrix} \underline{0} \\ -1 \end{bmatrix}, \tag{4.34}$$

$w = 0$: $$\underline{G}_Z(s) = \left[\underline{c}^T \quad 0\right] \underline{\Phi}(s) \begin{bmatrix} \underline{E} \\ \underline{f}^T \end{bmatrix} + \underline{f}^T, \tag{4.35}$$

worin

$$\underline{\Phi}(s) = \begin{bmatrix} (s\underline{I} - \underline{A} + \underline{b}\underline{k}^T) & K\underline{b} \\ (d\underline{k}^T - \underline{c}^T) & s + dK \end{bmatrix}^{-1} \tag{4.36}$$

die Transitionsmatrix des geschlossenen Regelkreises im Laplace-Bereich ist.

Beispiel 4.4: Die in Bild 4.7 dargestellte Regelstrecke besteht aus einer zweiseitig beaufschlagten Kolben-Zylinder-Einheit. Es wird damit ein Werkstück bewegt. Als Stellgröße wirke die Spannung u [V] in das 4-Wegeventil, als Störgröße z die Schnittkraft F [N] und als Regelgröße werde die Werkstückposition y [m] betrachtet. Die Zustandsdarstellung dieser Regelstrecke mit der Zustandsvektorwahl $x_1 = y$ und $x_2 = \dot{y}$ lautet:

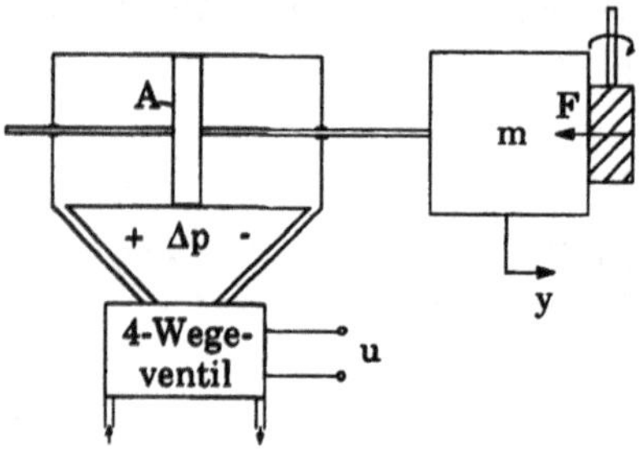

Bild 4.7

$$\dot{\underline{x}} = \begin{bmatrix} 0 & 1 \\ 0 & -4 \end{bmatrix} \underline{x} + \begin{bmatrix} 0 \\ 0{,}5 \end{bmatrix} u + \begin{bmatrix} 0 \\ -0{,}2 \end{bmatrix} z, \quad y = [1 \quad 0]\underline{x}.$$

Es soll eine Regelung durch Zustandsvektorrückführung mit Integration des Regelfehlers derart entworfen werden, daß die Pole des geschlossenen Regelkreises bei $s_{1,2} = -4$ und $s_3 = -10$ zu liegen kommen.

Lösung: Die Kriterien für die vollständige Zustandssteuerbarkeit des erweiterten Systems

$$\dot{\underline{s}} = \begin{bmatrix} \underline{A} & \underline{0} \\ \underline{c}^T & 0 \end{bmatrix} \underline{s} + \begin{bmatrix} \underline{b} \\ 0 \end{bmatrix} v = \begin{bmatrix} 0 & 1 & 0 \\ 0 & -4 & 0 \\ 1 & 0 & 0 \end{bmatrix} \underline{s} + \begin{bmatrix} 0 \\ 0{,}5 \\ 0 \end{bmatrix} v,$$

sind erfüllt, denn es gilt:

$$\mathrm{Rang}[\underline{b}\quad \underline{\underline{A}}\underline{b}] = \mathrm{Rang}\begin{bmatrix} 0 & 0{,}5 \\ 0{,}5 & -4 \end{bmatrix} = 2 \quad \text{und} \quad \mathrm{Rang}\begin{bmatrix} \underline{\underline{A}} & \underline{b} \\ \underline{c}^T & 0 \end{bmatrix} = \mathrm{Rang}\begin{bmatrix} 0 & 1 & 0 \\ 0 & -4 & 0{,}5 \\ 1 & 0 & 0 \end{bmatrix} = 3.$$

Das charakteristische Polynom $P_k(s,\underline{k}^T,K)$ und das Sollpolynom $P(s)$ des geschlossenen Regelkreises lauten:

$$P_k(s,\underline{k}^T,K) = \mathrm{Det}\left[s\underline{\underline{I}} - \hat{\underline{\underline{A}}} + \hat{\underline{b}}[\underline{k}^T \quad K]\right] = \begin{vmatrix} s & -1 & 0 \\ 0{,}5k_1 & s+4+0{,}5k_2 & 0{,}5K \\ -1 & 0 & s \end{vmatrix} =$$

$$= s^3 + (4+0{,}5k_2)s^2 + 0{,}5k_1 s + 0{,}5K,$$

$$P(s) = s^3 + 18s^2 + 96s + 160.$$

Der Koeffizientenvergleich ergibt: $\underline{k}^T = [k_1 \quad k_2] = [192 \quad 28]$ und $K = 320$. Das Regelgesetz lautet somit:

$$u = -192x_1 - 28x_2 + 320\int_0^t (w-y)\,dt.$$

Bild 4.8 zeigt das Blockschaltbild des geschlossenen Regelkreises:

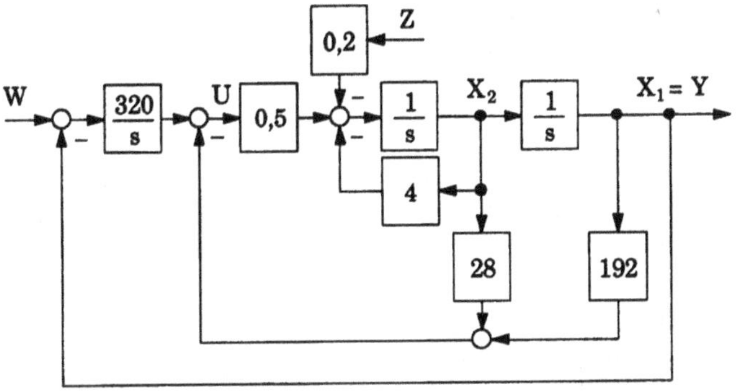

Bild 4.8

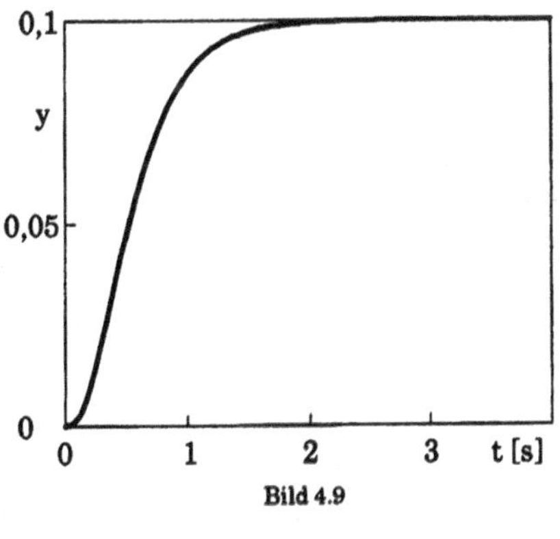

Bild 4.9

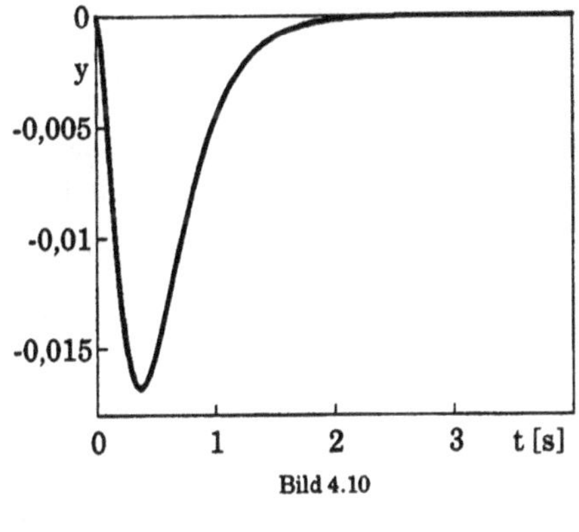

Bild 4.10

Mit den Gleichungen (4.31) bis (4.33) oder durch Blockschaltbildumformung können die Führungs- und die Störübertragungsfunktion ermittelt werden:

$$G_W(s) = \frac{160}{s^3 + 18s^2 + 96s + 160}, \quad G_Z(s) = \frac{-0{,}2s}{s^3 + 18s^2 + 96s + 160}.$$

In Bild 4.9 ist die Führungssprungantwort für $\Delta w = 0,1\,m$ und in Bild 4.10 die Störsprungantwort für $\Delta z = 10$ N dargestellt.

4.4 Zustandsschätzung durch Beobachter

Bei den in den vorhergehenden Abschnitten beschriebenen Methoden des Reglerentwurfs durch Zustandsvektorrückführung wird vorausgesetzt, daß alle Zustandsgrößen meßbar sind. Diese Annahme ist jedoch in vielen Anwendungen unrealistisch, da entweder nur die Ausgangsgröße y oder allgemeiner, m in einem Meßvektor $\underline{m}$ zusammengefaßte Meßgrössen zur Verfügung stehen. Die Aufgabe des 1964 von D.G. Luenberger vorgestellten Zustandsbeobachters (Beobachter, Luenberger-Beobachter) ist es, aus der üblicherweise meßbaren Stellgröße u und den Meßgrößen $\underline{m}$ einen möglichst genauen Näherungswert (Schätzwert) $\underline{\hat{x}}$ des Zustandsvektors $\underline{x}$ zu ermitteln.

Für das dynamische System mit der Zustandsgleichung und dem Vektor der Meßgrößen

$$\underline{\dot{x}} = \underline{A}\underline{x} + \underline{b}u, \tag{4.37}$$

$$\underline{m} = \underline{C}^*\underline{x}, \tag{4.38}$$

wird unter der Voraussetzung, daß das System mit dem Meßvektor $\underline{m}$ vollständig zustandsbeobachtbar ist, für den Zustandsbeobachter nach Luenberger der folgende Ansatz gewählt:

$$\dot{\underline{\hat{x}}} = \underline{F}\underline{\hat{x}} + \underline{g}u + \underline{H}\underline{m}. \tag{4.39}$$

Dabei ist $\underline{\hat{x}}$ der Schätzwert des Zustandsvektors, $\underline{m}$ der $(m \times 1)$-Meßvektor, $\underline{C}^*$ die $(m \times n)$-Meßmatrix, $\underline{F}$ die $(n \times n)$-Beobachter-Systemmatrix, $\underline{g}$ der $(n \times 1)$-Beobachter-Eingangsvektor und $\underline{H}$ die $(n \times m)$-Meßgrößen-Eingangsmatrix des Beobachters. Die Ordnung des Beobachters ist hier gleich der Ordnung der Regelstrecke, dieser kann daher als "Modell" der Strecke aufgefaßt werden. Mit Hilfe der frei wählbaren Elemente der Matrix $\underline{H}$ ist nunmehr der Beobachter so zu entwerfen, daß der Rekonstruktionsfehler (Schätzfehler) $\underline{\tilde{x}} = \underline{x} - \underline{\hat{x}}$ für $t \to \infty$ asymptotisch gegen Null geht.

Setzt man (4.38) in (4.39) ein, so folgt:

$$\dot{\underline{\hat{x}}} = \underline{F}\underline{\hat{x}} + \underline{g}u + \underline{H}\underline{C}^*\underline{x}. \tag{4.40}$$

Erweitert man die Zustandsgleichung (4.37) mit $(\underline{F}\underline{x} - \underline{F}\underline{x})$ und zieht man davon die Gleichung (4.40) ab, so erhält man mit der Definition des Rekonstruktionsfehlers:

$$\dot{\underline{\tilde{x}}} = \underline{F}\underline{\tilde{x}} + (\underline{A} - \underline{F} - \underline{H}\underline{C}^*)\underline{x} + (\underline{b} - \underline{g})u. \tag{4.41}$$

Der Rekonstruktionsfehler $\underline{\tilde{x}}$ geht dann mit der durch die Matrix $\underline{F}$ bestimmten Dynamik asymptotisch gegen Null, wenn gilt:

$$\underline{F} = \underline{A} - \underline{H}\underline{C}^*, \tag{4.42}$$

$$\underline{g} = \underline{b}. \tag{4.43}$$

Mit den Bedingungen (4.42) und (4.43) ergibt sich die homogene Differentialgleichung für den Schätzfehler $\underline{\tilde{x}}$:

$$\dot{\underline{\tilde{x}}} = \underline{F}\underline{\tilde{x}}. \tag{4.44}$$

Setzt man die Bedingungen (4.42) und (4.43) in die Gleichung (4.40) ein, so erhält man für den Zustandsbeobachter:

$$\dot{\hat{\underline{x}}} = (\underline{A} - \underline{H}\underline{C}^*)\hat{\underline{x}} + \underline{b}u + \underline{H}\underline{m}, \tag{4.45}$$

bzw.:

$$\dot{\hat{\underline{x}}} = \underline{A}\hat{\underline{x}} + \underline{b}u + \underline{H}(\underline{m} - \underline{C}^*\hat{\underline{x}}). \tag{4.46}$$

Das charakteristische Polynom des Beobachters ist gegeben durch:

$$P_B(s,\underline{H}) = \mathrm{Det}(s\underline{I} - \underline{A} + \underline{H}\underline{C}^*). \tag{4.47}$$

Die n Eigenwerte der Matrix $(\underline{A} - \underline{H}\underline{C}^*)$, d.h. die n Pole des Beobachters können durch die $(m \times n)$ frei zu wählenden Elemente der Matrix $\underline{H}$ festgelegt werden. Dies geschieht wieder durch einen Koeffizientenvergleich zwischen dem Beobachter-Sollpolynom

$$P_B(s) = (s - \lambda_{B1})(s - \lambda_{B2}) \ldots (s - \lambda_{Bn}) \tag{4.48}$$

und dem Polynom $P_B(s,\underline{H})$, wobei für $m > 1$ keine eindeutige Lösung zu erwarten ist. Die Vorgabe der Beobachterpole hat dabei so zu geschehen, daß diese "schneller" als die Pole des vorher entworfenen geschlossenen Regelkreises sind.

(4.01) Die Pole des geschlossenen Regelkreises und die Pole des Beobachters können bei einem vollständig zustandssteuerbaren und zustandsbeobachtbaren System jeweils unabhängig voneinander gewählt werden, d.h. die charakteristische Gleichung des Gesamtsystems läßt sich in der Form:

$$\mathrm{Det}\left[s\underline{I} - (\underline{A} - \underline{b}\underline{k}^T)\right] \cdot \mathrm{Det}\left[s\underline{I} - (\underline{A} - \underline{H}\underline{C}^*)\right] = 0 \tag{4.49}$$

darstellen (ohne Beweis). Diese Tatsache wird Separationseigenschaft genannt.

Bild 4.11 zeigt das Blockschaltbild der Strecke mit dem Beobachter nach Gleichung (4.46).

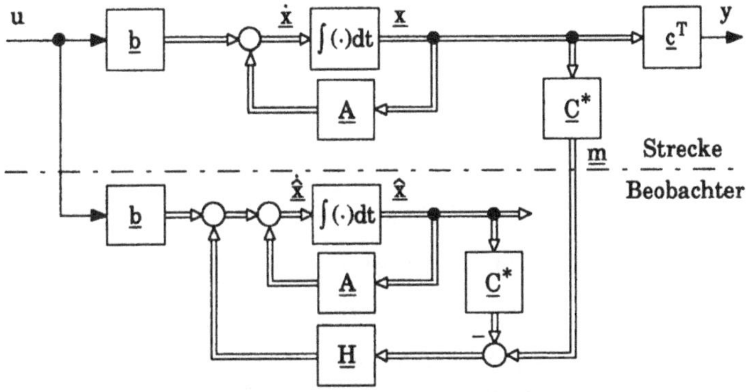

Bild 4.11

Anmerkungen:

- Steht nur die Ausgangsgröße y als Meßgröße zur Verfügung, lautet also die Meßgleichung $m = y = \underline{c}^T\underline{x}$, dann wird die Matrix $\underline{H}$ zu einem $(n \times 1)$-Spaltenvektor $\underline{h}$ und die Beobachterpolvorgabe führt auf eine eindeutige Lösung.
- Sind in einem System nur einige der Zustandsgrößen meßbar, dann kann ein Beobachter reduzierter Ordnung entworfen werden, mit dem nur die nichtmeßbaren Zustandsgrößen geschätzt werden. Diese Art von Beobachter wird hier nicht behandelt.

Bild 4.12 zeigt das Gesamtblockschaltbild einer Führungsregelung durch Zustandsvektorrückführung, bei der anstelle des nicht vollständig meßbaren Zustandes $\underline{x}$ dessen Schätzwert $\underline{\hat{x}}$, der Ausgang des Beobachters, im Regelgesetz verwendet wird:

$$\hat{u} = K_w w - \underline{k}^T \underline{\hat{x}}. \tag{4.50}$$

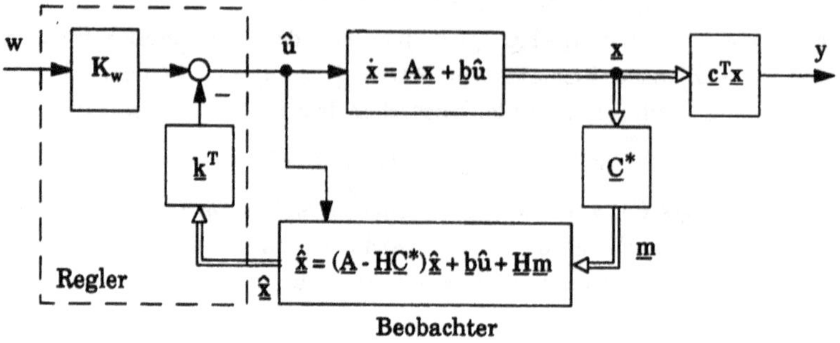

Bild 4.12

Beispiel 4.5: Gegeben sei eine Regelstrecke mit der Übertragungsfunktion

$$G(s) = \frac{Y(s)}{U(s)} = \frac{2}{s(s+2)}.$$

Es soll eine Führungsregelung durch Zustandsvektorrückführung derart entworfen werden, daß das dominante Polpaar des geschlossenen Regelkreises bei $s_{1,2} = -2 \pm j2$ zu liegen kommt. Ferner werde angenommen, daß nur die Ausgangsgröße y meßbar ist, also ein Beobachter notwendig ist.

Lösung: Die Zustandsdarstellung der Strecke in Regelungsnormalform lautet:

$$\underline{\dot{x}} = \begin{bmatrix} 0 & 1 \\ 0 & -2 \end{bmatrix} \underline{x} + \begin{bmatrix} 0 \\ 1 \end{bmatrix} u, \quad y = [2 \quad 0]\underline{x}.$$

Das Sollpolynom lautet:

$$P(s) = s^2 + 4s + 8.$$

Das Polynom $P_k(s, \underline{k}^T)$ kann sofort angeschrieben werden und lautet:

$$P_k(s, \underline{k}^T) = s^2 + (2 + k_2)s + k_1.$$

Aus einem Koeffizientenvergleich folgt für den Rückführvektor: $\underline{k}^T = [8 \quad 2]$. Für die Vorverstärkung erhält man mit Gleichung (4.8): $K_w = 4$. Das Regelgesetz lautet somit:

$$\hat{u} = 4w - [8 \quad 2]\underline{\hat{x}}.$$

Beobachterentwurf: Die Ranguntersuchung der Beobachtbarkeitsmatrix $\underline{Q}_B$ ergibt, daß das System mit y vollständig zustandsbeobachtbar ist. Ein Beobachter kann also realisiert werden. Es gilt:

$$\underline{F} = (\underline{A} - \underline{h}\underline{c}^T) = \begin{bmatrix} 0 & 1 \\ 0 & -2 \end{bmatrix} - \begin{bmatrix} h_1 \\ h_2 \end{bmatrix} [2 \quad 0] = \begin{bmatrix} -2h_1 & 1 \\ -2h_2 & -2 \end{bmatrix}.$$

Das charakteristische Polynom des Beobachters lautet somit:

$$P_B(s, \underline{h}) = \mathrm{Det}(s\underline{I} - \underline{A} + \underline{h}\underline{c}^T) = \begin{vmatrix} s + 2h_1 & -1 \\ 2h_2 & s+2 \end{vmatrix} = s^2 + (2 + 2h_1)s + (2h_2 + 4h_1).$$

Man wählt nunmehr die Beobachterpole hinreichend weit links von den dominanten Polen des geschlossenen Regelkreises zu $\lambda_1 = \lambda_2 = -20$. Damit lautet das Sollpolynom:

$$P_B(s) = s^2 + 40s + 400 .$$

Der Koeffizientenvergleich ergibt: $\underline{h}^T = [19 \quad 162]$. Damit folgt für den Beobachter nach Gleichung (4.42):

$$\dot{\hat{\underline{x}}} = \begin{bmatrix} -38 & 1 \\ -324 & -2 \end{bmatrix} \hat{\underline{x}} + \begin{bmatrix} 0 \\ 1 \end{bmatrix} u + \begin{bmatrix} 19 \\ 162 \end{bmatrix} y .$$

Bild 4.13 zeigt das ausführliche Blockschaltbild des gesamten Regelkreises.

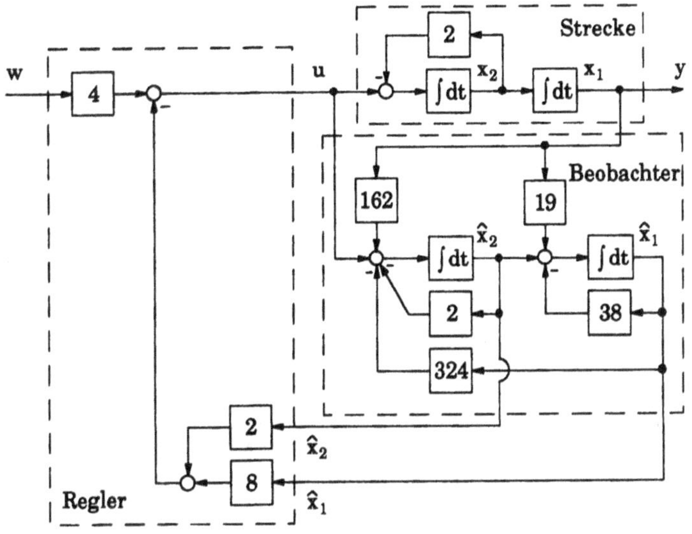

Bild 4.13

Bild 4.14a zeigt die Verläufe von y und $\dot{y}$ im geschlossenen Regelkreis mit Beobachter nach einer sprungförmigen Änderung der Führungsgröße $\Delta w = 1$. In Bild 4.14b sind die Anfangsverläufe von x_1 und $\hat{x}_1$ nach einer impulsförmigen Störung am Eingang der Strecke der Dauer 0,2 s und der Amplitude $\Delta z = 1$ $(w = 0)$ dargestellt. Wie man sehen kann, geht der Schätzfehler $x_1 - \hat{x}_1$ sehr schnell asymptotisch gegen Null.

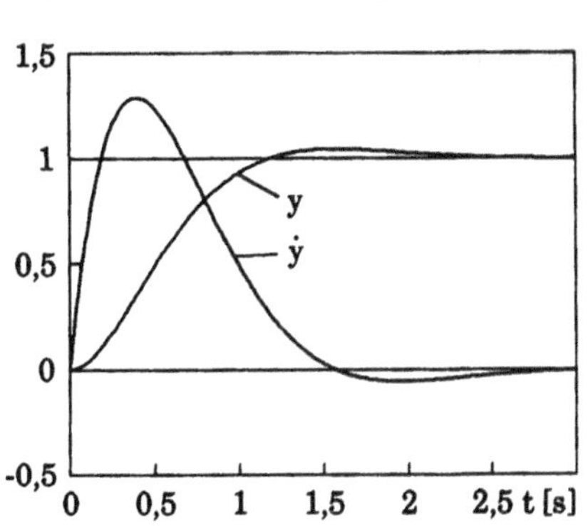

Bild 4.14a

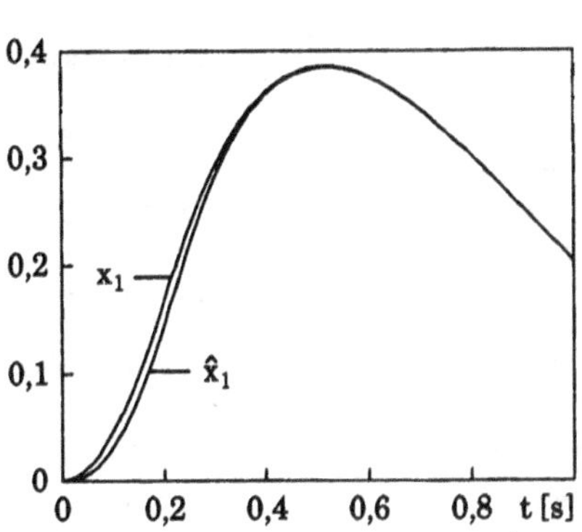

Bild 4.14b

4.5 Aufgaben

Aufgabe 4.1: a) Bestimmen Sie die Zustandsdarstellung der in Bild 4.15 gegebenen Strecke mit den definierten Zustandsvariablen.

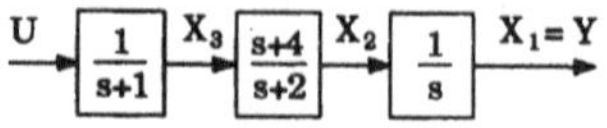

Bild 4.15

b) Transformieren Sie das System in die Regelungsnormalform.

c) Entwerfen Sie dafür eine Führungsregelung so, daß das dominante Polpaar ein $\zeta = 0{,}5$ und $\omega_n = 2\,s^{-1}$ aufweist und der dritte Pol bei $s_3 = -10$ zu liegen kommt. Transformieren Sie das Regelgesetz auf die unter a) erhaltene Darstellung zurück (alle Zustandsgrößen seien meßbar).

d) Geben Sie die Zustandsdarstellung des geschlossenen Regelkreises an.

e) Berechnen Sie aus dem Ergebnis von c) die Führungsübertragungsfunktion $G_W(s) = Y(s)/U(s)$.

Aufgabe 4.2: In Bild 4.16 ist die Regelstrecke für die Positionsregelung eines automatisch betriebenen Kabinen-Schnellbahnsystems dargestellt. Reibungseffekte wurden bei der Modellierung vernachlässigt. Als Stellgröße wirkt die Eingangsspannung u in die Leistungsverstärker/Antriebs-Einheit und als Regelgröße wird die Kabinenposition y betrachtet.

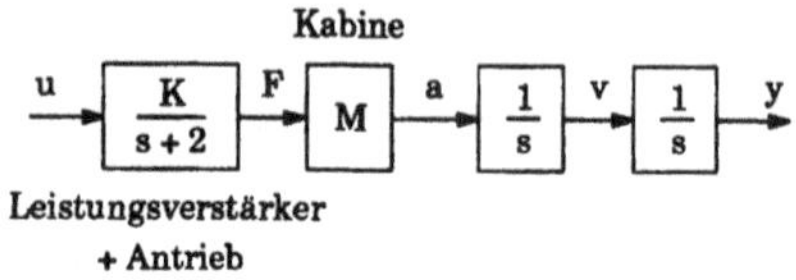

Bild 4.16

a) Bestimmen Sie mit dem Zahlenwert $KM = 1000\ m/s^2V$ sowie mit der Zustandsvektorwahl $x_1 = y$, $x_2 = v$ und $x_3 = a$ die Zustandsdarstellung dieser Strecke.

b) Entwerfen Sie eine Führungsregelung durch Zustandsvektorrückführung derart, daß sich der geschlossene Regelkreis näherungsweise wie ein PT1-Glied mit einer Zeitkonstante $T = 1\,s$ verhält. Alle Zustandsgrößen seien meßbar. Kann mit v als einziger Meßgröße ein Zustandsbeobachter entworfen werden?

c) Berechnen Sie die Führungsübertragungsfunktion des geschlossenen Regelkreises.

Aufgabe 4.3: Bild 4.17 zeigt das Schema einer Flüssigkeitsstand-Regelstrecke bestehend aus Gleichstrommotor, Getriebe, Ventil und Tank. Stellgröße ist die Ankerspannung des Motors u [V], Regelgröße y der Behälterstand H [m] und als meßbare Störgröße z wirke der Volumenstrom Q_v [m^3/s]. Nach der Analyse dieses Systems ergibt sich mit entsprechenden Zahlenwerten und den Zustandsgrössen $x_1 = \theta_M$, $x_2 = \omega_M$ und $x_3 = H$ folgende Zustandsdarstellung:

$$\dot{\underline{x}} = \begin{bmatrix} 0 & 1 & 0 \\ 0 & -12 & 0 \\ 0{,}02 & 0 & 0 \end{bmatrix} \underline{x} + \begin{bmatrix} 0 \\ 160 \\ 0 \end{bmatrix} u + \begin{bmatrix} 0 \\ 0 \\ -0{,}02 \end{bmatrix} z,$$

$$y = \begin{bmatrix} 0 & 0 & 1 \end{bmatrix} \underline{x}.$$

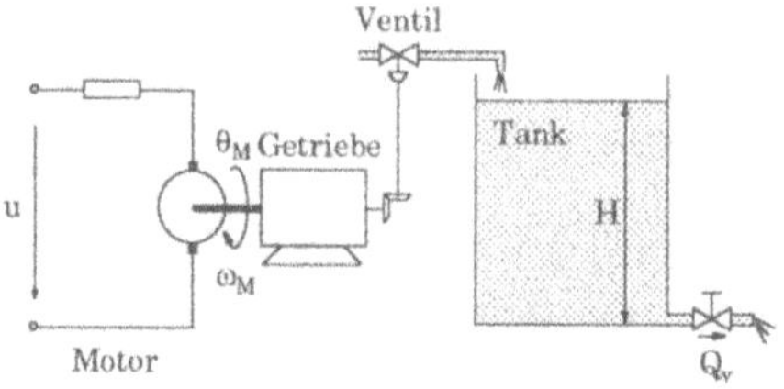

Bild 4.17

a) Entwerfen Sie eine Festwertregelung (Störungsregelung, $w = 0$) mittels Zustandsvektorrückführung und stationärer Störgrößenkompensation derart, daß das dominante Polpaar bei $s_{1,2} = -2 \pm j2$ und der dritte Pol bei $s_3 = -20$ zu liegen kommen.

b) Geben Sie die Zustandsdarstellung des geschlossenen Regelkreises an und bestimmen Sie dessen Störübertragungsfunktion $G_Z(s) = Y(s)/Z(s)$.

Aufgabe 4.4: Es werde die in Bild 4.18 dargestellte mechanische Regelstrecke betrachtet. Dabei ist $\omega_1 = u$ die Stellgröße, $\omega_3 = y$ die Regelgröße und M die Störgröße z. Für das durch die Welle übertragene Moment gelte $dM_K/dt = K(\omega_1 - \omega_2)$ und die Lagerreibungsmomente können proportional den entsprechenden Winkelgeschwindigkeiten angenommen werden. Als Zahlenwerte sind gegeben: $N = 4$, $K = 0{,}625\,Nm$, $B_1 = 0{,}1\,Nms$, $B_2 = 0{,}4\,Nms$, $J_1 = 0{,}05\,kgm^2$ und $J_2 = 0{,}2\,kgm^2$.

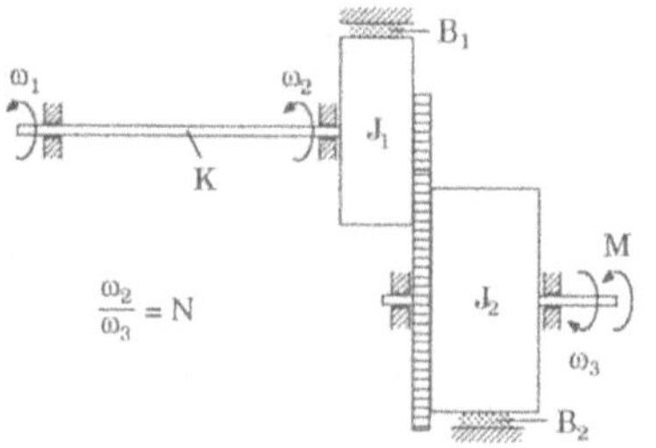

Bild 4.18

a) Geben sie mit der Zustandsvektorwahl $x_1 = \omega_3$ und $x_2 = M_K$ die Zustandsdarstellung dieser Strecke an.

b) Es soll eine Zustandsregelung mit Integration des Regelfehlers derart entworfen werden, daß die Pole des geschlossenen Regelkreises bei $s_{1,2} = -2$ und $s_3 = -10$ zu liegen kommen.

c) Da man davon ausgehen muß, daß nur die Zustandsgröße $x_1 = \omega_3$ gemessen werden kann, ist ein geeigneter Zustandsbeobachter zu entwerfen.

Aufgabe 4.5: In Bild 4.19 sind zwei spurgeführte Fahrzeuge dargestellt, die einander mit den Geschwindigkeiten v_1 und v_2 auf einer geraden, ebenen Strecke folgen. Die Antriebskraft F des zweiten Fahrzeuges ist die Stellgröße u, der Abstand y zwischen den Fahrzeugen die Regelgröße und die Geschwindigkeit v_1 ist als unabhängige Störgröße z anzusehen. Alle Überlegungen und Berechnungen gelten um den Arbeitspunkt F_0, y_0 und $v_{10} = v_{20}$.

Für das Fahrzeug 2 gelte um den Arbeitspunkt die Übertragungsfunktion:

$$\frac{V_2(s)}{F(s)} = \frac{0{,}05}{1+20s}.$$

Als Meßgrößen stehen die Geschwindigkeit v_2 und der Abstand y zur Verfügung.

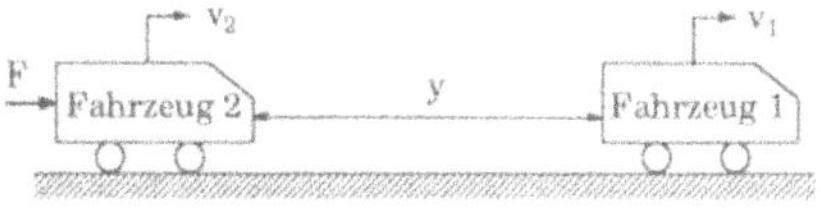

Bild 4.19

a) Bestimmen Sie mit der Zustandsvektorwahl $x_1 = y$ und $x_2 = v_2$ die Zustands- und die Ausgangsgleichung der Strecke.

b) Entwerfen Sie eine Führungsregelung durch Zustandsvektorrückführung mit Integration des Regelfehlers derart, daß alle Pole des geschlossenen Regelkreises bei $s = -0{,}1$ zu liegen kommen.

c) Zeichnen Sie das ausführliche Blockschaltbild des geschlossenen Regelkreises und bestimmen Sie daraus durch Blockschaltbildumformung die Übertragungsfunktionen $Y(s)/W(s)$ und $Y(s)/V_1(s)$. Verifizieren Sie Ihre Ergebnisse rechnerisch.

Aufgabe 4.6: Betrachten Sie das in Bild 4.20 schematisch dargestellte hydraulische System als Regelstrecke. Hierin sind der Druck H [cm] die Regelgröße y, die Pumpendrehzahl N [1/min] die Stellgröße u und der Verbrauchervolumenstrom Q_v [m³/s] die Störgröße z. Bei allen Variablen handelt es sich bereits um Abweichungen von einem Arbeitspunkt. Für den Tank gelte $Q - Q_v = C_f \dot{p}_2$ [m³/s], für die Rohrleitung $p_1 - p_2 = I_f \dot{Q} + R_f Q$ [N/m²] und die Pumpe werde durch das bereits um den Arbeitspunkt linearisierte Kennfeld $p_1 = -R_P Q + KN$ [N/m²] beschrieben. Neben $g = 9{,}81\ \mathrm{m/s^2}$ und $\rho = 1000\ \mathrm{kg/m^3}$ sind noch folgende Zahlenwerte gegeben:

Tank:

$C_f = 8/3\ 10^{-4}\ \mathrm{m^5/N}$ fluidische Kapazität

Rohrleitung:

$I_f = 10^6\ \mathrm{Ns^2/m^5}$ fluidische Trägheit

$R_f = 5\ 10^3\ \mathrm{Ns/m^5}$ fluidischer Widerstand

Pumpe:

$R_P = 1{,}2\ 10^5\ \mathrm{Ns/m^5}$ Pumpenwiderstand

$K = 125\ \mathrm{Nmin/m^2}$ Drehzahlbeiwert

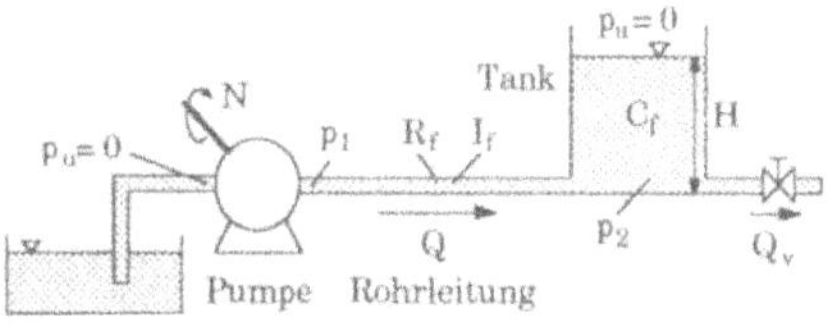

Bild 4.20

a) Geben Sie mit der Zustandsvektorwahl $x_1 = p_2$ und $x_2 = Q$ die Zustandsdarstellung dieses Systems an.

b) Entwerfen Sie eine Störungsregelung durch Zustandsvektorrückführung und stationärer Störgrößenaufschaltung derart, daß die Pole des geschlossenen Regelkreises bei $s_{1,2} = -0{,}15$ zu liegen kommen.

c) Entwerfen Sie eine Störungsregelung durch Zustandsvektorrückführung und Integration des Regelfehlers so, daß die dominanten Pole des geschlossenen Regelkreises wieder bei $s_{1,2} = -0{,}15$ und der dritte Pol bei $s_3 = -1{,}5$ liegen.

d) Berechnen Sie für beide Entwürfe die Störübertragungsfunktion $G_Z(s) = Y(s)/Z(s)$.

e) Berechnen Sie für beide Entwürfe die Störsprungantworten mit $\Delta z = 0{,}01\ \mathrm{m^3/s}$ sowie den jeweils maximalen Regelfehler.

Aufgabe 4.7: In Bild 4.21 ist das Blockschaltbild einer Regelstrecke gegeben.

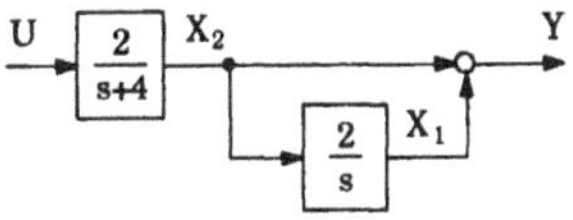

Bild 4.21

a) Geben Sie die Zustands- und Ausgangsgleichung an.

b) Überprüfen Sie die Steuerbarkeit und Beobachtbarkeit dieser Strecke.

c) Entwerfen Sie eine Führungsregelung durch Zustandsvektorrückführung derart, daß der geschlossene Regelkreis ein Polpaar bei $s_{1,2} = -4 \pm j4$ besitzt.

d) Entwerfen Sie einen Luenberger-Beobachter unter der Annahme, daß nur y meßbar ist.

5. Nichtlineare Regelsysteme

5.1 Einführung

Bei allen bisher behandelten Analyse- und Entwurfsmethoden wurde eine lineare bzw. um einen Arbeitspunkt linearisierte Regelstrecke vorausgesetzt, und es wurden ausschließlich lineare Regler verwendet. In diesem Abschnitt werden Regelkreise behandelt, in denen nichtlineare Eigenschaften der Strecke oder des Reglers das Kreisverhalten entscheidend beeinflussen. Derartige nichtlineare Effekte kommen im wesentlichen wie folgt zustande:

- durch den Einsatz schaltender Regler (Zweipunkt- bzw. Dreipunktregler),
- durch ungewollte Nichtlinearitäten, wie z.B. eine nichtlineare Streckenverstärkung, Stellgrößenbegrenzung oder Getriebelose,
- durch bewußt eingeführte Nichtlinearitäten zur Verbesserung der dynamischen Eigenschaften des Regelkreises, wie z.B. eine Ansprechschwelle (Tote Zone).

5.1.1 Struktur nichtlinearer Regelsysteme

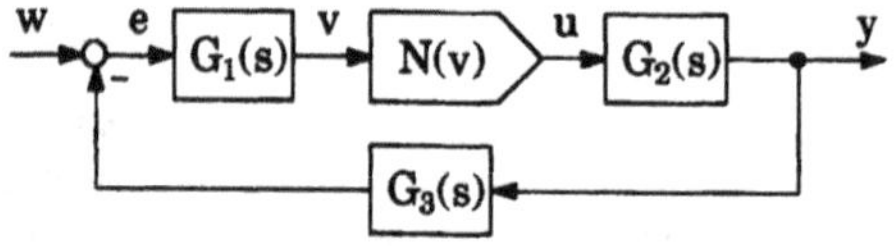

Bild 5.1

In der Mehrzahl einschleifiger nichtlinearer Regelkreise kommt sehr oft nur eine wesentliche Nichtlinearität in Form einer statischen Kennlinie vor, während alle anderen Übertragungsglieder als linear angenommen werden können. Die Regelkreise haben dann meist die in Bild 5.1 dargestellte Struktur. Durch elementare Blockschaltbildumformung erhält man die in Bild 5.2 dargestellte Konfiguration. Für Stabilitätsbetrachtungen bzw. für grundsätzliche Untersuchungen ist der in Bild 5.3 dargestellte sogenannte nichtlineare Standardregelkreis maßgebend. Diese Serienschaltung von statischer Nichtlinearität und linearem Übertragungsglied wird auch als Hammerstein-Modell bezeichnet.

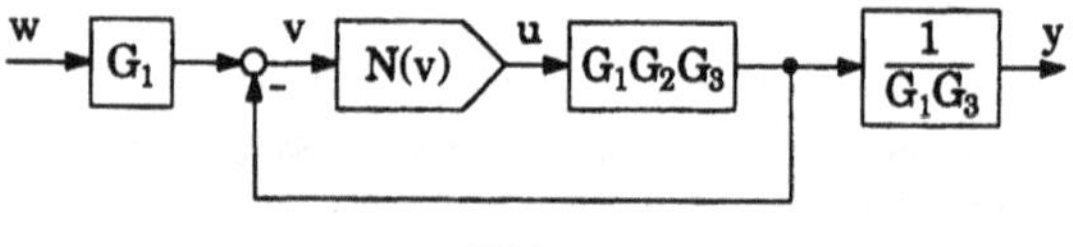

Bild 5.2

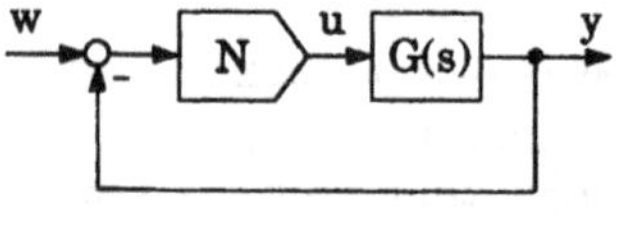

Bild 5.3

5.1.2 Die wichtigsten statischen Nichtlinearitäten

In Bild 5.4 sind die Kennlinien der wichtigsten statischen Nichtlinearitäten dargestellt. Es sind dies:

a) Kennlinie mit veränderlichem Verstärkungskoeffizienten bzw. Kennlinie, die durch eine stückweise lineare Funktion angenähert wird;
b) Vorlast, Vorspannung;
c) Ansprechempfindlichkeit, Tote Zone;
d) Sättigungskennlinie;

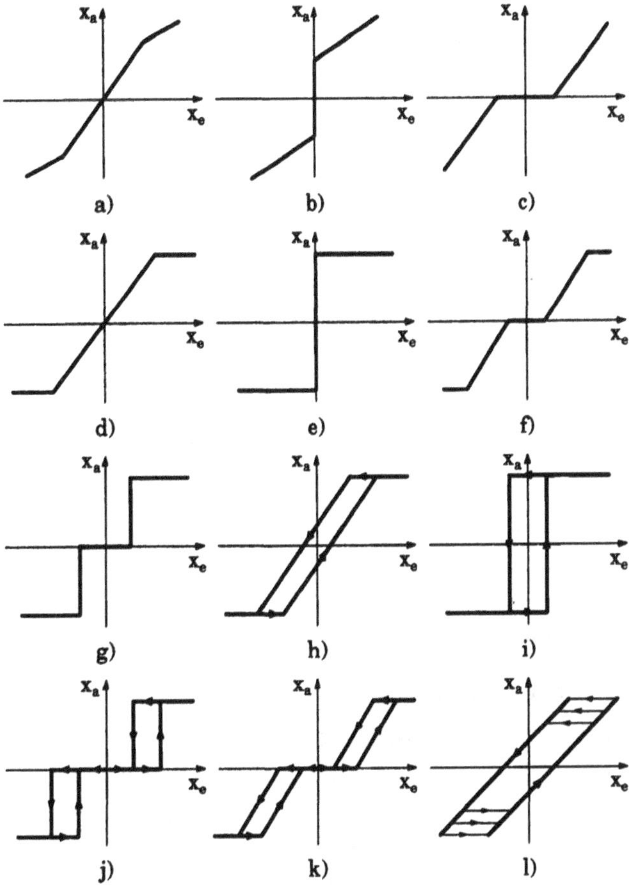

Bild 5.4

e) Idealer Zweipunktschalter (Zweipunktrelais);
f) Ansprechempfindlichkeit und Sättigung;
g) Idealer Dreipunktschalter (Dreipunktrelais);
h) Sättigung mit Hysterese;
i) Zweipunktschalter mit Hysterese;
j) Dreipunktschalter mit Totzone und Hysterese;
k) Sättigung mit Totzone und Hysterese;
l) Getriebelose (Getriebespiel).

5.2 Darstellung und Analyse nichtlinearer Systeme in der Phasenebene

5.2.1 Trajektorien-Differentialgleichung

Unter der Phasenebene versteht man die Zustandsebene mit $x_1 = y$ als der Abszisse und $x_2 = \dot{y}$ als der Ordinate. In ihr können lineare und nichtlineare Systeme von höchstens zweiter Ordnung dargestellt und analysiert werden. Wird ein Übertragungssystem allgemein durch die nichtlineare Differentialgleichung

$$\ddot{y} = f(y, \dot{y}, u), \quad y(t_0) = y_0, \dot{y}(t_0) = \dot{y}_0, \tag{5.1}$$

beschrieben, dann erhält man durch die obige Zustandswahl ein System von zwei Differentialgleichungen erster Ordnung:

$$\begin{aligned} \dot{x}_1 &= x_2, & x_1(t_0) &= x_{10} = y_0, \\ \dot{x}_2 &= f(x_1, x_2, u), & x_2(t_0) &= x_{20} = \dot{y}_0. \end{aligned} \tag{5.2}$$

Ist u(t) für $t > t_0$ definiert, dann kann mit (5.2) $x_1(t)$ und $x_2(t)$ für $t > t_0$ eindeutig bestimmt werden. In Bild 5.5 ist der Verlauf der Trajektorie, ausgehend vom Anfangszustand $P_0(x_{10}; x_{20})$ dargestellt.

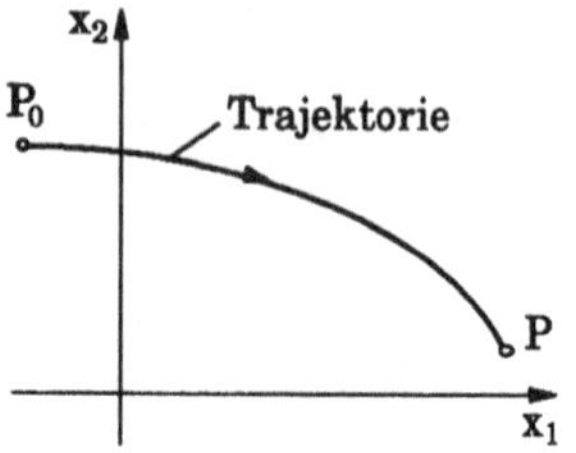

Bild 5.5

Gilt für die Eingangsgröße $u = 0$, $u = \text{konstant}$ bzw. $u = u(x_1, x_2)$, ist u also keine explizite Funktion der Zeit, dann kann die Zeit aus den Gleichungen (5.2) eliminiert werden, und man erhält mit

$$dt = \frac{dx_1}{x_2} = \frac{dx_2}{f(x_1, x_2, u)}$$

die Trajektorien-Differentialgleichung:

$$\frac{dx_2}{dx_1} = \frac{f(x_1, x_2, u)}{x_2} \tag{5.3}$$

mit der Anfangsbedingung $x_{20}(x_{10})$.

5.2.2 Bestimmung der Trajektorien

A) Integration der Trajektorien-Differentialgleichung

Ist die Integration der Gleichung (5.3) durch Trennung der Variablen möglich, dann kann eine explizite Lösung $x_2 = x_2(x_1)$ und/oder $x_1 = x_1(x_2)$ angegeben werden. Kennt man diese Lösung, dann kann die Zeit $\Delta t = t - t_0$ als Kurvenintegral in der Phasenebene längs der Trajektorie von P_0 nach P wie folgt ermittelt werden:

$$\dot{x}_1 = \frac{dx_1}{dt} = x_2 \quad \Rightarrow \quad dt = \frac{dx_1}{x_2} \quad \Rightarrow \quad \Delta t = \int_{P_0}^{P} \frac{dx_1}{x_2}, \tag{5.4}$$

bzw.:

$$\dot{x}_2 = \frac{dx_2}{dt} = f(x_1, x_2, u) \quad \Rightarrow \quad dt = \frac{dx_2}{f(x_1, x_2, u)} \quad \Rightarrow \quad \Delta t = \int_{P_0}^{P} \frac{dx_2}{f(x_1, x_2, u)}. \tag{5.5}$$

Beispiel 5.1: Ein nichtlineares System werde durch die homogene Differentialgleichung

$$\ddot{y} - \dot{y}^2 = 0; \quad \dot{y}_0 = 1, \; y_0 = 0,$$

beschrieben. Es ist die Trajektoriengleichung durch den Anfangspunkt A(0;1) zu bestimmen und zu zeichnen. Ferner soll jene Zeitspanne $\Delta t = t - t_0$ bestimmt werden, die vergeht, um vom Anfangspunkt A in den Punkt $B(1; x_{2B})$ zu gelangen.

Lösung: Die Trajektorien-Differentialgleichung (5.3) lautet hier:

$$\frac{dx_2}{dx_1} = \frac{x_2^2}{x_2} = x_2,$$

und für die Trajektorie erhält man:

$$x_2 = e^{x_1} \text{ bzw. } x_1 = \ln x_2.$$

Bild 5.6 zeigt diese Trajektorie. Zur Berechnung der Zeit Δt wird die Gleichung (5.4) herangezogen. Man erhält:

$$\Delta t = \int_0^1 e^{-x_1} dx_1 = -e^{-x_1}\Big|_0^1 = -0{,}368 + 1 = 0{,}632 \text{ s.}$$

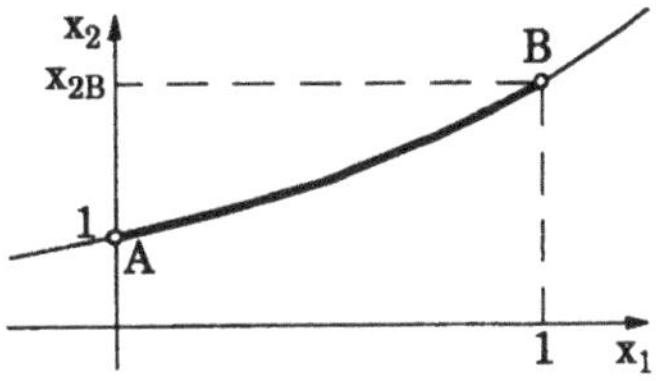

Bild 5.6

B) Isoklinenmethode

Die Isoklinenmethode dient zur näherungsweisen Darstellung von Trajektorien in der Phasenebene. Durch den Zusammenhang

$$\frac{dx_2}{dx_1} = \frac{f(x_1, x_2, u)}{x_2} = K, \qquad (5.6)$$

ist der Trajektorie in jedem Punkt $P(x_1; x_2)$ eine Steigung zugeordnet. Man erhält also mit Gleichung (5.6) für verschiedene Werte von K die Gleichungen der sogenannten Isoklinen (Orte konstanter Trajektoriensteigung). In dem so erhaltenen Isoklinenfeld kann dann die Trajektorie näherungsweise eingezeichnet werden.

Beispiel 5.2: Es werde der durch die homogene lineare Differentialgleichung

$$\ddot{y} + 2\dot{y} + y = 0$$

beschriebene Eigenvorgang betrachtet. Es ist mit Hilfe der Isoklinenmethode die Trajektorie durch den Anfangspunkt A(0;2) zu skizzieren.

Lösung: Die Differentialgleichung der Trajektorien lautet in diesem Fall:

$$\frac{dx_2}{dx_1} = \frac{-2x_2 - x_1}{x_2}.$$

Eine Integration durch Trennung der Variablen ist nicht möglich. Mit Gleichung (5.6) erhält man für die Isoklinengleichungen:

$$x_2 = -\frac{1}{K+2}x_1 \quad \text{oder} \quad x_1 = -(K+2)x_2.$$

Bild 5.7 zeigt Isoklinen für einige Trajektoriensteigungen sowie die gesuchte Trajektorie.

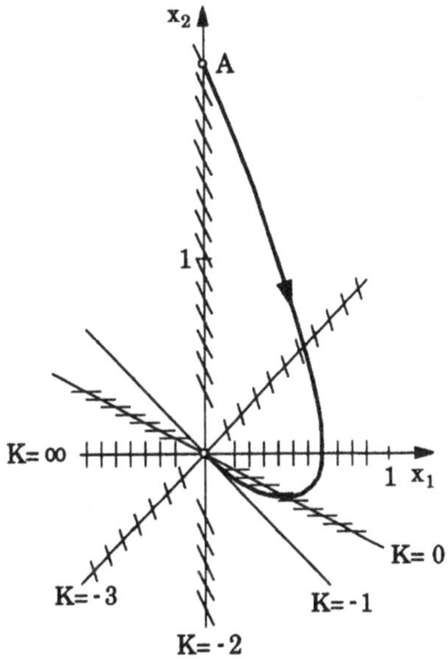

Bild 5.7

5.2.3 Grenzzyklen

Eine geschlossene Trajektorie in der Phasenebene wird Grenzzyklus genannt. Man unterscheidet stabile, semistabile und instabile Grenzzyklen.

(5.01) Ein Grenzzyklus wird dann als stabil bezeichnet, wenn jede Trajektorie, die in der Umgebung des Grenzzyklus beginnt, für $t \to \infty$ gegen diesen strebt.

(5.02) Ein Grenzzyklus wird dann als semistabil bezeichnet, wenn die Trajektorien für $t \to \infty$ auf der einen Seite gegen den Grenzzyklus und auf der anderen Seite von diesem weg streben.

(5.03) Ein Grenzzyklus wird dann als instabil bezeichnet, wenn alle in der Umgebung des Grenzzyklus beginnenden Trajektorien von diesem wegstreben.

Die Bilder 5.8, 5.9 und 5.10 zeigen einen stabilen, einen instabilen und zwei mögliche semistabile Grenzzyklen.

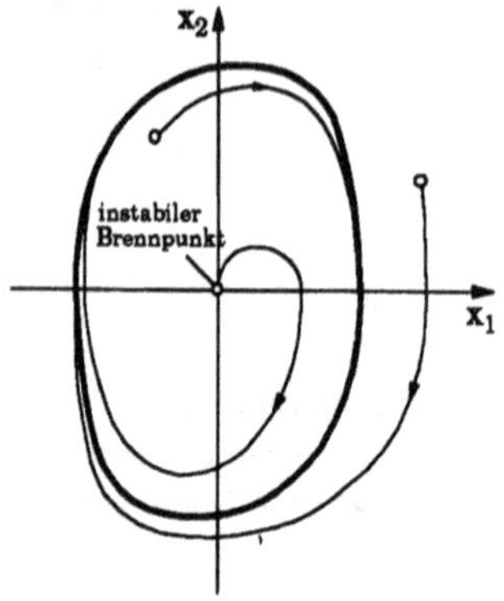

Bild 5.8: Stabiler Grenzzyklus

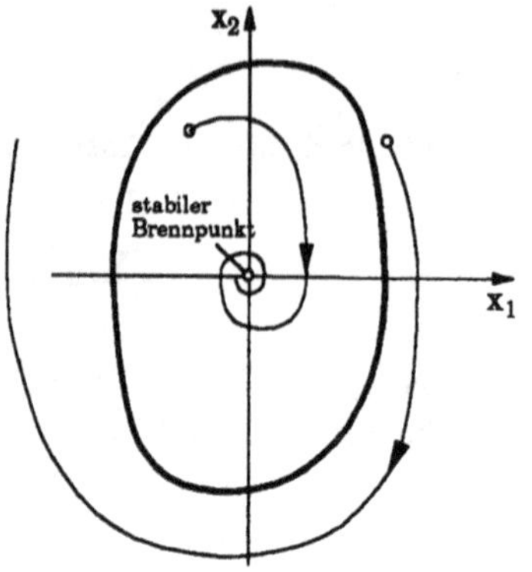

Bild 5.9: Instabiler Grenzzyklus

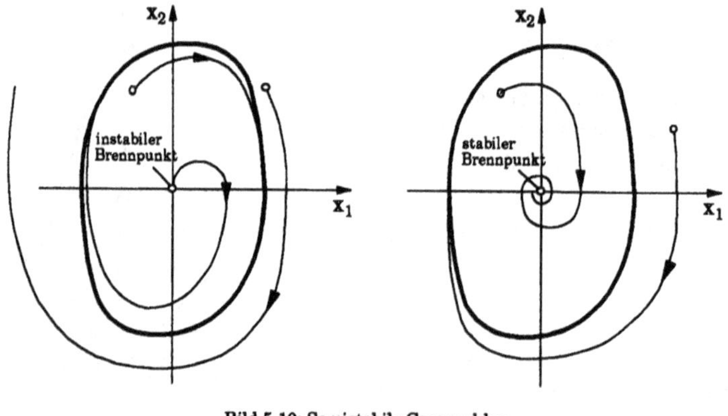

Bild 5.10: Semistabile Grenzzyklen

Beispiel 5.3: Betrachtet werde das System, daß durch die nichtlineare homogene Differentialgleichung

$$\ddot{y} - (2 - \dot{y}^2)\dot{y} + y = 0$$

beschrieben wird (Van der Pol - Gleichung). Gesucht sind die Differentialgleichung der Trajektorien sowie die Isoklinengleichung. Sodann sind eine innerhalb und eine außerhalb des Grenzzyklus beginnende Trajektorie zu skizzieren.

Lösung: Die Trajektorien-Differentialgleichung bzw. die Isoklinengleichung lauten mit (5.3) und (5.4):

$$\frac{dx_2}{dx_1} = \frac{(2 - x_2^2)x_2 - x_1}{x_2}, \quad x_1 = (2 - K)x_2 - x_2^3.$$

In Bild 5.11 sind einige Isoklinen sowie die Trajektorien, ausgehend von einem Punkt A innerhalb und einem Punkt B außerhalb des stabilen Grenzzyklus, eingezeichnet.

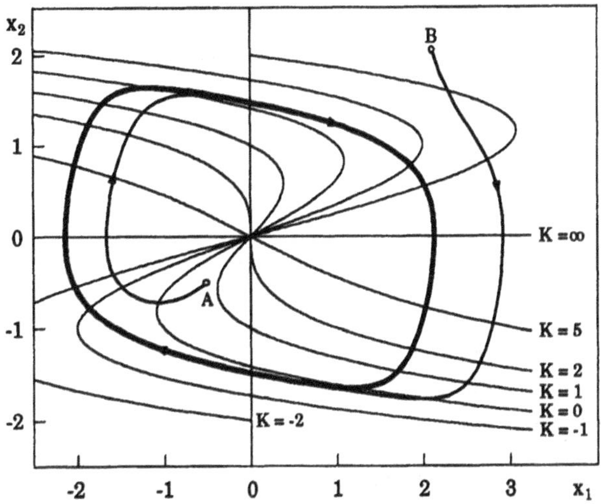

Bild 5.11

5.2.4 Die mehrblättrige Phasenebene

Betrachtet man den in Bild 5.12 definierten nichtlinearen Standardregelkreis, worin N eine statische Nichtlinearität ist und G(s) die Übertragungsfunktion eines linearen Übertragungsgliedes von höchstens 2. Ordnung, dann erhält man abhängig von der Form der Nichtlinearität eine sogenannte *mehrblättrige Phasenebene.*

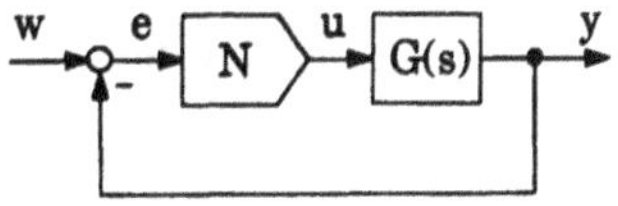

Bild 5.12

Beispiel 5.4: Die Nichtlinearität sei ein Dreipunktrelais mit der in Bild 5.13a dargestellten Kennlinie. Es ist die Aufteilung der Phasenebene in ihre der Kennlinie entsprechenden Blätter vorzunehmen.

Lösung: Die Stellgröße u kann hier nur die Werte +a, 0 und –a annehmen. Die Bedingungen hierfür lauten:

I:	$u = a$	für:	$\dot{e} > 0$	und	$e > \varepsilon$,
		bzw. für:	$\dot{e} < 0$	und	$e > q\varepsilon$.
II:	$u = 0$	für:	$\dot{e} > 0$	und	$-q\varepsilon \le e \le \varepsilon$,
		bzw. für:	$\dot{e} < 0$	und	$-\varepsilon \le e \le q\varepsilon$.
III:	$u = -a$	für:	$\dot{e} > 0$	und	$e < -q\varepsilon$,
		bzw. für:	$\dot{e} < 0$	und	$e < -\varepsilon$.

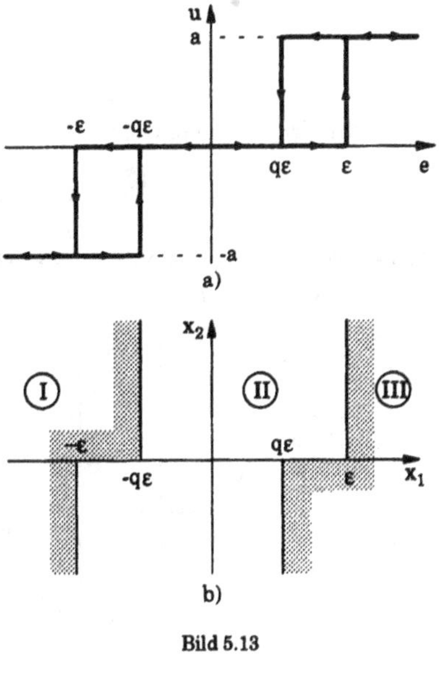

Bild 5.13

Unter Berücksichtigung der Beziehungen $e = -y = -x_1$ und $\dot{e} = -\dot{y} = -x_2$ erhält man schließlich folgende Schaltbedingungen in der Phasenebene:

I:	$u = a$	für:	$x_2 < 0$	und	$x_1 < -\varepsilon$,
		bzw. für:	$x_2 > 0$	und	$x_1 < -q\varepsilon$.
II:	$u = 0$	für:	$x_2 < 0$	und	$q\varepsilon \geq x_1 \geq -\varepsilon$,
		bzw. für:	$x_2 > 0$	und	$\varepsilon \geq x_1 \geq -q\varepsilon$.
III:	$u = -a$	für:	$x_2 < 0$	und	$x_1 > q\varepsilon$,
		bzw. für:	$x_2 > 0$	und	$x_1 > \varepsilon$.

Bild 5.13b zeigt die in diesem Fall dreiblättrige Phasenebene mit den Blättern I, II und III.

Beispiel 5.5: Es wird der in Bild 5.14 im Blockschaltbild dargestellte nichtlineare Regelkreis betrachtet. Es soll das Eigenverhalten ($w = 0$) dieses Regelkreises in der Phasenebene für die folgenden zwei Fälle untersucht werden:

a) $a = 1,\ \varepsilon = 0{,}2,\ K = 0{,}4,\ T = 2\,\text{s}$,

b) $a = 1,\ \varepsilon = 0{,}3,\ K = 0{,}2,\ T = 2\,\text{s}$.

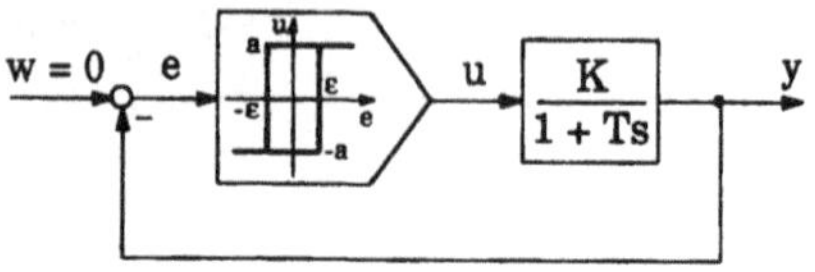

Bild 5.14

Lösung: Die Schaltbedingungen ergeben sich hier zu:

$u = a$	für:	$x_2 < 0$	und	$x_1 < -\varepsilon$,
	bzw. für:	$x_2 > 0$	und	$x_1 < \varepsilon$,
$u = -a$	für:	$x_2 < 0$	und	$x_1 > -\varepsilon$
	bzw. für:	$x_2 > 0$	und	$x_1 > \varepsilon$.

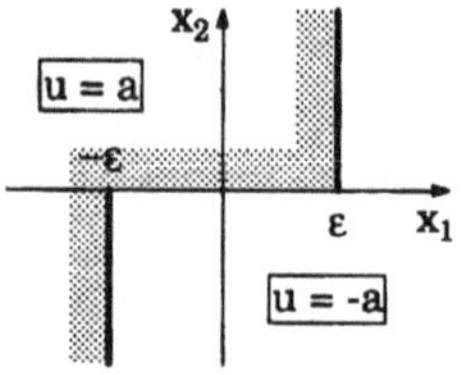

Bild 5.15

Die resultierenden Blätter der Phasenebene sind in Bild 5.15 dargestellt. Für das lineare Teilsystem gilt:

$$T\dot{y} + y = Ku; \quad u = \pm a.$$

Mit den Phasenvariablen $x_1 = y$ und $x_2 = \dot{y}$ erhält man für dieses System 1.Ordnung direkt die Trajektoriengleichung:

$$Tx_2 + x_1 = \pm Ka \quad \text{bzw.} \quad x_2 = -\frac{1}{T}x_1 \pm \frac{Ka}{T}.$$

Fall a): Mit den gegebenen Zahlenwerten ergibt sich die in Bild 5.16 dargestellte Situation in der Phasenebene.

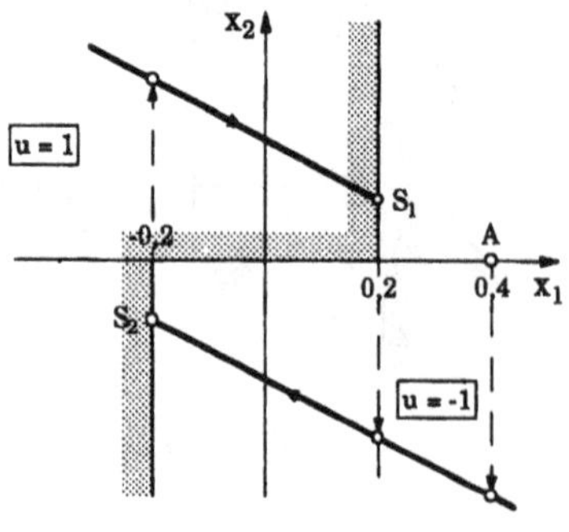

Bild 5.16

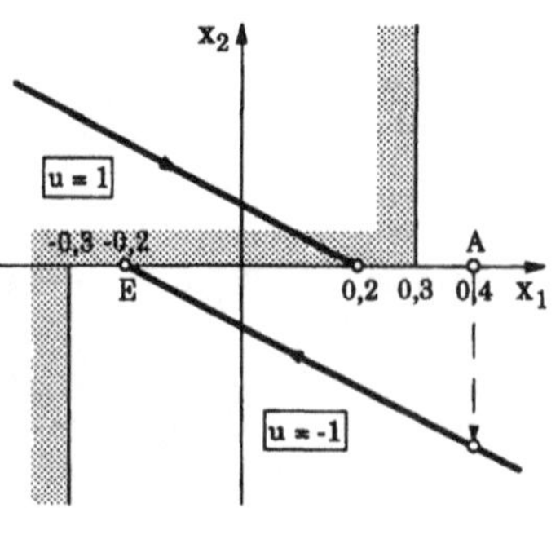

Bild 5.17

Ausgehend von z.B. dem Anfangspunkt A(0,4;0) entsteht ein stabiler Grenzzyklus. Der zeitliche Verlauf der Regelgröße y ist in Bild 5.18 dargestellt. Die halbe Periodendauer $T_{GZ}/2$ des Grenzzyklus kann mit Gleichung (5.4) wie folgt berechnet werden: Für u = 1 gilt:

$$\frac{dx_1}{dt} = x_2 = -0{,}5x_1 + 0{,}2$$

$$\frac{T_{GZ}}{2} = \int_{-0,2}^{0,2} \frac{dx_1}{0{,}2 - 0{,}5x_1} = -2\ln(0{,}2 - 0{,}5x_1)\Big|_{-0,2}^{0,2} \approx 2{,}2\ \text{s}.$$

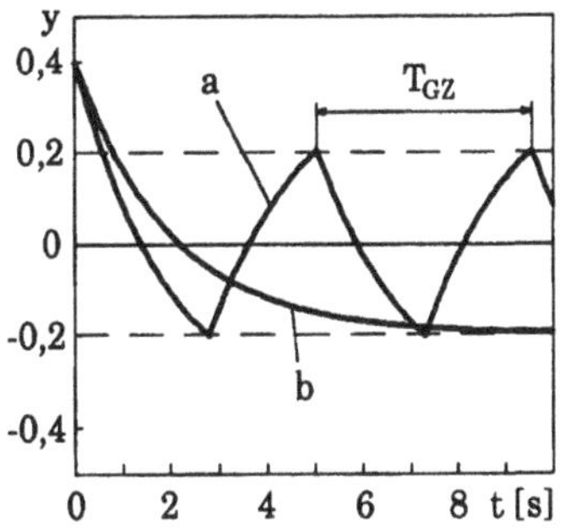

Bild 5.18

Der Grenzzyklus hat also eine Periodendauer von $T_{GZ} \approx 4{,}4$ s.

Fall b) Die Situation in der Phasenebene ist in Bild 5.17 veranschaulicht. Die Trajektorien treffen nicht auf die Schaltgeraden und es entsteht kein Grenzzyklus. Das System kommt im Endpunkt E(-0,2;0) zur Ruhe. Der zeitliche Verlauf der Regelgröße ist in Bild 5.18 angegeben.

Beispiel 5.6: Es wird der in Bild 5.19 im Blockschaltbild dargestellte nichtlineare Regelkreis betrachtet. Für den Zweipunktregler gelte $\varepsilon = 0{,}2$ und $a = 1$. Es ist in der Phasenebene zu untersuchen, ob in diesem Regelkreis ein Grenzzyklus auftritt. Wenn dies der Fall ist, so ist dessen Periodendauer T_{GZ} zu berechnen.

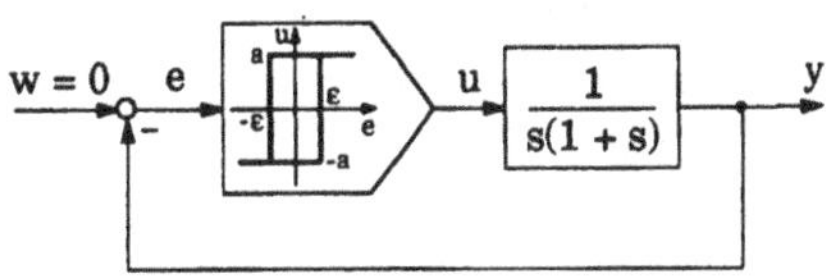

Bild 5.19

Lösung: Für das lineare Teilsystem $\ddot{y} + \dot{y} = u$ erhält man die Trajektorien-Differentialgleichung sowie die für u = 1 und u = –1 in den beiden Blättern I und II geltenden Trajektoriengleichungen zu:

$$\frac{dx_2}{dx_1} = \frac{u - x_2}{x_2}$$

$$\text{I:} \quad u = +1: \quad x_1 = -x_2 - \ln|x_2 - 1| + C_1,$$

$$\text{II:} \quad u = -1: \quad x_1 = -x_2 + \ln|x_2 + 1| + C_2.$$

Die Schaltbedingungen und damit die Aufteilung der Phasenebene in zwei Blätter sind gleich wie in Beispiel 5.5 (siehe Bild 5.20).

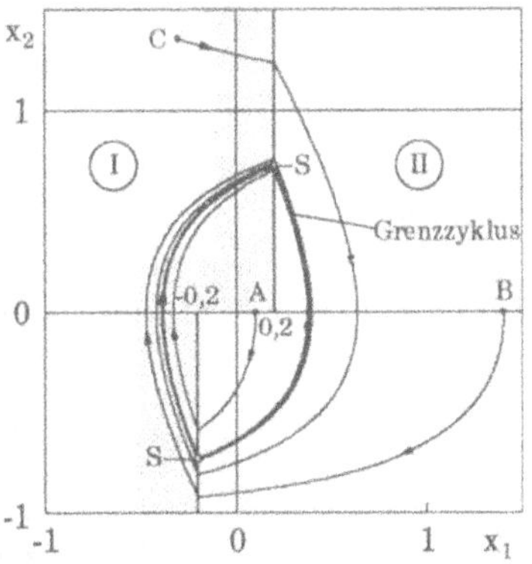

Bild 5.20

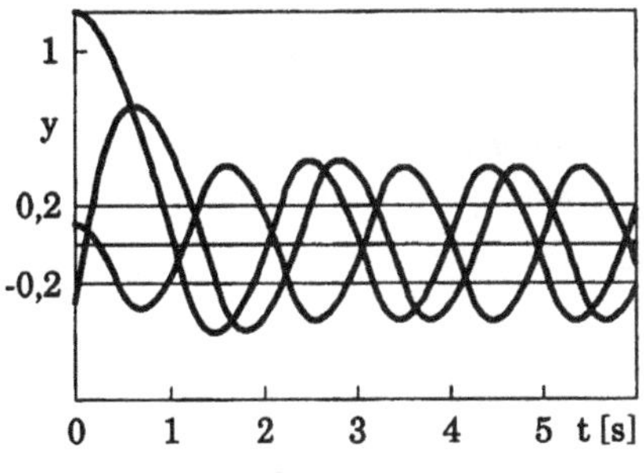

Bild 5.21

Bild 5.20 zeigt die Trajektorien ausgehend von den Anfangspunkten A(0,1;0), B(1,2;0) und C(0,3;1,45). Deutlich ist der stabile Grenzzyklus zu erkennen. Bild 5.21 zeigt die korrespondierenden Zeitverläufe von y. Diese laufen alle, nach einem durch die verschiedenen Anfangsbedingungen bedingten unterschiedlichen transienten Teil, in den Grenzzyklus ein.

Die Berechnung der Amplitude und der Periodendauer dieses stabilen Grenzzyklus kann nunmehr wie folgt vorgenommen werden. In den Umschaltpunkten $S_1(\varepsilon; x_{2S})$ und $S_2(-\varepsilon; -x_{2S})$ gilt:

$$\begin{aligned} 0{,}2 &= -x_{2S} + \ln|x_{2S}+1| + C \\ -0{,}2 &= +x_{2S} + \ln|x_{2S}-1| + C \end{aligned} \quad\Rightarrow\quad 0{,}4 = -2x_{2S} + \ln|x_{2S}+1| - \ln|x_{2S}-1| \quad\Rightarrow\quad x_{2S} = 0{,}731.$$

Für die Konstante C, die gleichzeitig die maximale Amplitude darstellt, erhält man:

$$C = x_{1\max} = 0{,}2 + 0{,}731 - \ln(1{,}731) = 0{,}382.$$

Die Periodendauer kann wie folgt bestimmt werden: Mit $dx_2 / dt = u - x_2$ gilt für $u = -1$:

$$\frac{T_{GZ}}{2} = \int_{0{,}731}^{-0{,}731} \frac{dx_2}{-1-x_2} = -\ln|-1-x_2| \Big|_{+0{,}731}^{-0{,}731} = 1{,}862 \text{ s}.$$

Die Periodendauer des Grenzzyklus beträgt demnach $T_{GZ} = 3{,}724$ s.

Beispiel 5.7: Betrachtet wird der in Bild 5.22 gegebene nichtlineare Regelkreis in der Phasenebene.

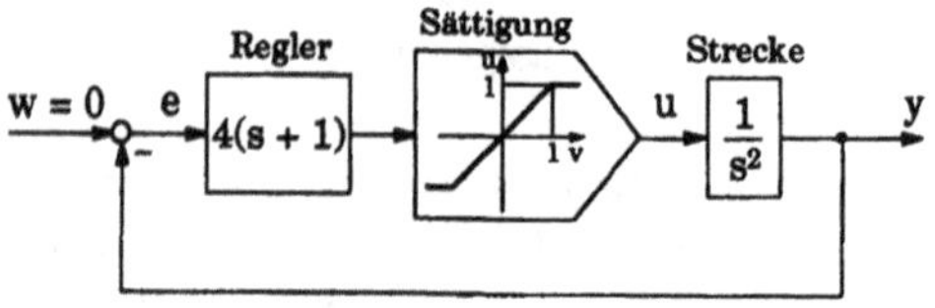

Bild 5.22

a) Es ist die Aufteilung der Phasenebene in die entsprechenden Blätter vorzunehmen.

b) Wie lauten die in den einzelnen Blättern gültigen Trajektorien-Differentialgleichungen?

c) Die Trajektoriengleichungen sind in jenen Blättern, bei denen dies durch Integration möglich ist, analytisch zu bestimmen.

d) In jenen Blättern, in denen nicht integriert werden kann, sind die Isoklinengleichungen anzugeben.

e) Von einem Anfangspunkt A(0,5;0,5) ausgehend ist die Trajektorie zu berechnen bzw. zu skizzieren.

Lösung: a) Mit $e = -y$, $y = x_1$, $\dot{y} = x_2$ und $v = -4x_1 - 4x_2$ lauten die Schaltbedingungen:

$$\begin{aligned} &\text{I:} && u = +1 && \text{für:} && 4x_1 + 4x_2 < -1, \\ &\text{II:} && u = -4x_1 - 4x_2 && \text{für:} && -1 \le 4x_1 + 4x_2 \le 1, \\ &\text{III:} && u = -1 && \text{für:} && 4x_1 + 4x_2 > 1. \end{aligned}$$

b) Strecke: $\ddot{y} = u \;\Rightarrow\;$ Trajektorien-Differentialgleichung: $\dfrac{dx_2}{dx_1} = \dfrac{u}{x_2}$.

$$\text{I:} \quad \frac{dx_2}{dx_1} = \frac{1}{x_2}, \qquad \text{II:} \quad \frac{dx_2}{dx_1} = \frac{-4x_1 - 4x_2}{x_2}, \qquad \text{III:} \quad \frac{dx_2}{dx_1} = -\frac{1}{x_2}.$$

c) In den Blättern I und III können die Trajektoriengleichungen analytisch durch Integration ermittelt werden, und man erhält dafür jeweils eine Schar von Parabeln:

$$\text{I:} \; x_2^2 = 2x_1 + C, \qquad \text{III:} \; x_2^2 = -2x_1 + C.$$

d) Im Blatt II erhält man Geraden als Isoklinen :

$$\frac{-4x_1 - 4x_2}{x_2} = K \quad \text{bzw.} \quad x_2 = -\frac{4}{K+4} x_1.$$

e) Im Blatt III lautet die Trajektoriengleichung durch den Punkt A:

$$x_2^2 = -2x_1 + 1{,}25\,.$$

Die maximale Amplitude erhält man im Schnittpunkt der Trajektorie mit der x_1-Achse zu $y_{max} = x_{1max} = 0{,}625$ Die Trajektorie schneidet die Schaltgerade im Punkt B(0,573;-0,323).

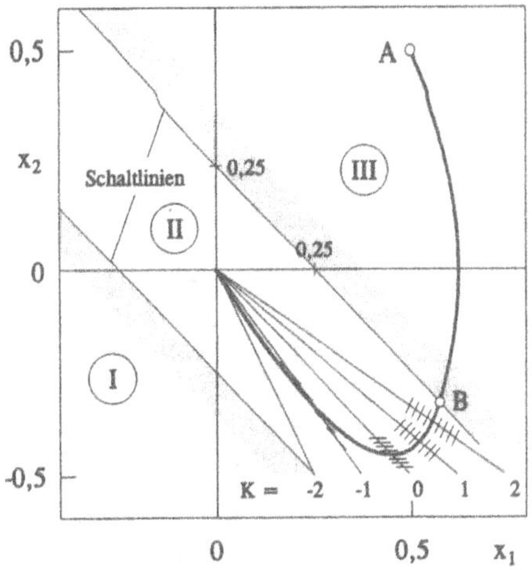

Bild 5.23

Im Blatt II kann die Trajektorie nur näherungsweise mit Hilfe der Isoklinenmethode gezeichnet werden. Die Isoklinen für $K = 0, \pm 1, \pm 2$ sind im Bild 5.23 eingezeichnet. Wie man erkennen kann, verläuft die Trajektorie für $t \to \infty$ mit der Neigung $K = -2$ asymptotisch in den Ursprung. Entlang dieser Isokline ist deren Steigung identisch mit der Trajektoriensteigung.

Bild 5.24 zeigt den zeitlichen Verlauf der Regelgröße y(t).

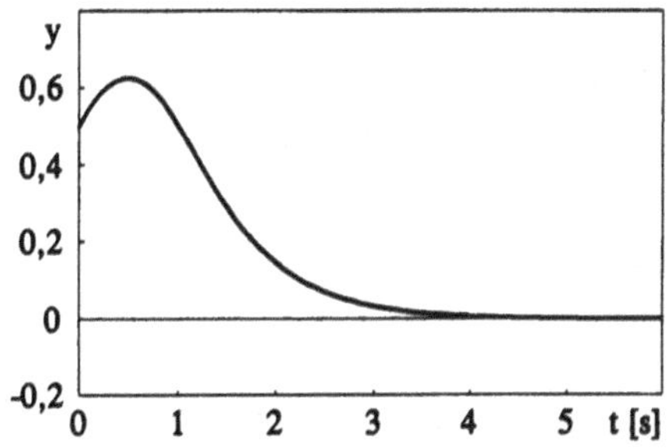

Bild 5.24

Beispiel 5.8: Betrachtet wird der in Bild 5.25 dargestellte Zustandsregelkreis, in dem die Stellgröße u(t) beschränkt und die Führungsgröße eine Sprungfunktion der Höhe 2 ist.

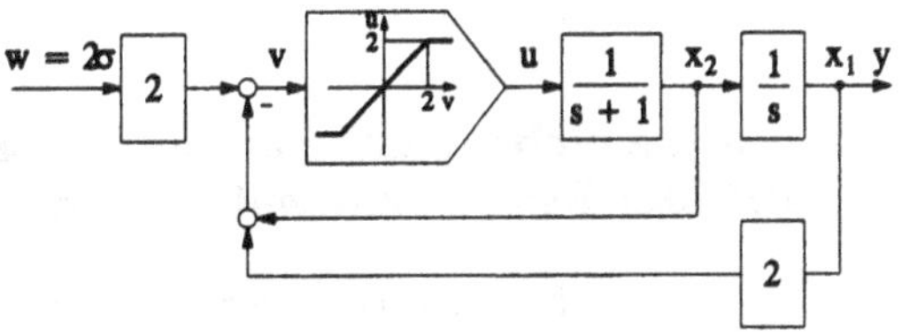

Bild 5.25

a) Es ist die Aufteilung der Phasenebene in ihre Blätter vorzunehmen.

b) Gesucht sind die Trajektorien-Differentialgleichungen in den verschiedenen Blättern.

c) Ausgehend vom Anfangszustand A(0;0) ist die Trajektorie zu berechnen bzw. zu skizzieren.

Lösung: a) Aus der Sättigungskennlinie liest man ab:

I:	$u = 2$	für:	$4 - 2x_1 - x_2 > 2$	bzw. für:	$2x_1 + x_2 < 2$,
II:	$u = 4 - 2x_1 - x_2$	für:	$-2 \le 4 - 2x_1 - x_2 \le 2$	bzw. für:	$2 \le 2x_1 + x_2 \le 6$,
III:	$u = -2$	für:	$4 - 2x_1 - x_2 < -2$	bzw. für:	$2x_1 + x_2 > 6$.

Damit sind die in Bild 5.26 eingezeichneten Schaltgeraden bzw. die drei Blätter der Phasenebene festgelegt.

b) Für die Trajektorien-Differentialgleichungen in den drei Blättern folgt:

I: $\frac{dx_2}{dx_1} = \frac{2 - x_2}{x_2}$,

II: $\frac{dx_2}{dx_1} = \frac{4 - 2x_1 - 2x_2}{x_2}$,

III: $\frac{dx_2}{dx_1} = \frac{-2 - x_2}{x_2}$.

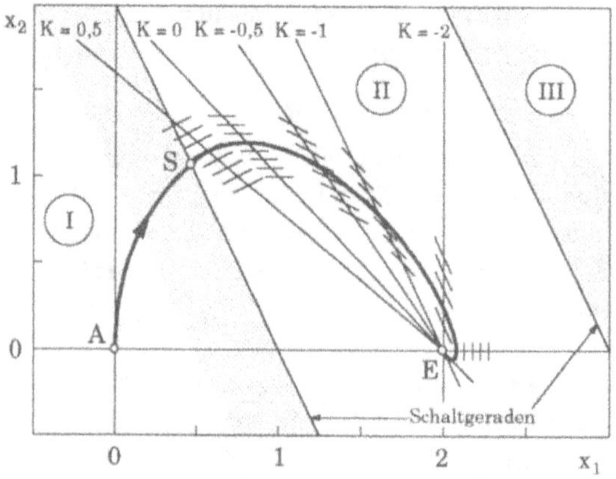

Bild 5.26

Während in den Blättern I und III die Trajektorien durch Integration bestimmt werden können, muß im Blatt II zu ihrer näherungsweisen Konstruktion die Isoklinenmethode herangezogen werden.

c) Der Startpunkt A(0;0) liegt im Blatt I. Die Integration der Trajektorien-Differentialgleichung ergibt:

$$x_1 = -x_2 - 2\ln|x_2 - 2| + 2\ln 2.$$

Diese Trajektorie schneidet die Schaltgerade im Punkt S(0,464;1,072). Die Isoklinengleichung im Blatt II lautet:

$$\frac{dx_2}{dx_1} = \frac{4 - 2x_1 - 2x_2}{x_2} = K \quad \text{bzw.} \quad x_2 = \frac{4 - 2x_1}{K + 2}.$$

Die Isoklinen für $K = 0{,}5; 0; -0{,}5; -1; -2; \infty$ sind in Bild 5.26 eingezeichnet. Die spiralförmige Trajektorie um den Punkt E(2;0) kann sodann skizziert werden. Bild 5.27 zeigt den dazugehörigen zeitlichen Verlauf der Regelgröße y.

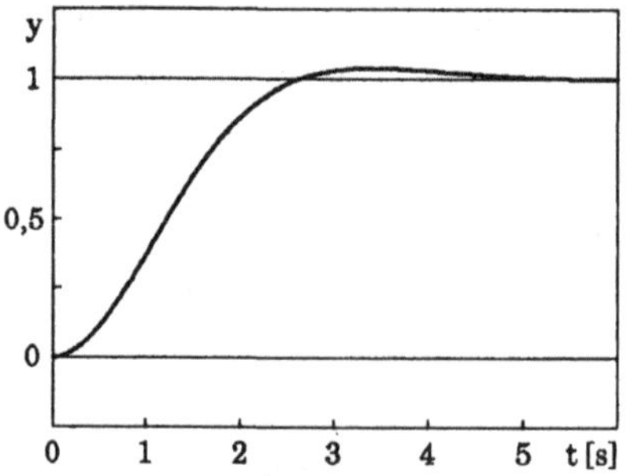

Bild 5.27

5.3 Analyse nichtlinearer Regelsysteme mit Hilfe der Beschreibungsfunktion

Die Beschreibungsfunktionsmethode gestattet die Anwendung der Verfahren der linearen Regelungstheorie auf nichtlineare Regelsysteme. Sie ermöglicht die Stabilitätsanalyse sowie die näherungsweise Bestimmung von Amplitude und Frequenz möglicher Grenzzyklen.

5.3.1 Definition der Beschreibungsfunktion

Es wird der aufgeschnittene nichtlineare Standardregelkreis nach Bild 5.28 betrachtet und vorausgesetzt, daß N(e) eine statische, ungerade, symmetrische Nichtlinearität ist.

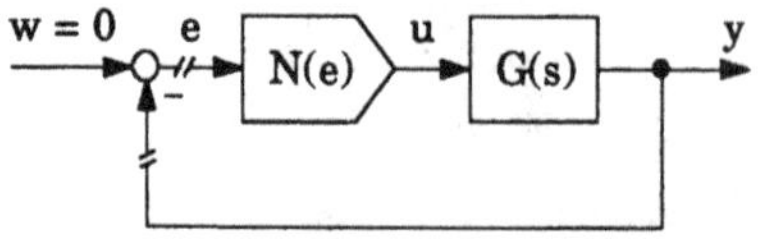

Bild 5.28

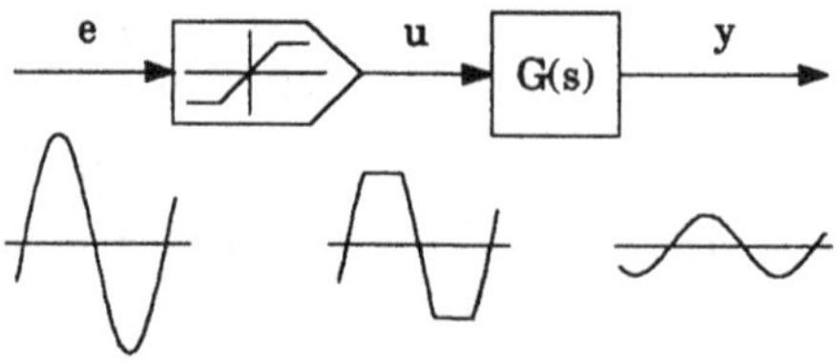

Bild 5.29

Erregt man den Eingang e sinusförmig, dann stellt sich für u eine durch die Nichtlinearität verzerrte Schwingung gleicher Frequenz ein, wobei die Art der Verzerrung auch von der Eingangsamplitude abhängt. Nach Durchlaufen des folgenden linearen Übertragungsgliedes G(s) wird diese Verzerrung dann wieder schwächer, wenn das lineare Glied "glättende" Wirkung hat. Bild 5.29 verdeutlicht diese Situation.

Man zerlegt nunmehr die periodische Funktion u(t) in eine Fourier-Reihe:

$$u(t) = \sum_{n=1}^{\infty} A_n \cos(n\omega t) + \sum_{n=1}^{\infty} B_n \sin(n\omega t). \tag{5.7}$$

Setzt man vom linearen Übertragungsglied voraus, daß es die Eigenschaft eines Tiefpaßfilters besitzt, dann werden alle Oberschwingungen in (5.7) fast vollständig herausgefiltert, und man kann y(t) näherungsweise als reine Sinusschwingung betrachten. Die dafür notwendige Voraussetzung ist, daß der Nennergrad von G(s) um mindestens zwei größer ist als der Zählergrad. Unter dieser Voraussetzung kann demnach ein nichtlineares Übertragungsglied durch die in Bild 5.30 allgemeiner dargestellte Ein-/Ausgangsbeziehung näherungsweise beschrieben werden.

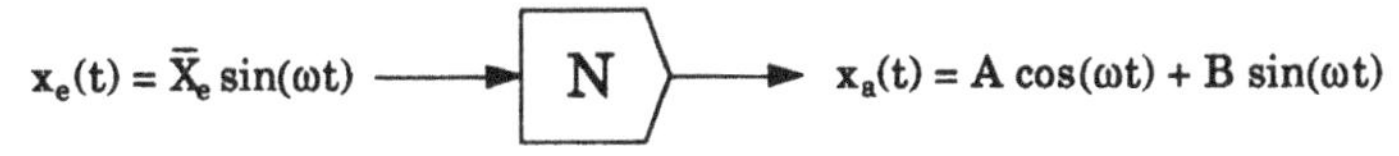

Bild 5.30

Setzt man die Beziehungen

$$\sin(\omega t) = \frac{x_e(t)}{\bar{X}_e} \quad \text{und} \quad \cos(\omega t) = \frac{\dot{x}_e}{\omega \bar{X}_e}$$

in die Ausgangsfunktion $x_a(t)$ ein, so erhält man:

$$x_a(t) = \frac{B}{\bar{X}_e} x_e(t) + \frac{A}{\omega \bar{X}_e} \dot{x}_e(t). \tag{5.8}$$

Diese lineare Differentialgleichung vom Typ PD beschreibt die Nichtlinearität N unter der Annahme einer harmonischen Erregung. Daher wird diese Art der Linearisierung auch *harmonische Linearisierung* oder *harmonische Balance* genannt. Lautet die nichtlineare Beziehung $x_a = f(x_e)$, dann werden die Fourierkoeffizienten, in denen diese Nichtlinearität "enthalten" ist, wie folgt bestimmt:

$$A = \frac{1}{\pi} \int_0^{2\pi} f\left(\bar{X}_e \sin(\omega t)\right) \cos(\omega t)\, d(\omega t), \tag{5.9}$$

$$B = \frac{1}{\pi} \int_0^{2\pi} f\left(\bar{X}_e \sin(\omega t)\right) \sin(\omega t)\, d(\omega t). \tag{5.10}$$

Die Übertragungsfunktion der harmonisch linearisierten Nichtlinearität lautet dann:

$$N(s) = \frac{X_a(s)}{X_e(s)} = \frac{B}{\bar{X}_e} + s\frac{A}{\omega \bar{X}_e}. \tag{5.11}$$

Da es sich bei $x_e(t)$ um einen harmonischen Eingang handelt, wird in Gleichung (5.11) $s = j\omega$ gesetzt, und man erhält damit die komplexe Beschreibungsfunktion:

$$N(\bar{X}_e) = \frac{X_a(j\omega)}{X_e(j\omega)} = \frac{B}{\bar{X}_e} + j\frac{A}{\bar{X}_e} = \left|N(\bar{X}_e)\right| e^{j \arg N(\bar{X}_e)}. \tag{5.12}$$

Anmerkungen:

- Obwohl durch die Gleichung (5.12) ein Frequenzgang definiert wurde, ist die Beschreibungsfunktion nur eine Funktion der Eingangsamplitude und unabhängig von der Kreisfrequenz ω.

- Für eindeutige Kennlinien (Kennlinien ohne Hysterese) erhält man eine reelle Beschreibungsfunktion. Man kann sich in diesem Fall vorstellen, daß die Nichtlinearität durch eine lineare Kennlinie, deren Neigung von der Eingangsamplitude abhängt, ersetzt wird. Man spricht dann auch von einer äquivalenten Verstärkung.

- Der Imaginärteil der Beschreibungsfunktion $N(\overline{X}_e)$ kann wie folgt berechnet werden (ohne Beweis):

$$\frac{A}{X_e} = -\frac{F}{\pi \overline{X}_e^2} \qquad (5.13)$$

F ist darin die von der hysteresebehafteten Kennlinie insgesamt eingeschlossene Fläche.

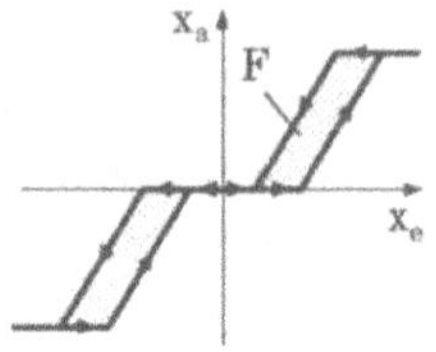

Bild 5.31

Beispiel 5.9: Es ist die Beschreibungsfunktion der Nichtlinearität in Bild 5.12 zu bestimmen.

Lösung:

$$\sin\alpha = \varepsilon/\overline{X}_e,$$

$$\cos\alpha = \sqrt{1 - (\varepsilon/\overline{X}_e)^2}, \qquad 0 < \alpha < \pi/2$$

$$\sin\beta = q\varepsilon/\overline{X}_e,$$

$$\cos\beta = \sqrt{1 - (q\varepsilon/\overline{X}_e)^2}, \qquad \pi/2 < \beta < \pi$$

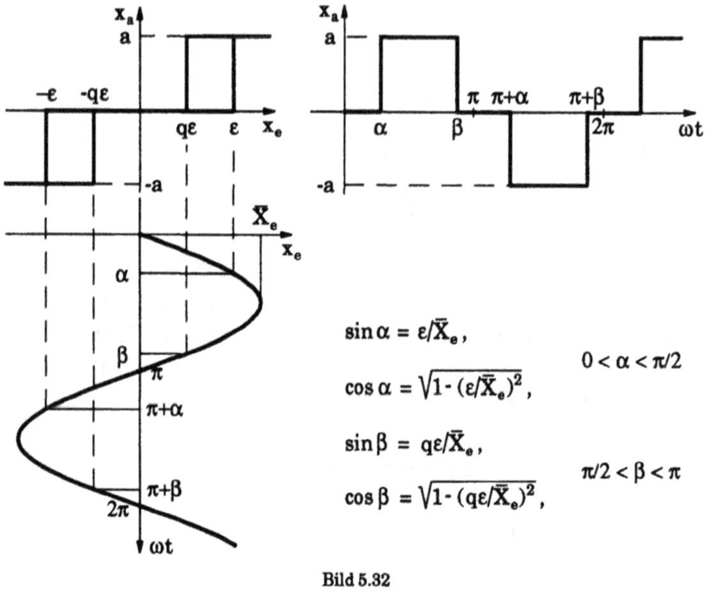

Bild 5.32

$$B = \frac{1}{\pi}\int_0^{2\pi} x_a(\omega t)\sin(\omega t)\,d(\omega t) = \frac{2}{\pi}\int_\alpha^\beta a\sin(\omega t)\,d(\omega t) = -\frac{2}{\pi}a\cos(\omega t)\Big|_\alpha^\beta = \frac{2a}{\pi}(\cos\alpha - \cos\beta),$$

$$B = \frac{2a}{\pi}\left[\sqrt{1 - (\varepsilon/\overline{X}_e)^2} + \sqrt{1 - (q\varepsilon/\overline{X}_e)^2}\right].$$

Die von der Relaiskennlinie eingeschlossene Fläche beträgt: $F = 2a(\varepsilon - q\varepsilon) = 2a\varepsilon(1 - q)$. Die Beschreibungsfunktion ist nur für $\overline{X}_e/\varepsilon \geq 1$ definiert und ergibt sich mit Gleichung (5.12) und unter Verwendung von (5.13) zu:

$$N(\overline{X}_e)=\frac{2a}{\pi\overline{X}_e}\left[\sqrt{1-(\varepsilon/\overline{X}_e)^2}+\sqrt{1-(q\varepsilon/\overline{X}_e)^2}\right]-j\frac{2a\varepsilon(1-q)}{\pi\overline{X}_e^2}.$$

In Bild 5.33 ist die komplexe Ortskurve für drei verschiedene Werte von q in normierter Form dargestellt.

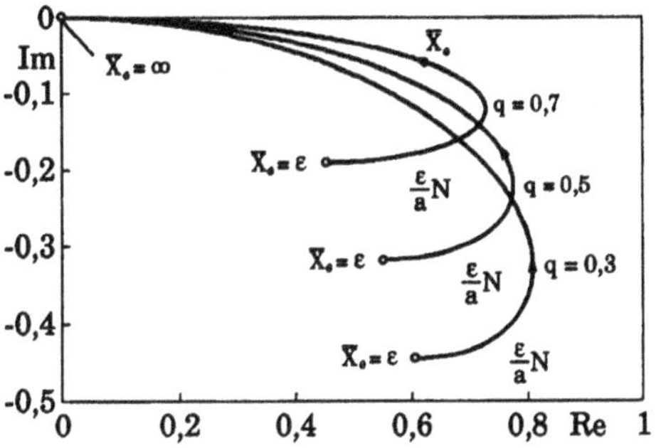

Bild 5.33

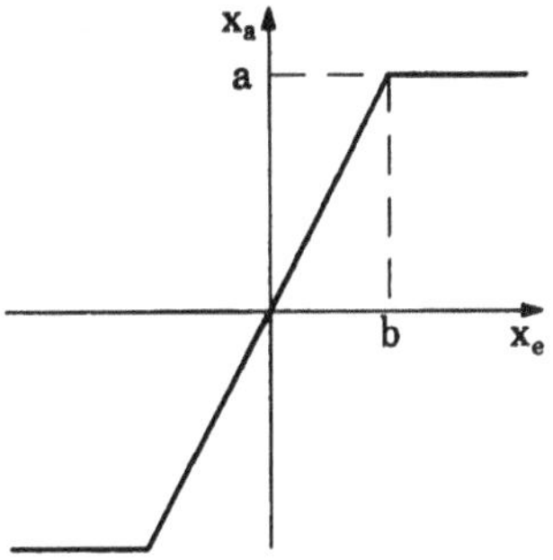

Bild 5.34

Beispiel 5.10: Es werde die in Bild 5.34 dargestellte Sättigungskennlinie betrachtet. Es ist die Beschreibungsfunktion zu bestimmen.

Lösung: Mit $x_e(t)=\overline{X}_e\sin(\omega t)$ als Eingangssignal erhält man mit $\alpha=\arcsin(b/\overline{X}_e)$ für den Ausgang:

$$x_a(t)=\frac{a}{b}\overline{X}_e\sin(\omega t) \quad \text{für:} \quad 0\le\omega t<\alpha \quad \text{und} \quad \pi-\alpha\le\omega t<\pi,$$
$$x_a(t)=a \quad \text{für:} \quad \alpha\le\omega t<\pi-\alpha.$$

Für den Fourier-Koeffizienten B ergibt sich mit Gleichung (5.10):

$$B=\frac{4}{\pi}\left[\int_0^{\alpha}\frac{a}{b}\overline{X}_e\sin^2(\omega t)d(\omega t)+\int_{\alpha}^{\pi/2}a\sin(\omega t)d(\omega t)\right]=\frac{2a\overline{X}_e}{\pi b}(\alpha-\sin\alpha\cos\alpha)+\frac{4a}{\pi}\cos\alpha.$$

Mit $\cos\alpha=\sqrt{1-(b/\overline{X}_e)^2}$ erhält man für die in diesem Fall reelle Beschreibungsfunktion:

$$N(\overline{X}_e)=\frac{a}{b} \qquad \text{für: } 0<\frac{\overline{X}_e}{b}\le 1,$$
$$N(\overline{X}_e)=\frac{2a}{\pi b}\left[\arcsin(b/\overline{X}_e)+\frac{b}{\overline{X}_e}\sqrt{1-(b/\overline{X}_e)^2}\right] \qquad \text{für: } \frac{\overline{X}_e}{b}>1.$$

Bild 5.35 zeigt die normierte Beschreibungsfunktion der Sättigungskennlinie. Die Interpretation als äquivalente Verstärkung wird durch Bild 5.36 veranschaulicht.

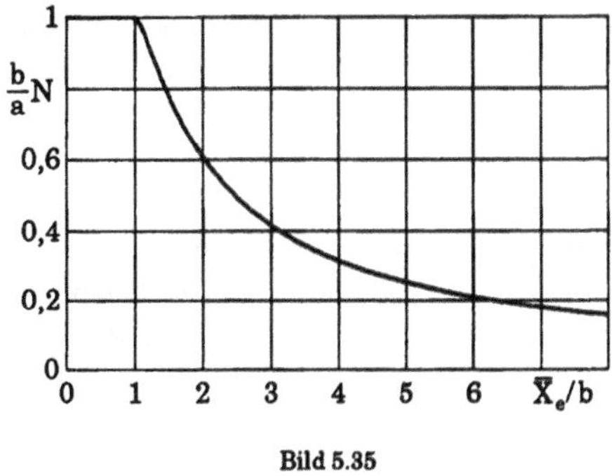

Bild 5.35

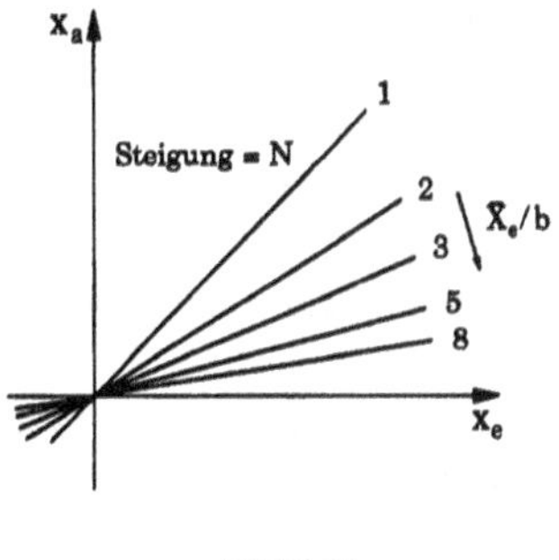

Bild 5.36

5.3.2 Grenzzyklusbestimmung und Stabilitätsanalyse

Beschreibt man das nichtlineare Übertragungsglied in Bild 5.37 mit der Beschreibungsfunktion, führt man also eine harmonische Linearisierung durch, dann kann der autonome Regelkreis ($w = 0$) näherungsweise wie ein lineares System behandelt werden. Es können daher auch Stabilitätskriterien der linearen Theorie, wie z.B. das Nyquist-Kriterium, in Form der Zweiortskurvenmethode verwendet werden. Mit

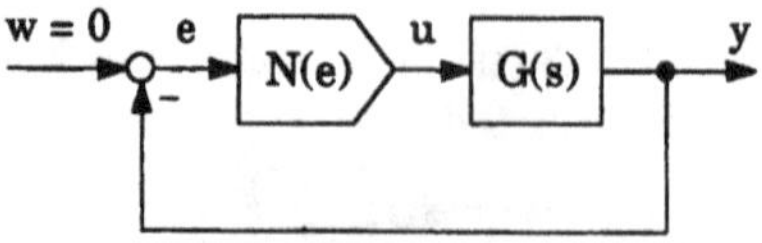

Bild 5.37

$$G(j\omega)N(\overline{E}) = G_0(j\omega, \overline{E}) \tag{5.14}$$

als dem "Frequenzgang" des offenen Regelkreises, lautet dessen charakteristische Gleichung:

$$G(j\omega)N(\overline{E}) + 1 = 0, \tag{5.15}$$

bzw.:

$$G(j\omega) = -\frac{1}{N(\overline{E})}. \tag{5.16}$$

Nach Nyquist ist der geschlossene Regelkreis an der Stabilitätsgrenze, führt also eine Dauerschwingung aus, wenn gilt:

$$|G_0(j\omega_s, \overline{E}_s)| = |G(j\omega)||N(\overline{E}_s)| = 1 \tag{5.17}$$

bei:

$$\arg G_0(j\omega_s, \overline{E}_s) = \arg G(j\omega) + \arg N(\overline{E}_s) = -\pi. \tag{5.18}$$

Dieser Fall ist in Bild 5.38 dargestellt. Die Bedingungen für das Auftreten eines Grenzzyklus (5.17) und (5.18) können umgeschrieben werden auf:

$$|G(j\omega_s)| = \left|-\frac{1}{N(\overline{E}_s)}\right|, \tag{5.19}$$

$$\arg G(j\omega) = \arg\left(-1/N(\overline{E})\right). \tag{5.20}$$

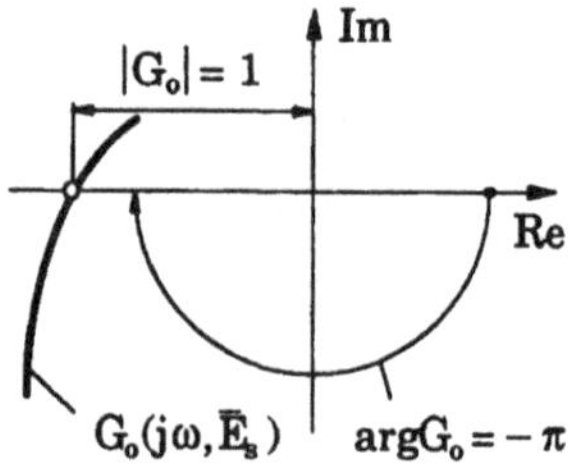

Bild 5.38

Man zeichnet sich in der komplexen Ebene die Ortskurve $G(j\omega)$ des linearen Systems sowie die Ortskurve $-1/N(\overline{E})$ ein. Ein Grenzzyklus kann nur dann auftreten, wenn sich diese beiden Ortskurven schneiden. Die Kreisfrequenz ω_s und die Amplitude $\overline{E}_s$ der Dauerschwingung (des Grenzzyklus) können nunmehr entweder aus den Gleichungen (5.19) und (5.20) oder aus:

$$\mathrm{Re}(G(j\omega)) = \mathrm{Re}\left(-1/N(\overline{E})\right) \tag{5.21}$$

und:

$$\mathrm{Im}(G(j\omega)) = \mathrm{Im}\left(-1/N(\overline{E})\right) \tag{5.22}$$

bestimmt werden. Schneiden sich die beiden Ortskurven nicht, ist ein Grenzzyklus nicht möglich, wobei der Regelkreis in diesem Fall asymptotisch stabil oder instabil sein kann.

Stabilität des Grenzzyklus:

Ob, bei Erfüllung der Bedingungen (5.19) und (5.20), tatsächlich ein stabiler Grenzzyklus auftritt, hängt vom Verlauf des Parameters $\overline{E}$ in der Umgebung des Schnittpunktes ab. Nach dem Nyquist-Kriterium gilt grundsätzlich für das Aufklingen bzw. Abklingen des Eigenvorganges in einem nichtlinearen Regelkreis:

$$\text{Aufklingen:} \quad |G(j\omega_s)| > \left| -\frac{1}{N(\overline{E}_s)} \right| \quad \text{bei:} \quad \arg G(j\omega) = \arg\left(-1/N(\overline{E})\right), \tag{5.23}$$

$$\text{Abklingen:} \quad |G(j\omega_s)| < \left| -\frac{1}{N(\overline{E}_s)} \right| \quad \text{bei:} \quad \arg G(j\omega) = \arg\left(-1/N(\overline{E})\right). \tag{5.24}$$

Es ergeben sich grundsätzlich drei verschiedene Möglichkeiten, die in der komplexen Ebene anhand der Beschreibungsfunktion einer Nichtlinearität ohne Hysterese veranschaulicht werden sollen (siehe Bild 5.39).

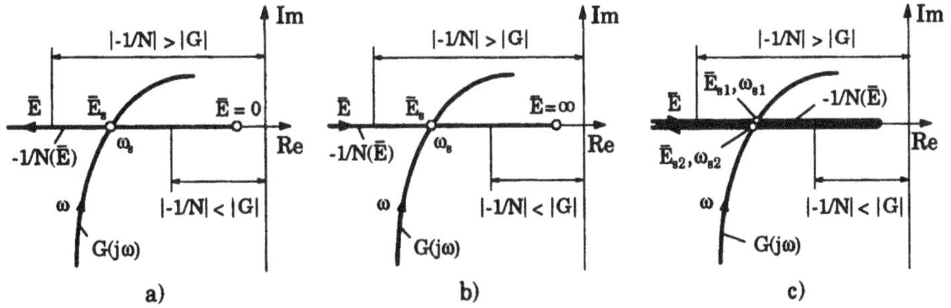

Bild 5.39

a) Lenkt man dieses System auf eine Amplitude $\overline{E} < \overline{E}_s$ aus, dann klingt diese Schwingung laut Gleichung (5.23) bis zur Amplitude $\overline{E}_s$ auf. Bei einer Auslenkung auf eine Amplitude $\overline{E} > \overline{E}_s$ hingegen klingt die Schwingung bis zur Amplitude $\overline{E}_s$ ab. Es stellt sich immer ein stabiler Grenzzyklus ein, und man spricht von "Stabilität im Großen".

b) Bei einer Auslenkung auf $\overline{E} < \overline{E}_s$ klingt die Schwingung bis $\overline{E}_s = 0$ ab, und man spricht von "Stabilität im Kleinen". Für Auslenkungen zu Amplituden $\overline{E} > \overline{E}_s$ klingt die Schwingung bis $\overline{E} = \infty$ auf. Es handelt sich also um einen labilen Grenzzyklus.

c) Hier treten beide Erscheinungsformen eines Grenzzyklus auf. Für Auslenkungen auf Amplituden $\overline{E} < \overline{E}_s$ klingt die Schwingung bis $\overline{E}_s = 0$ ab. Beim Grenzzyklus 1 mit der Amplitude $\overline{E}_{s1}$ und der Kreisfrequenz ω_{s1} handelt es sich um einen labilen Grenzzyklus. Für Auslenkungen auf Amplituden $\overline{E} > \overline{E}_{s1}$ erfolgt ein Aufklingen bis zur Amplitude $\overline{E}_{s2}$ und bei solchen auf $\overline{E} > \overline{E}_{s2}$ ein Abklingen bis auf die Amplitude $\overline{E}_{s2}$. Beim Grenzzyklus 2 handelt es sich also um einen stabilen Grenzzyklus.

Beispiel 5.11: Es werde wieder der Regelkreis aus Beispiel 5.6 (Bild 5.19) betrachtet. Es sollen mit Hilfe der Beschreibungsfunktion die Amplitude und Kreisfrequenz des entstehenden Grenzzyklus berechnet und dessen Stabilität bestimmt werden.

Lösung: Die Beschreibungsfunktion des Zweipunktschalters mit Hysterese erhält man aus der in Beispiel 5.9 berechneten, indem man $q = 1$ setzt. Sie lautet mit den Zahlenwerten $\varepsilon = 0,2$ und $a = 1$:

$$N(\overline{E}) = \frac{4}{\pi\overline{E}}\sqrt{1-(0,2/\overline{E})^2} - j\frac{0,8}{\pi\overline{E}^2}.$$

Die negativ-inverse Beschreibungsfunktion lautet dann:

$$-\frac{1}{N(\overline{E})} = -\frac{\pi\overline{E}}{4}\sqrt{1-(0,2/\overline{E})^2} - j0,05\pi.$$

Berechnung von ω_s und $\overline{E}_s$:

$$G(j\omega) = \frac{1}{j\omega(1+j\omega)} = -\frac{1}{\omega^2+1} - j\frac{1}{\omega(\omega^2+1)}.$$

$$\mathrm{Im}\left(-1/N(\overline{E})\right) = \mathrm{Im}\left(G(j\omega)\right) \Rightarrow -0{,}05\pi = -\frac{1}{\omega(\omega^2+1)} \Rightarrow \omega_s = 1{,}67\ s^{-1}.$$

$$\mathrm{Re}\left(-1/N(\overline{E}_s)\right) = \mathrm{Re}\left(G(j\omega)\right) \Rightarrow -\frac{\pi}{4}\overline{E}_s\sqrt{1-(0{,}2/\overline{E}_s)^2} = -\frac{1}{\omega_s^2+1} = -0{,}264 \Rightarrow \overline{E}_s = 0{,}39.$$

Es ist also ein Grenzzyklus mit den errechneten Werten von ω_s und $\overline{E}_s$ möglich. Bild 5.40 zeigt diese Situation in der komplexen Ebene.

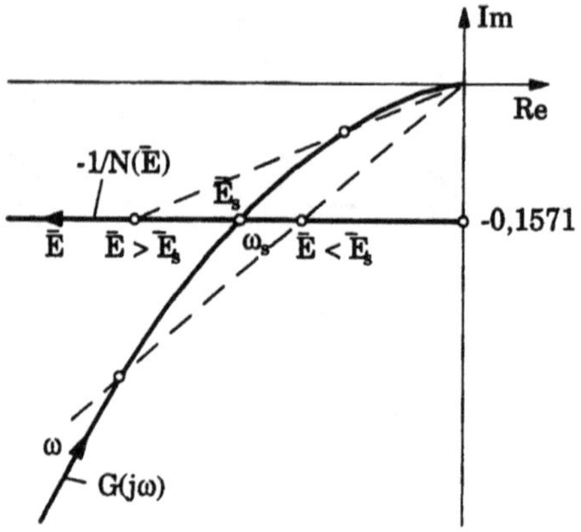

Bild 5.40

Stabilität des Grenzzyklus:

Denkt man sich das System auf $\overline{E} < \overline{E}_s$ ausgelenkt, dann gilt:

$$|G(j\omega)| > |-1/N(\overline{E})|.$$

Dies bedeutet, daß die Schwingung bis zur Amplitude $\overline{E}_s$ aufklingt. Bei einer Auslenkung auf $\overline{E} > \overline{E}_s$ hingegen gilt:

$$|G(j\omega)| < |-1/N(\overline{E})|.$$

Das System ist stabil im Großen, und die Schwingung wird bis zur Amplitude $\overline{E}_s$ des Grenzzyklus abklingen. Es handelt sich also um einen stabilen Grenzzyklus.

Anmerkung:

Vergleicht man die exakten Ergebnisse für die Amplitude und Kreisfrequenz des resultierenden Grenzzyklus aus Beispiel 5.6 mit den hier näherungsweise ermittelten, so stellt man eine recht gute Übereinstimmung fest:

Exaktes Ergebnis: $\overline{E}_s = 0{,}382$, $\omega_s = 1{,}687\ s^{-1}$.   Näherung: $\overline{E}_s = 0{,}39$, $\omega_s = 1{,}67\ s^{-1}$.

Beispiel 5.12: Es werde der in Bild 5.41 dargestellte nichtlineare Regelkreis betrachtet.

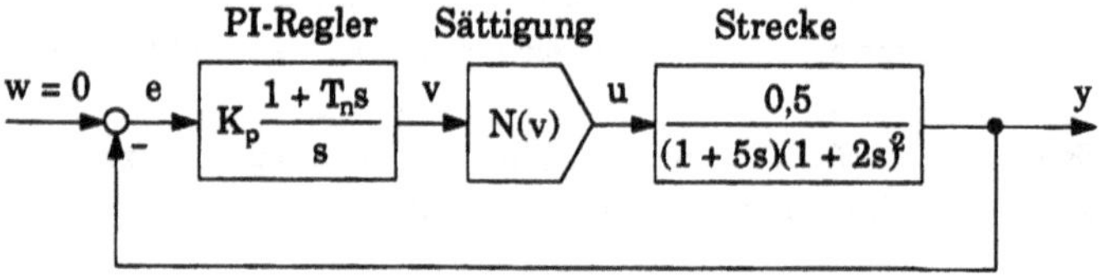

Bild 5.41

In der Sättigungskennlinie laut Bild 5.34 seien a = b = 1. Die Nachstellzeit des Reglers wird gleich der größten Streckenzeitkonstante, nämlich $T_n = 5$ s, gewählt.

a) Das Blockschaltbild des Regelkreises ist auf die Standardform umzuformen.

b) Mit $K_p = 4$ sind die Amplitude $\overline{Y}_s$ und die Kreisfrequenz ω_s eines möglichen Grenzzyklus zu ermitteln.

c) Es ist das Stabilitätsverhalten des Grenzzyklus zu bestimmen.

d) In welchen Bereich muß die Reglerverstärkung K_p gewählt werden, damit kein Grenzzyklus auftritt? Wie ist das Stabilitätsverhalten des Regelkreises in diesem Fall?

Lösung: a) Mit der Blockschaltbildumformung aus Abschnitt 5.1.1 erhält man hier das in Bild 5.42 dargestellte Blockschaltbild:

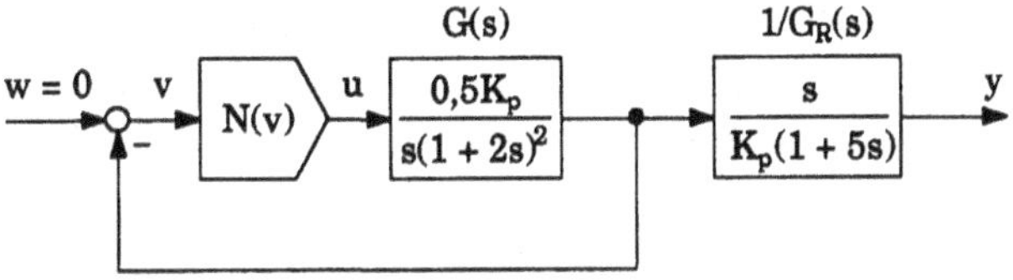

Bild 5.42

b) Die Beschreibungsfunktion der Sättigungskennlinie mit den gegebenen Zahlenwerten lautet (siehe Beispiel 5.10):

$$N(\overline{V}) = 1 \qquad \text{für: } 0 < \overline{V} \le 1,$$
$$N(\overline{V}) = \frac{2}{\pi}\left[\arcsin(1/\overline{V}) + \frac{1}{\overline{V}}\sqrt{1-(1/\overline{V})^2}\right] \qquad \text{für: } \overline{V} > 1.$$

Der Realteil und der Imaginärteil von

$$G(j\omega) = \frac{0,5K_p}{j\omega(1+2j\omega)^2}$$

lauten:

$$\operatorname{Re} G(j\omega) = \frac{-2K_p}{(1+4\omega^2)^2},$$

$$\operatorname{Im} G(j\omega) = \frac{K_p(2\omega^2 - 0,5)}{\omega(1+4\omega^2)^2}.$$

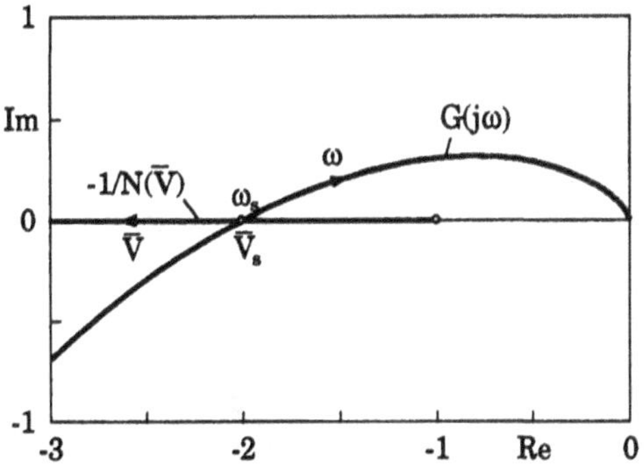

Bild 5.43

In Bild 5.43 sind die Ortskurve des Frequenzganges $G(j\omega)$ für $K_p = 4$ sowie die Ortskurve $-1/N(\overline{V})$ eingezeichnet. Da sich die beiden Ortskurven schneiden, tritt ein Grenzzyklus auf. Aus der Bedingung, daß im Schnittpunkt $\operatorname{Im} G(j\omega) = 0$ gelten muß, folgt für die Kreisfrequenz dieses Grenzzyklus:

$$\operatorname{Im} G(j\omega) = 0 \quad \Rightarrow \quad \omega_s = 0,5\,\text{s}^{-1}.$$

Ferner gilt:

$$\operatorname{Re} G(j\omega_s) = \frac{-8}{(1+4\omega_s^2)^2} = -2 = -1/N(\overline{V}_s) \quad \Rightarrow \quad N(\overline{V}_s) = 0,5.$$

Aus der Beschreibungsfunktion (Bild 5.35) liest man mit $b/a = 1$ für die Amplitude des Grenzzyklus $\overline{V}_s = 2,5$ ab. Für die Amplitude des Grenzzyklus der Regelgröße y(t) erhält man sodann:

$$\overline{Y}_s = |1/G_R(j\omega_s)|\overline{V}_s = \frac{\omega_s}{4\sqrt{1+25\omega_s^2}}\overline{V}_s = 0,116.$$

c) Bei einer Auslenkung auf $\overline{V} < \overline{V}_s$ gilt: $|G| > |-1/N|$ $\Rightarrow$ Aufklingen auf $\overline{V}_s$.
Bei einer Auslenkung auf $\overline{V} > \overline{V}_s$ gilt: $|G| < |-1/N|$ $\Rightarrow$ Abklingen auf $\overline{V}_s$.

Das System besitzt einen stabilen Grenzzyklus.

d) Damit kein Grenzzyklus auftritt, dürfen sich die Ortskurven $G(j\omega)$ und $-1/N(\overline{V})$ nicht schneiden, d.h. es muß gelten:

$$\operatorname{Re}G(j\omega_s) = \frac{-2K_p}{(1+4\omega_s^2)^2} > -1 \quad \text{bzw.} \quad -0{,}5K_p > -1 \;\Rightarrow\; K_p < 2.$$

Für alle Reglerverstärkungen $0 < K_p < 2$ verläuft die Ortskurve $G(j\omega)$ rechts vom Punkt $-1 \pm j0$ (Nyquist-Kriterium), und der geschlossene Regelkreis ist asymptotisch stabil. Die Erklärung dafür ist, daß bei derart kleinen Reglerverstärkungen die Reglerausgangsgröße v nicht in ihre Sättigung läuft, es sich also um einen linearen Regelkreis handelt.

Beispiel 5.13: Gegeben ist der in Bild 5.44 im Blockschaltbild dargestellte Regelkreis.

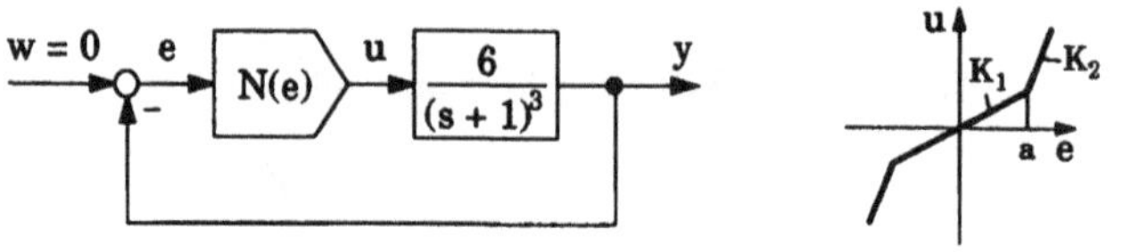

Bild 5.44

a) Es ist die Beschreibungsfunktion $N(\overline{E})$ zu berechnen und für A) $K_1 = 1$, $K_2 = 2$, $a = 1$ und B) $K_1 = 2$, $K_2 = 1$, $a = 1$ zu zeichnen.
b) Es sind für die beiden Fälle etwaige Grenzzyklen zu ermitteln und deren Stabilität zu untersuchen.

Lösung: a) Bild 5.45 zeigt allgemein die Eingangs- und Ausgangsgröße der Nichtlinearität zur Bestimmung der Beschreibungsfunktion.

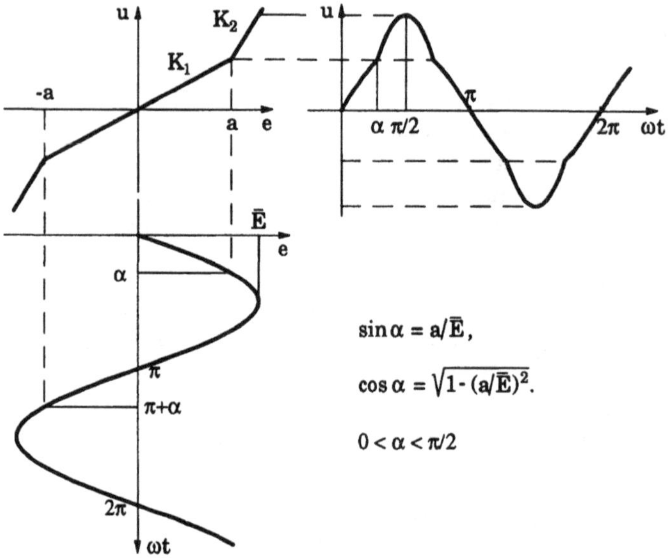

$\sin\alpha = a/\overline{E}$,

$\cos\alpha = \sqrt{1-(a/\overline{E})^2}$.

$0 < \alpha < \pi/2$

Bild 5.45

Mit $e(t) = \bar{E}\sin(\omega t)$ erhält man für die Ausgangsgröße aus der Nichtlinearität während einer Viertelperiode:

$$u(t) = K_1\bar{E}\sin(\omega t) \qquad \text{für:} \quad 0 \le \omega t < \alpha,$$
$$u(t) = K_1 a + K_2\left(\bar{E}\sin(\omega t) - a\right) \qquad \text{für:} \quad \alpha \le \omega t < \pi/2.$$

Für die reelle Beschreibungsfunktion folgt somit für $\bar{E} > a$:

$$N(\bar{E}) = \frac{B}{\bar{E}} = \frac{4}{\pi \bar{E}}\left\{\int_0^{\alpha} K_1\bar{E}\sin^2(\omega t)d(\omega t) + \int_{\alpha}^{\pi/2}\left[(K_1 - K_2)a + K_2\bar{E}\sin(\omega t)\right]\sin(\omega t)d(\omega t)\right\}.$$

Nach der Integration und der Substitution für $\sin\alpha$ und $\cos\alpha$ erhält man schließlich:

$$N(\bar{E}) = K_1 \quad \text{für } \bar{E} \le a,$$
$$N(\bar{E}) = K_2 + \frac{2}{\pi}(K_1 - K_2)\left[\arcsin\left(\frac{a}{\bar{E}}\right) + \frac{a}{\bar{E}}\sqrt{1 - \left(\frac{a}{\bar{E}}\right)^2}\right] \quad \text{für } \bar{E} > a.$$

Bild 5.46 zeigt die Verläufe der Beschreibungsfunktionen für die beiden gegebenen Fälle.

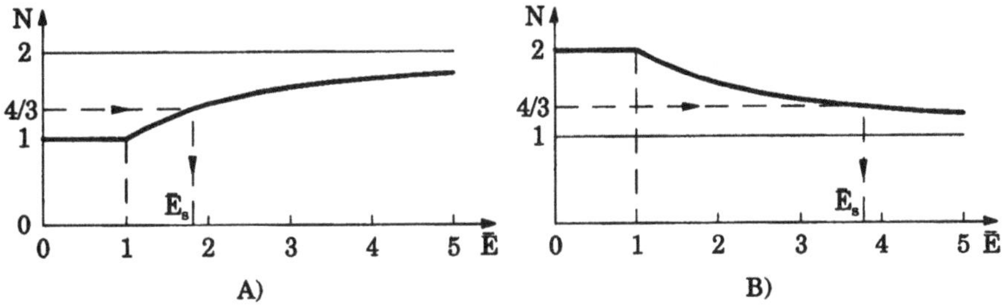

Bild 5.46

b) Bild 5.47 zeigt die Ortskurven $G(j\omega)$ und $-1/N(\bar{E})$ für die beiden Fälle A) und B).

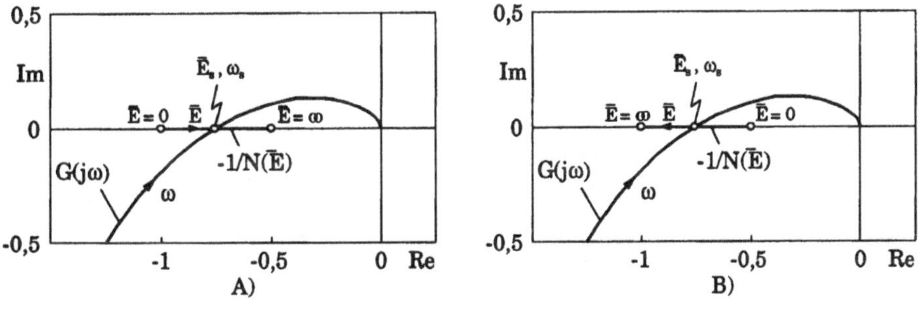

Bild 5.47

Aus:
$$\operatorname{Im} G(j\omega) = \operatorname{Im}\left[\frac{6}{(1+j\omega)^3}\right] = \frac{-6(3\omega - \omega^3)}{(1-3\omega^2)^2 + (3\omega - \omega^3)^2} = 0,$$

folgt für die Kreisfrequenz für A) und B): $\omega_s = \sqrt{3}\,s^{-1}$. Für den Realteil von $G(j\omega_s)$ bzw. $-1/N(\bar{E}_s)$ und $N(\bar{E})$ erhält man:

$$\operatorname{Re} G(j\omega_s) = \operatorname{Re}\left[\frac{6}{(1+j\omega)^3}\right] = \frac{6(1-3\omega_s^2)}{(1-3\omega_s^2)^2 + (3\omega_s - \omega_s^3)^2} = -\frac{1}{N(\bar{E}_s)} = -0{,}75 \Rightarrow N(\bar{E}) = \frac{4}{3}.$$

Damit ergeben sich für die beiden Fälle aus den entsprechenden Beschreibungsfunktionen (Bild 5.46) folgende Amplituden: Fall A): $\overline{E}_s \approx 1{,}8$, Fall B): $\overline{E}_s \approx 3{,}8$.

Stabilität der Grenzzyklen:

Fall A): Bei einer Auslenkung der Amplitude auf einen Wert $\overline{E} < \overline{E}_s$ gilt $|G| < |-1/N|$, d.h. die Schwingung wird bis zur Amplitude $\overline{E} = 0$ abklingen. Für eine Auslenkung auf $\overline{E} > \overline{E}_s$ hingegen gilt $|G| > |-1/N|$ und die Schwingung wird bis zur Amplitude $\overline{E} = \infty$ aufklingen. Es handelt sich in diesem Fall also um einen labilen Grenzzyklus.

Fall B): Bei einer Auslenkung der Amplitude auf einen Wert $\overline{E} < \overline{E}_s$ gilt $|G| > |-1/N|$, d.h. die Schwingung wird bis zur Amplitude $\overline{E}_s$ aufklingen. Für eine Auslenkung auf $\overline{E} > \overline{E}_s$ hingegen gilt $|G| < |-1/N|$ und die Schwingung wird bis zur Amplitude $\overline{E}_s$ abklingen. Es handelt sich in diesem Fall also um einen stabilen Grenzzyklus.

5.4 Aufgaben

Aufgabe 5.1: Betrachten Sie den Positionsregelkreis mit Coulombscher Reibung in Bild 5.48.

a) Ermitteln Sie aus dem Blockschaltbild die Differentialgleichung des geschlossenen Regelkreises.

b) Bestimmen Sie die Blätter der Phasenebene und geben Sie die darin jeweils geltenden Trajektoriengleichungen an. Verwenden Sie die Zahlenwerte $K = 2$, $J = 1$ und $M_C = 1$.

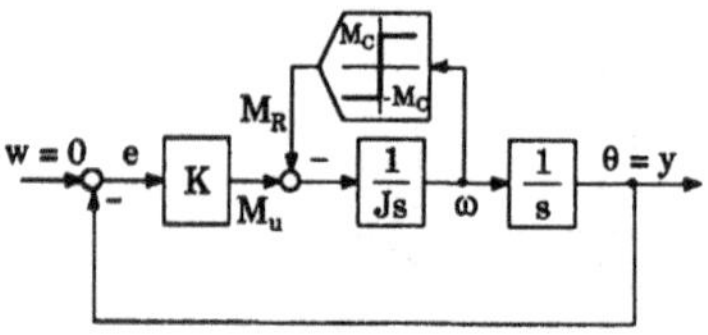

Bild 5.48

c) Zeichnen Sie die Trajektorien ausgehend von den Anfangswerten A(1,5;0) und B(2;0) in der durch $x_1 = y$ und $\hat{x}_2 = x_2/\sqrt{K/J}$ definierten, modifizierten Phasenebene sowie die dazugehörigen Zeitverläufe der Regelgröße y.

Aufgabe 5.2: Betrachten Sie den in Bild 5.49 dargestellten nichtlinearen Regelkreis.

a) Geben Sie die Aufteilung der Phasenebene in ihre Blätter an. Es gelten die Zahlenwerte $a = 1$, $\varepsilon = 0{,}2$ und $q = 0{,}5$.

b) Geben Sie die in den einzelnen Blättern gültigen Trajektoriengleichungen an.

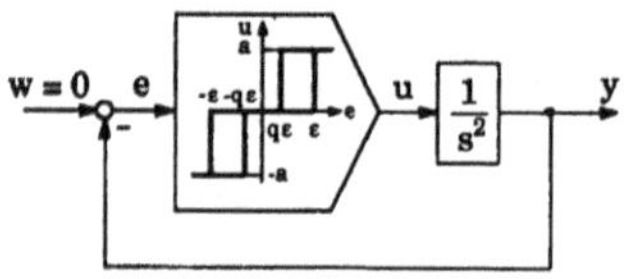

Bild 5.49

c) Berechnen und zeichnen Sie die Trajektorie ausgehend vom Anfangspunkt A(0,3;0) soweit, bis diese wieder auf der x_1 – Achse angelangt ist, und beurteilen Sie aus diesem Verlauf das Stabilitätsverhalten des Regelkreises.

d) Wie lange dauert das Durchlaufen des von Ihnen gezeichneten Teiles der Trajektorie?

Aufgabe 5.3: Der in Bild 5.50 dargestellte Regelkreis mit einer Ansprechempfindlichkeit ist in der Phasenebene zu untersuchen.

a) Unterteilen Sie die Phasenebene in die entsprechenden Blätter.

b) Geben Sie die in den einzelnen Blättern gültigen Trajektorien-Differentialgleichungen an.

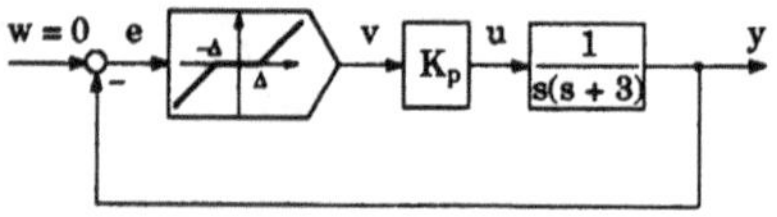

Bild 5.50

c) Berechnen Sie für jene Blätter, bei denen dies möglich ist, die Trajektoriengleichung analytisch. Geben Sie für die Blätter, bei denen dies nicht möglich ist, die Isoklinengleichungen an. Zeichnen Sie die Trajektorien ausgehend von den Anfangspunkten A(1;0), B(0,5;-0,6) und C(0,4;-0,8). Verwenden Sie die Zahlenwerte $K_p = 2$ und $\Delta = 0{,}2$.
Hinweis: Schenken Sie den Isoklinen für die Steigungen $K = -1$ und $K = -2$ besondere Aufmerksamkeit.

Aufgabe 5.4: Es soll der, in Bild 5.51 im Blockschaltbild dargestellte, nichtlineare Regelkreis in der Phasenebene untersucht werden. Zum Zeitpunkt $t = 0$ werde die Führungsgröße sprungförmig verändert: $w(t) = 4\sigma(t)$.

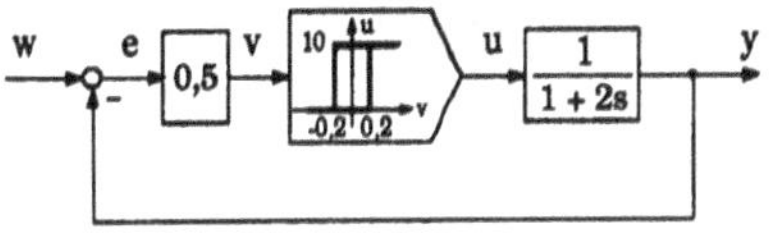

Bild 5.51

a) Geben Sie die Schaltbedingungen des Relaisreglers an und unterteilen Sie die Phasenebene in die resultierenden Blätter.

b) Geben Sie für die einzelnen Blätter die Trajektoriengleichungen an und zeichnen Sie ausgehend vom Anfangspunkt A(0;0) die Trajektorie in der Phasenebene ein.

c) Berechnen Sie die Periodendauer und Amplitude des entstehenden Grenzzyklus.

Aufgabe 5.5: Betrachten Sie den in Bild 5.52 in Blockschaltbilddarstellung gegebenen nichtlinearen Regelkreis. Das Dreipunktrelais soll einmal mit und einmal ohne Hysterese behaftet sein:

A) $\varepsilon = 0{,}3,\ q = 1,\ a = 1,\quad$ B) $\varepsilon = 0{,}4,\ q = 0{,}5,\ a = 1.$

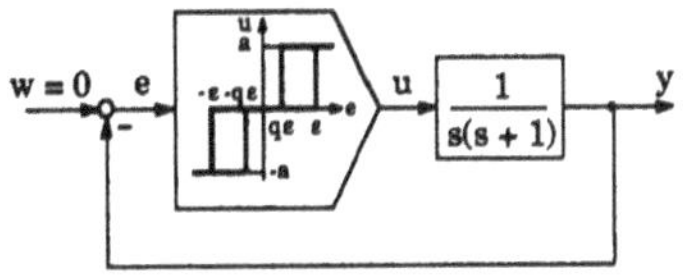

Bild 5.52

a) Definieren Sie für beide Fälle die Blätter der Phasenebene.

b) Geben Sie für beide Fälle die Trajektorien-Gleichungen in den Blättern an.

c) Berechnen und zeichnen Sie jeweils den Verlauf der Trajektorie ausgehend vom Anfangspunkt A(1,5;0). Berechnen Sie dabei alle Umschaltpunkte und den Endpunkt exakt. Was kann über das Stabilitätsverhalten der beiden Regelkreise ausgesagt werden?

Aufgabe 5.6: Betrachten Sie den in Bild 5.53 dargestellten nichtlinearen Standardregelkreis.

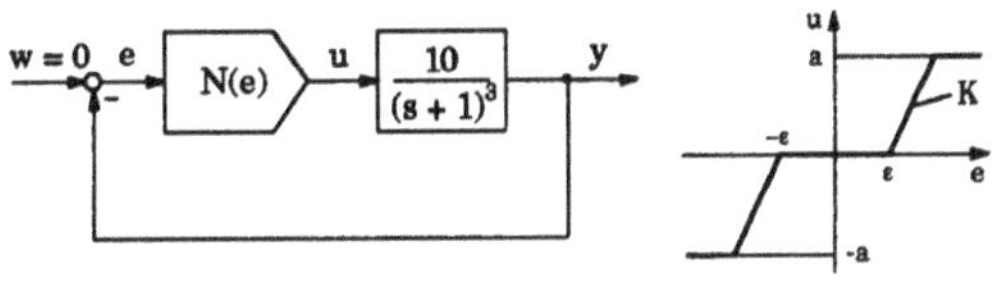

Bild 5.53

a) Berechnen und zeichnen Sie die Beschreibungsfunktion der Sättigung mit Totzone für $a = 1$, $K = 2$ und $\varepsilon = 0{,}2$.

b) Bestimmen Sie Kreisfrequenz und Amplitude möglicher Grenzzyklen.

c) Bestimmen Sie die Stabilität der Grenzzyklen.

Aufgabe 5.7: Betrachten Sie den nichtlinearen Standardregelkreis aus Aufgabe 5.5 B), diesmal jedoch mit

$$G(s) = \frac{2}{s(s+1)(s+2)}.$$

Die Beschreibungsfunktion des Dreipunktschalters mit Totzone und Hysterese wurde in Beispiel 5.9 berechnet.

a) Zeichnen Sie die Ortskurven $G(j\omega)$ und $-1/N(\overline{E})$ und bestimmen Sie Kreisfrequenz und Amplitude möglicher Grenzzyklen.

b) Bestimmen Sie die Stabilität des (der) resultierenden Grenzzyklus (Grenzzyklen).

Aufgabe 5.8: Das Bild 5.54 zeigt das Blockschaltbild eines bereits auf Standardform gebrachten nichtlinearen Regelkreises. Die Nichtlinearität in diesem System ist das Getriebespiel (Lose).

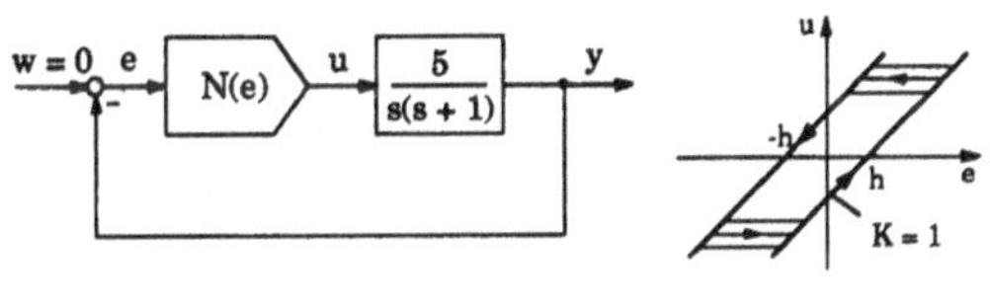

Bild 5.54

a) Berechnen Sie allgemein die Beschreibungsfunktion $N(\overline{E})$ der Getriebelose.

b) Bestimmen Sie mit $h = 1$ die Kreisfrequenz ω_g und die Amplitude Y_g möglicher Grenzzyklen.

c) Bestimmen Sie das Stabilitätsverhalten des geschlossenen Regelkreises.

Aufgabe 5.9: Gegeben ist der in Bild 5.55 dargestellte nichtlineare Regelkreis.

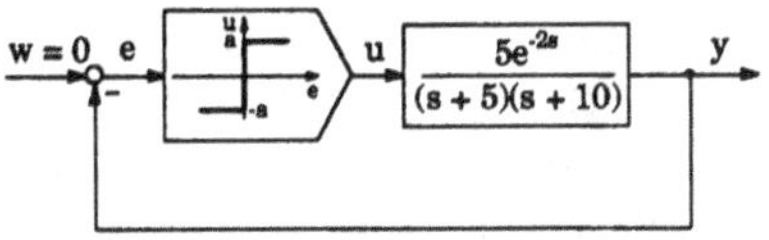

Bild 5.55

a) Geben Sie allgemein die Beschreibungsfunktion $N(\overline{E})$ des Zweipunktschalters an.

b) Bestimmen Sie für $a = 5$ die Kreisfrequenz ω_g und die Amplitude Y_g eines möglichen Grenzzyklus der Regelgröße y(t). Verwenden Sie dazu die Frequenzkennlinien des offenen Regelkreises.

c) Bestimmen Sie die Stabilität dieses Grenzzyklus.

6. Grundlagen der digitalen Regelung

6.1 Arbeitsweise digitaler Regelungen

In Bild 6.1 ist ein digitaler Regelkreis mit allen wesentlichen Elementen im Blockschaltbild dargestellt. Die Regelgröße y(t) wird periodisch mit der konstanten Abtastfrequenz $f_s = 1/T = \omega_s / 2\pi$ abgetastet, wobei T die Abtastzeit und ω_s die Abtastkreisfrequenz ist.

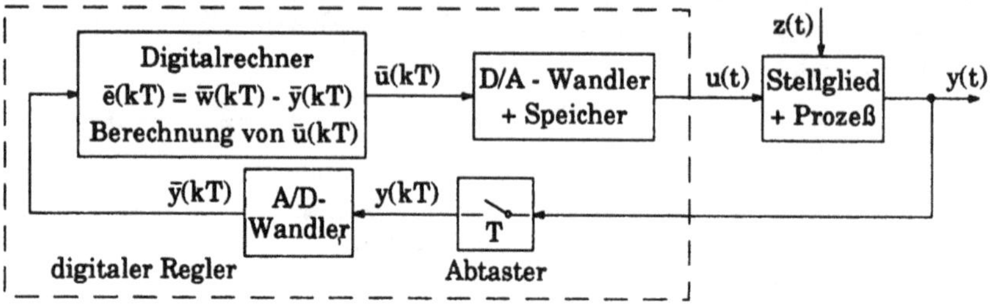

Bild 6.1

Bild 6.2 zeigt die in diesem Regelkreis auftretenden Signale, wobei diese als Funktion der normierten Zeit k = t / T dargestellt sind.

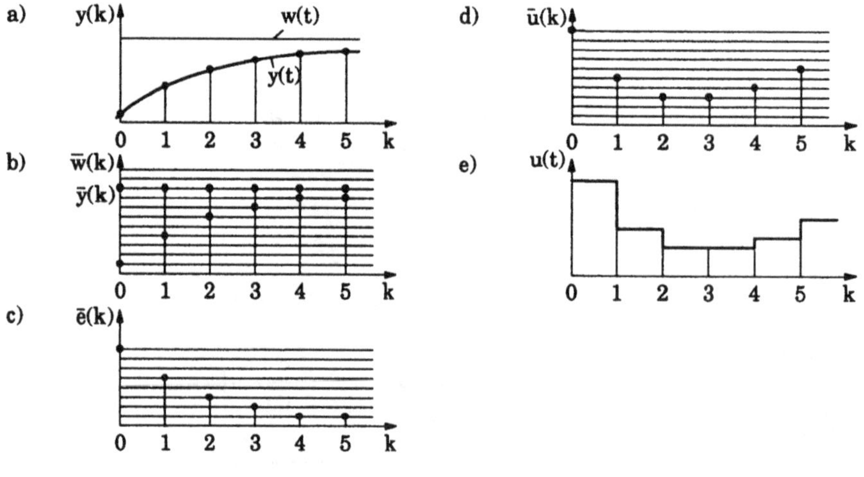

Bild 6.2

Bild 6.2a zeigt die Regelgröße y(t) und die Führungsgröße w(t) in zeitkontinuierlicher sowie die Regelgröße in abgetasteter, zeitdiskreter Form y(k). In Bild 6.2b sind die zeitdiskreten, quantisierten Signale $\overline{y}(k)$ und $\overline{w}(k)$ dargestellt, wie sie nach der A/D-Wandlung ($\overline{y}(k)$) bzw. im Rechner ($\overline{w}(k)$) in binärer Form zur Weiterverarbeitung zur Verfügung stehen. Durch die A/D-Wandlung entsteht der sogenannte Quantisierungsfehler, auf den jedoch in diesem Rahmen nicht näher eingegangen wird. Nachdem im digitalen Regler aus dem Regelfehler $\overline{e}(k)$ (Bild 6.2c) mit Hilfe des Regelalgorithmus die Stellgröße $\overline{u}(k)$ (Bild 6.2d) in Form eines quantisierten, zeitdiskreten binären Signals berechnet wurde, wird diese dem D/A-Wandler mit nachfolgendem Speicher zugeführt. In diesem Bauteil wird das binäre Stellsignal in ein analoges gewandelt und und jeweils über das folgende Abtastintervall konstant gehalten. Die resultierende Ausgangsgröße u(t) (Bild 6.2e) ist dann ein quasistetiges, treppenförmiges Signal, das als Eingangssignal in das Stellglied dient.

6.2 Impulsabtastung (δ-Abtastung)

Bild 6.3a zeigt das für die Impulsabtastung verwendete Symbol, und in Bild 6.3b ist ein typischer Abtastvorgang eines kontinuierlichen Signals x(t) dargestellt. Ist die Dauer des Abtastvorganges ΔT viel kleiner als die Systemzeitkonstanten, dann kann der Ausgang des Abtasters x*(t) durch die gewichtete (modulierte) Folge von Dirac-Impulsen mathematisch modelliert werden:

$$x^*(t) = x(0)\delta(t) + x(T)\delta(t-T) + x(2T)\delta(t-2T) + \ldots = \sum_{k=0}^{\infty} x(kT)\delta(t-kT). \tag{6.1}$$

Die Fläche unter den einzelnen Dirac-Impulsen ist dabei gleich dem Wert der abgetasteten Funktion zum Zeitpunkt kT des Auftretens des Impulses. In Bild 6.3c ist diese gewichtete (modulierte) Dirac-Impulsfolge dargestellt. Diese Darstellung hat den Vorteil, daß man damit die Übertragungsfunktion des Haltegliedes (siehe Abschnitt 6.5.4) relativ einfach herleiten kann. Die Laplace-Transformierte des derart modellierten Abtastsignals x*(t) lautet:

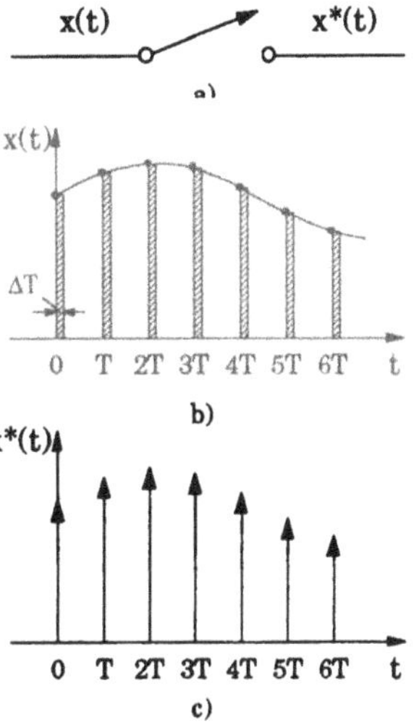

Bild 6.3

$$X^*(s) = \sum_{k=0}^{\infty} x(kT)e^{-kTs}. \tag{6.2}$$

Beispiel 6.1: Es werde die kontinuierliche Eingangsfunktion $x(t) = e^{-at}$ in den Abtaster betrachtet. Die mit Hilfe der Impulsabtastung modellierte Ausgangsfunktion x*(t) sowie deren Laplace-Transformierte lauten:

$$x^*(t) = \sum_{k=0}^{\infty} e^{-akT}\delta(t-kT), \quad X^*(s) = \sum_{k=0}^{\infty} e^{-k(s+a)T}.$$

6.3 z-Transformation

6.3.1 Definition

Durch die einfache Substitution

$$z = e^{Ts} \tag{6.3}$$

in Gleichung (6.2) erhält man die z-Transformierte des abgetasteten Signals x*(t):

$$\mathcal{Z}\left[x^*(t)\right] = X(z) = x(0) + x(T)z^{-1} + x(2T)z^{-2} + \ldots = \sum_{k=0}^{\infty} x(kT)z^{-k}. \tag{6.4}$$

Dabei ist z eine komplexe Variable, $z = \alpha + j\beta$, und $x(kT) = 0$ für $k < 0$ (einseitige z-Transformation). X(z) stellt eine spezielle Laurent-Reihe dar, in der nur negative Potenzen von z auftreten. Eine derartige Reihe konvergiert für sämtliche Werte von z mit $|z| > R$ absolut, falls die Folge $\{x(kT)\}$ für alle k die Ungleichung

$$|x(kT)| < KR^k \tag{6.5}$$

erfüllt. Darin sind K und R positive Konstanten (ohne Beweis).

Beispiel 6.2: Es werde die abgetastete Einheitssprungfunktion $x(kT) = \sigma(kT)$ betrachtet. Gesucht ist die z-Transformierte $\Sigma(z)$.

Lösung: Mit $\sigma(kT) = 1$ für $k = 0, 1, 2, \ldots$ erhält man mit Gleichung (6.4):

$$\Sigma(z) = \sum_{k=0}^{\infty} z^{-k} = 1 + z^{-1} + z^{-2} + \ldots = \frac{1}{1 - z^{-1}} = \frac{z}{z-1}.$$

Anmerkung: Wird eine unstetige Funktion x(t) abgetastet, so gilt an der Unstetigkeitsstelle $t = \nu T$ der rechtsseitige Grenzwert $x(\nu T) = x(\nu T+)$.

Beispiel 6.3: Es ist die z-Transformierte der abgetasteten Exponentialfunktion $x(t) = e^{-akT}$ zu bestimmen.

Lösung: $$X(z) = \sum_{k=0}^{\infty} e^{-akT} z^{-k} = 1 + e^{-aT} z^{-1} + e^{-2aT} z^{-2} + \ldots = \frac{1}{1 - e^{-aT} z^{-1}} = \frac{z}{z - e^{-aT}}.$$

In Tabelle 6.1 sind die Korrespondenzen zwischen x(t), X(s), x(kT) und X(z) für die wichtigsten, in regelungstechnischen Aufgaben vorkommenden Zeitfunktionen angegeben.

Anmerkung: Die erste Eintragung in Tabelle 6.1 betrifft die sogenannte Kronecker-Delta-Funktion $\delta_0(kT)$, die wie folgt definiert ist:

$$\delta_0(kT) = \begin{cases} 1 & \text{für } k = 0 \\ 0 & \text{für } k \neq 0 \end{cases}. \tag{6.6}$$

6.3.2 Wichtige Eigenschaften und Sätze der z-Transformation

Im folgenden werden die wichtigsten Eigenschaften und Sätze der z-Transformation ohne Beweis angegeben. Es gelte dabei immer: $x(kT) = 0$ für $k < 0$.

(6.01): Verstärkungsprinzip $\mathcal{Z}[a\,x(kT)] = a\,\mathcal{Z}[x(kT)].$ (6.7)

(6.02): Superpositionsprinzip

Für: $$x(kT) = a f(kT) + b g(kT)$$

gilt: $$X(z) = a F(z) + b G(z). \tag{6.8}$$

(6.03): Rechts-Verschiebungssatz

$$\mathcal{Z}[x(kT - nT)] = z^{-n} X(z). \tag{6.9}$$

Beispiel 6.4: Gegeben ist die um 4 Abtastschritte nach rechts verschobene Einheitssprungfunktion $\sigma[(k-4)T]$. Gesucht ist deren z-Transformierte.

Lösung: $$\mathcal{Z}[\sigma[(k-4)T]] = z^{-4}\,\mathcal{Z}[\sigma(kT)] = \frac{z^{-4}}{1 - z^{-1}}.$$

Korrespondenztabelle der z-Transformation

	X(s)	x(t)	x(kT)	X(z)
1		---	$\delta_0(kT)$	1
2	$\frac{1}{s}$	$\sigma(t)$	$\sigma(kT)$	$\frac{1}{1-z^{-1}}$
3	$\frac{1}{s+a}$	e^{-at}	e^{-akT}	$\frac{1}{1-e^{-aT}z^{-1}}$
4	$\frac{1}{s^2}$	$\rho(t)=t$	$\rho(kT)=kT$	$\frac{Tz^{-1}}{(1-z^{-1})^2}$
5	$\frac{a}{s(s+a)}$	$1-e^{-at}$	$1-e^{-akT}$	$\frac{(1-e^{-aT})z^{-1}}{(1-z^{-1})(1-e^{-aT}z^{-1})}$
6	$\frac{b-a}{(s+a)(s+b)}$	$e^{-at}-e^{-bt}$	$e^{-akT}-e^{-bkT}$	$\frac{(e^{-aT}-e^{-bT})z^{-1}}{(1-e^{-aT}z^{-1})(1-e^{-bT}z^{-1})}$
7	$\frac{1}{(s+a)^2}$	te^{-at}	kTe^{-akT}	$\frac{Te^{-aT}z^{-1}}{(1-e^{-aT}z^{-1})^2}$
8	$\frac{s}{(s+a)^2}$	$(1-at)e^{-at}$	$(1-akT)e^{-akT}$	$\frac{1-(1+aT)e^{-aT}z^{-1}}{(1-e^{-aT}z^{-1})^2}$
9	$\frac{\omega}{s^2+\omega^2}$	$\sin\omega t$	$\sin\omega kT$	$\frac{z^{-1}\sin\omega T}{1-2z^{-1}\cos\omega T+z^{-2}}$
10	$\frac{s}{s^2+\omega^2}$	$\cos\omega t$	$\cos\omega kT$	$\frac{1-z^{-1}\cos\omega T}{1-2z^{-1}\cos\omega T+z^{-2}}$
11	$\frac{\omega}{(s+a)^2+\omega^2}$	$e^{-at}\sin\omega t$	$e^{-akT}\sin\omega kT$	$\frac{e^{-aT}z^{-1}\sin\omega T}{1-2e^{-aT}z^{-1}\cos\omega T+e^{-2aT}z^{-2}}$
12	$\frac{s+a}{(s+a)^2+\omega^2}$	$e^{-at}\cos\omega t$	$e^{-akT}\cos\omega kT$	$\frac{1-e^{-aT}z^{-1}\cos\omega T}{1-2e^{-aT}z^{-1}\cos\omega T+e^{-2aT}z^{-2}}$
13			a^k	$\frac{1}{1-az^{-1}}$
14			ka^{k-1}	$\frac{z^{-1}}{(1-az^{-1})^2}$
15			k^2a^{k-1}	$\frac{z^{-1}(1+az^{-1})}{(1-az^{-1})^3}$
16			k^3a^{k-1}	$\frac{z^{-1}(1+4az^{-1}+a^2z^{-2})}{(1-az^{-1})^4}$
17			$a^k\cos k\pi$	$\frac{1}{1+az^{-1}}$

Tabelle 6.1

Beispiel 6.5: Betrachtet werde die in Bild 6.4 dargestellte Funktion x(t), die mit einer Abtastzeit $T = 1\,s$ abgetastet werden soll. Wie lautet die z-Transformierte X(z)?

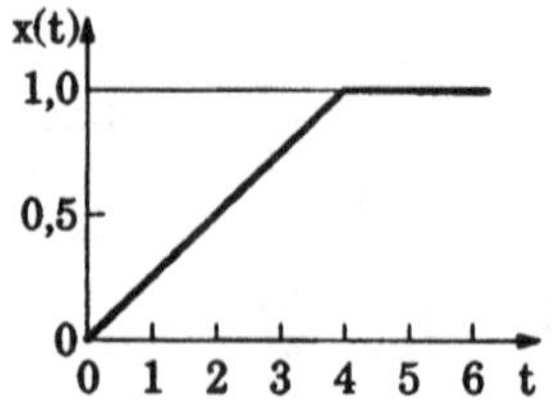

Bild 6.4

Lösung: Für das Abtastsignal kann geschrieben werden:

$$x(k) = \frac{1}{4}[\rho(k) - \rho(k-4)] = \frac{1}{4}k - \frac{1}{4}[(k-4)]\sigma(k-4).$$

Die z-Transformierte lautet dann mit der Eintragung 4 aus der Korrespondenztabelle sowie mit dem Rechts-Verschiebungssatz (**6.03**):

$$X(z) = \frac{1}{4}\left[\frac{z^{-1}}{(1-z^{-1})^2} - z^{-4}\frac{z^{-1}}{(1-z^{-1})^2}\right] = \frac{1}{4}\frac{z^{-1}(1-z^{-4})}{(1-z^{-1})^2}.$$

(6.04): Links-Verschiebungssatz

$$\mathcal{Z}[x(kT+nT)] = z^n\left[X(z) - \sum_{k=0}^{n-1} x(kT)z^{-k}\right]. \tag{6.10}$$

Beispiel 6.6: Gesucht ist die z-Transformierte der Funktion $x[(k+2)T]$.

Lösung: $\mathcal{Z}[[x(k+2)T]] = z^2X(z) - z^2x(0) - zx(T)$.

(6.05): Anfangswertsatz

$$x(0) = \lim_{z\to\infty} X(z). \tag{6.11}$$

(6.06): Endwertsatz (falls der Endwert existiert)

$$\lim_{k\to\infty} x(kT) = \lim_{z\to 1}\left[(1-z^{-1})X(z)\right]. \tag{6.12}$$

Beispiel 6.7: Gegeben sei die Bildfunktion

$$X(z) = \frac{1}{(1-z^{-1})(1-az^{-1})}.$$

Gesucht sind der Anfangs- und Endwert der Funktion x(kT).

Lösung:

$$x(0) = \lim_{z\to\infty} X(z) = \left.\frac{1}{(1-z^{-1})(1-az^{-1})}\right|_{z=\infty} = 1,$$

$$\lim_{k\to\infty} x(kT) = \lim_{z\to 1}\left[(1-z^{-1})X(z)\right] = \left.\frac{1}{1-az^{-1}}\right|_{z=1} = \frac{1}{1-a}.$$

(6.07): Faltungssatz

Mit $x_1(kT) = 0$ und $x_2(kT) = 0$ für $k < 0$ gilt:

$$X_1(z)\cdot X_2(z) = \mathcal{Z}\left[\sum_{h=0}^{k} x_1(hT)x_2[(k-h)T]\right] = \mathcal{Z}\left[\sum_{h=0}^{k} x_1[(k-h)T]x_2(hT)\right]. \tag{6.13}$$

(6.08): Summationsregel

Mit $f(kT) = 0$ für $k < 0$ und $y(kT) = \sum_{\nu=0}^{k} f(\nu T);\ k = 0, 1, 2, \ldots$ gilt:

$$Y(z) = \frac{1}{1-z^{-1}}F(z). \tag{6.14}$$

6.3.3 Inverse z-Transformation

Definition:

$$\mathcal{Z}^{-1}\left[X(z)\right] = x(kT) \qquad (6.15)$$

Anmerkung: Die inverse Transformation von X(z) liefert ein eindeutiges x(kT), aber kein eindeutiges x(t).

Die im Rahmen dieses Repetitoriums behandelten Methoden zur Berechnung der inversen z-Transformation sind:

1) die Partialbruchzerlegung und Verwendung der Korrespondenztabelle,
2) die Divisionsmethode.

Zu 1): Man führt eine Partialbruchzerlegung für X(z)/z durch. Sodann werden die einzelnen mit z multiplizierten Partialbrüche mit Hilfe der Korrespondenztabelle rücktransformiert. Damit wird ermöglicht, die in Tabelle 6.1 aufgelisteten Korrespondenzen direkt zu verwenden.

Beispiel 6.8: Gesucht ist die inverse Funktion x(kT) von $X(z) = \dfrac{10z+5}{z^2 - 1{,}2z + 0{,}2}$.

Lösung: Die Partialbruchzerlegung ergibt:

$$\frac{X(z)}{z} = \frac{10z+5}{z(z-1)(z-0{,}2)} = \frac{25}{z} + \frac{18{,}75}{z-1} - \frac{43{,}75}{z-0{,}2},$$

bzw.: $$X(z) = 25 + 18{,}75\frac{z}{z-1} - 43{,}75\frac{z}{z-0{,}2} = 25 + 18{,}75\frac{1}{1-z^{-1}} - 43{,}75\frac{1}{1-0{,}2z^{-1}}.$$

Mit den Korrespondenzen 1, 2 und 13 aus Tabelle 6.1 erhält man

$$x(kT) = 25\delta_0(kT) + 18{,}75\sigma(kT) - 43{,}75(0{,}2)^k;\; k = 0, 1, 2, \dots ,$$

und die resultierende Zahlenfolge lautet: {0; 10; 17; 18,4; 18,68; 18,736; 18,7472;. . . .}.

Zu 2): Die Division des Zählers der Bildfunktion X(z) durch deren Nenner ergibt direkt die Potenzreihe der Form

$$X(z) = x(0) + x(T)z^{-1} + x(2T)z^{-2} + \dots = \sum_{k=0}^{\infty} x(kT)z^{-k}. \qquad (6.16)$$

Diese Methode wird dann angewendet, wenn es schwierig ist, eine geschlossene Form für x(kT) zu finden, oder wenn nur einige Werte von x(kT) zu berechnen sind.

Beispiel 6.9: Es wird wieder die Rücktransformation der z-Transformierten X(z) aus Beispiel 6.8 betrachtet. Es sollen die ersten vier Werte der Funktion x(kT) berechnet werden.

Lösung: Die Division von

$$X(z) = \frac{10z+5}{z^2 - 1{,}2z + 0{,}2} = \frac{10z^{-1} + 5z^{-2}}{1 - 1{,}2z^{-1} + 0{,}2z^{-2}}$$

ergibt: $X(z) = (10z^{-1} + 5z^{-2})/(1 - 1{,}2z^{-1} + 0{,}2z^{-2}) = 10z^{-1} + 17z^{-2} + 18{,}4z^{-3} + 18{,}68z^{-4} + \dots$,

und damit wieder die Zahlenfolge {0; 10; 17; 18,4; 18,68; 18,736; 18,7472;. . . .}.

6.4 Differenzengleichungen

Der Zusammenhang zwischen dem zeitdiskreten Eingangs- und Ausgangssignal eines linearen, zeitinvarianten, dynamischen Übertragungsgliedes (Bild 6.4) wird allgemein durch eine lineare Differenzengleichung n-ter Ordnung mit konstanten Koeffizienten beschrieben:

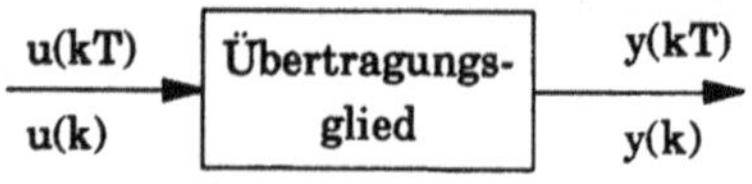

Bild 6.4

$$\begin{aligned} &y(kT)+a_1y[(k-1)T]+a_2y[(k-2)T]+\ldots+a_ny[(k-n)T]= \\ &=b_0u[(k-d)T]+b_1u[(k-1-d)T]+b_2u[(k-2-d)T]+\ldots+b_nu[(k-n-d)T]. \end{aligned} \quad (6.17)$$

Anmerkung: In diesem Repetitorium wird angenommen, daß eine etwaige Totzeit des Übertragungsgliedes immer ein ganzzahliges Vielfaches der Abtastzeit $T_t = dT$ ist.

Beispiel 6.10: Ein Übertragungsglied werde durch die Differenzengleichung

$$y(kT)-y[(k-1)T]+0,5y[(k-2)T]=0,25u[(k-1)T]+0,25u[(k-2)T]$$

mit den Anfangswerten $y(-T)=0$ und $y(-2T)=0$ beschrieben. Als Eingangsgröße in das Übertragungsglied wirke die Einheitssprungfunktion $\sigma(kT)$. Es ist die Übergangsfunktion $h(kT)$, für $k=0,1,2,\ldots 13$ zu berechnen und zu zeichnen.

Lösung: Die rekursive Lösung der Differenzengleichung

$$y(kT)=y[(k-1)T]-0,5y[(k-2)T]+0,25u[(k-1)T]+0,25u[(k-2)T]$$

ergibt:

$y(0)=0$	$y(7T)=0,9688$
$y(T)=0,25$	$y(8T)=0,9375$
$y(2T)=0,75$	$y(9T)=0,9531$
$y(3T)=1,125$	$y(10T)=0,9844$
$y(4T)=1,25$	$y(11T)=1,0078$
$y(5T)=1,1875$	$y(12T)=1,0156$
$y(6T)=1,0625$	$y(13T)=1,0117$

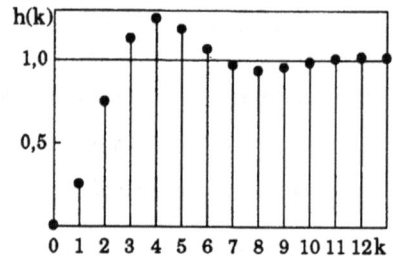

Bild 6.5

Bild 6.5 zeigt die Übergangsfunktion über der normierten Zeitachse aufgetragen.

6.5 z-Übertragungsfunktion, Gewichtsfolge und Faltungssumme

6.5.1 z-Übertragungsfunktion (Pulsübertragungsfunktion)

Unterwirft man die Differenzengleichung (6.17) einer z-Transformation, dann erhält man mit den Sätzen **(6.01)** bis **(6.03)**:

$$Y(z)\left[1+a_1z^{-1}+a_2z^{-2}+\ldots+a_nz^{-n}\right]=U(z)\left[b_0z^{-d}+b_1z^{-(1+d)}+b_2z^{-(2+d)}+\ldots+b_nz^{-(n+d)}\right]. \quad (6.18)$$

Man definiert nun als *z-Übertragungsfunktion (Pulsübertragungsfunktion)* die gebrochen rationale Funktion

$$G(z) = \frac{Y(z)}{U(z)} = \frac{b_0 + b_1 z^{-1} + b_2 z^{-2} + \ldots + b_n z^{-n}}{1 + a_1 z^{-1} + a_2 z^{-2} + \ldots + a_n z^{-n}} z^{-d}. \quad (6.19)$$

6.5.2 Gewichtsfolge

Wählt man als Eingangsgröße u(kT) in das Übertragungssystem die Kronecker-Delta-Funktion $\delta_0(kT)$ (6.6), so erhält man mit $\delta_0(z) = 1$:

$$Y(z) = G(z)\delta_0(z) = G(z). \quad (6.20)$$

Die Funktion
$$g(kT) = Z^{-1}[G(z)] \quad (6.21)$$

wird als *Gewichtsfolge* des Übertragungsgliedes bezeichnet. $\delta_0(kT)$ spielt also bei zeitdiskreten Systemen eine ähnliche Rolle wie die Dirac-Deltafunktion bei zeitkontinuierlichen Systemen.

6.5.3 Faltungssumme

Löst man Gleichung (6.19) nach Y(z) auf, so erhält man:

$$Y(z) = G(z)U(z). \quad (6.22)$$

Daraus folgt nach der inversen z-Transformation mit dem Faltungssatz **(6.07)** für die Regelgröße:

$$y(kT) = \sum_{h=0}^{k} g[(k-h)T]u(hT) = \sum_{h=0}^{k} u[(k-h)T]g(hT). \quad (6.23)$$

Beispiel 6.11: Gegeben sei die Differenzengleichung

$$y(kT) - 0{,}5y[(k-1)T] = u(kT).$$

Gesucht ist die Übertragungsfunktion G(z) und die Gewichtsfolge g(kT).

Lösung: Die z-Transformation der Differenzengleichung ergibt:

$$Y(z)\left[1 - 0{,}5z^{-1}\right] = U(z).$$

Daraus folgt für die Übertragungsfunktion und für die Gewichtsfolge:

$$G(z) = \frac{Y(z)}{U(z)} = \frac{1}{1 - 0{,}5z^{-1}}, \quad g(kT) = (0{,}5)^k.$$

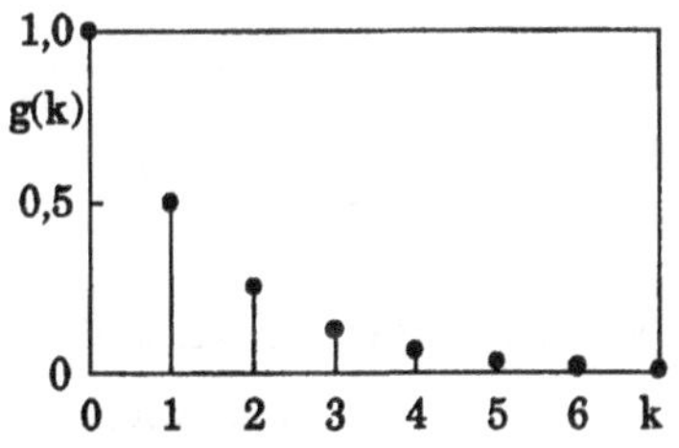

Bild 6.6

In Bild 6.6 ist die Gewichtsfolge g(k) über der normierten Zeitachse $k = t / T$ dargestellt.

Beispiel 6.12: Die Differenzengleichung eines PID-Reglers lautet allgemein:

$$u(kT) - u[(k-1)T] = d_0 e(kT) + d_1 e[(k-1)T] + d_2 e[(k-2)T].$$

Es ist die Pulsübertragungsfunktion zu bestimmen.

Lösung: Die z-Transformation der Reglergleichung ergibt mit dem Rechts-Verschiebungssatz **(6.03)**:

$$U(z)\left[1 - z^{-1}\right] = E(z)\left[d_0 + d_1 z^{-1} + d_2 z^{-2}\right].$$

Damit folgt für die z-Übertragungsfunktion:

$$G_D(z) = \frac{d_0 + d_1 z^{-1} + d_2 z^{-2}}{1 - z^{-1}} = \frac{d_0 z^2 + d_1 z + d_2}{z(z-1)}.$$

Der diskrete PID-Regler besitzt demnach einen Pol im Ursprung, einen Pol bei $z = 1$ sowie zwei endliche Nullstellen.

Beispiel 6.13: Es werde das Übertragungsglied mit der Gewichtsfolge g(kT) aus Beispiel 6.11 betrachtet (Bild 6.7a). Als Eingangsfunktion wirke die in Bild 6.7b gegebene Funktion u(kT). Es soll der Ausgang y(kT) mit Hilfe der zweiten Form der Faltungssumme (6.23) für $k = 0, 1, \ldots, 7$ berechnet werden.

Lösung: Die Berechnung z.B. des Ausgangswertes y(3T) erfolgt nach der Vorschrift

$$y(3T) = \sum_{h=0}^{3} u(3T - hT) g(hT).$$

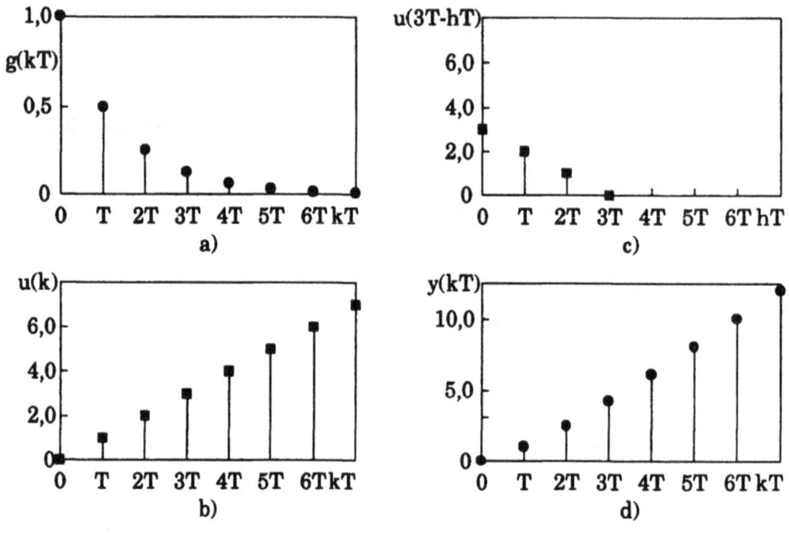

Bild 6.7

In Bild 6.7c ist die Funktion u(3T − hT) dargestellt. Man erhält:

$$\begin{aligned} y(3T) &= u(3T)g(0) + u(2T)g(T) + u(T)g(2T) + u(0)g(3T) \\ &= 3 \cdot 1{,}0 + 2{,}0 \cdot 0{,}5 + 1{,}0 \cdot 0{,}25 + 0 \cdot 0{,}125 = 4{,}25. \end{aligned}$$

Die Auswertung der Faltungssumme auf diese Art und Weise führt zum Ergebnis y(kT), das in Bild 6.7d dargestellt ist.

6.5.4 Halteglied 0.Ordnung

Das Halteglied 0.Ordnung ist das einfachste Filter, mit welchem aus dem zeitdiskreten Signal u(kT) das zeitkontinuierliche Signal u(t) näherungsweise rekonstruiert werden kann. Es modelliert die in Bild 6.1 dargestellte Speiche-

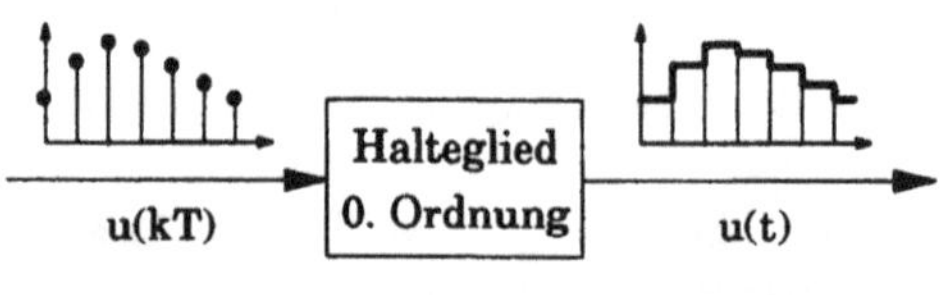

Bild 6.8

rung der Werte der D/A gewandelten Stellfolge u(kT) während des darauf folgenden Abtastintervalls, wie in Bild 6.8 dargestellt. Es gilt:

$$u(kT+\tau) = u(kT), \quad 0 \le \tau < T. \tag{6.24}$$

Für das Stellsignal u(t) kann geschrieben werden:

$$u(t) = \sum_{k=0}^{\infty} u(kT)[\sigma(t-kT) - \sigma(t-(k+1)T)]. \tag{6.25}$$

Laplace-transformiert man Gleichung (6.25), so erhält man mit Gleichung (6.2):

$$U(s) = \sum_{k=0}^{\infty} u(kT)\frac{e^{-kTs} - e^{-(k+1)Ts}}{s} = \frac{1-e^{-Ts}}{s}\sum_{k=0}^{\infty} u(kT)e^{-kTs} = H_0(s)U^*(s). \tag{6.26}$$

Die Laplace-Übertragungsfunktion des Haltegliedes 0. Ordnung lautet also:

$$H_0(s) = \frac{1-e^{-Ts}}{s}. \tag{6.27}$$

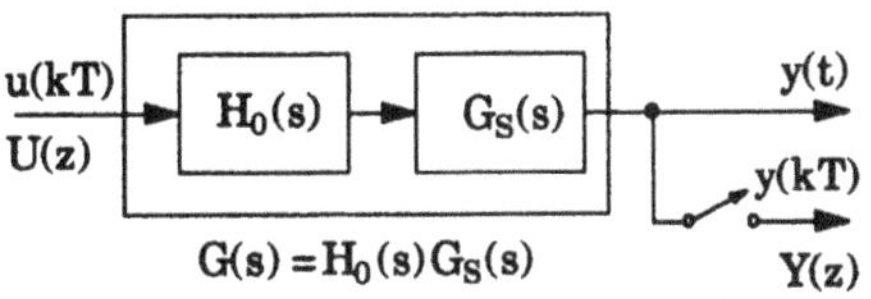

Bild 6.9

Das Halteglied $H_0(s)$ tritt immer, wie in Bild 6.9 dargestellt, in Serie mit der Regelstrecke $G_S(s)$ auf. Die z-Transformierte dieser Serienschaltung lautet (ohne Beweis):

$$G(z) = (1-z^{-1})\mathcal{Z}\left[\frac{G_S(s)}{s}\right]. \tag{6.28}$$

Beispiel 6.14: Es ist die z-Übertragungsfunktion G(z) der Serienschaltung eines Haltegliedes $H_0(s)$ und einer Regelstrecke $G_S(s) = \dfrac{1}{s(s+1)}$ zu bestimmen.

Lösung: $G(z) = \mathcal{Z}[H_0(s)G(s)] = (1-z^{-1})\mathcal{Z}\left[\dfrac{1}{s^2(s+1)}\right] = (1-z^{-1})\mathcal{Z}\left[\dfrac{1}{s^2} - \dfrac{1}{s} + \dfrac{1}{s+1}\right].$

Mit Hilfe der Korrespondenztabelle 6.1 folgt:

$$G(z) = (1-z^{-1})\left[\frac{Tz^{-1}}{(1-z^{-1})^2} - \frac{1}{1-z^{-1}} + \frac{1}{1-e^{-T}z^{-1}}\right] = \frac{(T-1+e^{-T})z^{-1} + (1-e^{-T}-Te^{-T})z^{-2}}{(1-z^{-1})(1-e^{-T}z^{-1})}.$$

6.5.5 z-Übertragungsfunktion kaskadierter Übertragungssysteme

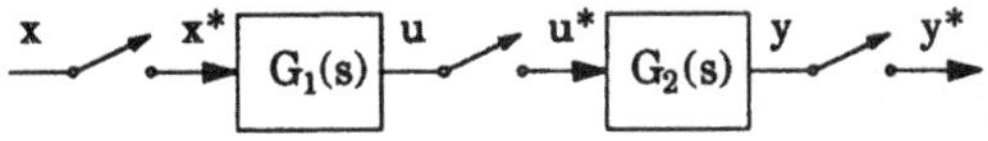

Bild 6.10

a) Sind zwei durch einen Abtaster getrennte Übertragungsglieder nach Bild 6.10 in Serie geschaltet, dann gilt:

$$G(z) = \frac{Y(z)}{X(z)} = G_1(z)G_2(z). \tag{6.29}$$

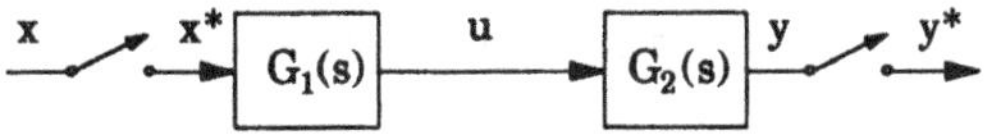

Bild 6.11

b) Sind, wie in Bild 6.11 dargestellt, zwei Übertragungsglieder nicht durch einen Abtaster getrennt, dann gilt für diese Serienschaltung:

$$G(z) = \frac{Y(z)}{X(z)} = G_1G_2(z). \tag{6.30}$$

Die Schreibweise $G_1G_2(z)$ bedeutet dabei, daß das Produkt der beiden Laplace-Übertragungsfunktionen z-transformiert wird.

Beispiel 6.15: $G_1(s) = \frac{1}{s+1}, \quad G_2(s) = \frac{1}{s+2}.$

a) Aus der Korrespondenztabelle erhält man: $G_1(z) = \frac{1}{1-e^{-T}z^{-1}}$ und $G_2(z) = \frac{1}{1-e^{-2T}z^{-1}}.$

Damit folgt: $$G(z) = G_1(z)G_2(z) = \frac{1}{(1-e^{-T}z^{-1})(1-e^{-2T}z^{-1})}.$$

b) $$G_1G_2(z) = Z\left[\frac{1}{(s+1)(s+2)}\right] = Z\left[\frac{1}{(s+1)} - \frac{1}{s+2}\right] = \frac{1}{1-e^{-T}z^{-1}} - \frac{1}{1-e^{-2T}z^{-1}},$$

bzw.: $$G_1G_2(z) = \frac{(e^{-T}-e^{-2T})z^{-1}}{(1-e^{-T}z^{-1})(1-e^{-2T}z^{-1})}.$$

Man erkennt: $$G_1(z)G_2(z) \neq G_1G_2(z).$$

6.5.6 z-Übertragungsfunktion des geschlossenen Regelkreises

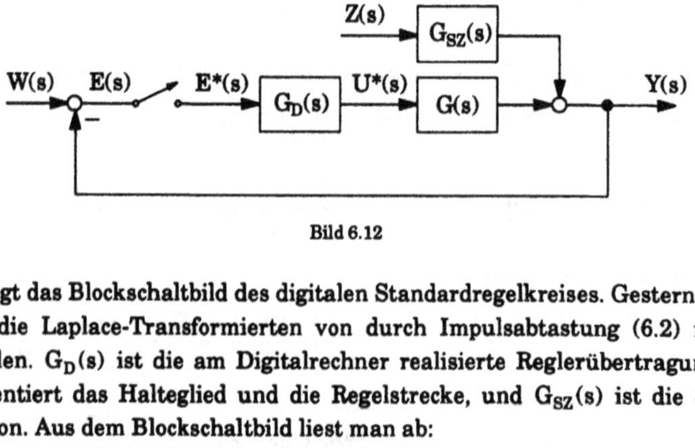

Bild 6.12

Bild 6.12 zeigt das Blockschaltbild des digitalen Standardregelkreises. Gesternte Variablen sind darin die Laplace-Transformierten von durch Impulsabtastung (6.2) modellierten Abtastsignalen. $G_D(s)$ ist die am Digitalrechner realisierte Reglerübertragungsfunktion, G(s) repräsentiert das Halteglied und die Regelstrecke, und $G_{SZ}(s)$ ist die Störübertragungsfunktion. Aus dem Blockschaltbild liest man ab:

$$E(s) = W(s) - Y(s),$$
$$U^*(s) = G_D(s)E^*(s),$$
$$Y(s) = G(s)U^*(s) + G_{SZ}(s)Z(s).$$

Sternt man diese drei Gleichungen, so erhält man:

$$E^*(s) = W^*(s) - Y^*(s) \tag{6.31}$$
$$U^*(s) = G_D^*(s)E^*(s) \tag{6.32}$$
$$Y^*(s) = G^*(s)U^*(s) + (G_{SZ}Z)^*(s) \tag{6.33}$$

Anmerkung: Das "Sternen" der Laplace-Transformierten einer kontinuierlichen Funktion bedeutet, daß diese in den Zeitbereich rücktransformiert wird, sodann impulsabgetastet wird, und dieses impulsabgetastete Signal wieder Laplace-transformiert wird.

Beim "Sternen" gelten zwei wichtige Regeln, die im folgenden ohne Beweis angegeben werden.

- Das "Sternen" des Produkts einer ungesternten und einer gesternten Laplace-Transformierten ist gleich dem Produkt der beiden gesternten Funktionen, wie z.B. in Gleichung (6.33):

$$\left[G(s)U^*(s)\right]^* = G^*(s)U^*(s).$$

- Das "Sternen" des Produkts zweier ungesternter Laplace-Transformierten ist gleich dem gesternten Produkt der beiden Funktionen, wie z.B. in Gleichung (6.33):

$$\left[G_{SZ}(s)Z(s)\right]^* = (G_{SZ}Z)^*(s).$$

Führungsverhalten ($Z(s) = 0$):

Eliminiert man aus den Gleichungen (6.31) – (6.33) $E^*(s)$ und $U^*(s)$, so erhält man:

$$Y^*(s) = \frac{G_D^*(s)G^*(s)}{1+G_D^*(s)G^*(s)}W^*(s). \tag{6.34}$$

Der Übergang auf z-transformierte Größen führt auf die folgende Führungsübertragungsfunktion:

$$G_W(z) = \frac{Y(z)}{W(z)} = \frac{G_D(z)G(z)}{1+G_D(z)G(z)}. \tag{6.35}$$

Störverhalten ($W(s) = 0$):

Eliminiert man aus den Gleichungen (6.31) – (6.33) wieder $E^*(s)$ und $U^*(s)$, so folgt:

$$Y^*(s) = \frac{(G_{SZ}Z)^*(s)}{1+G_D^*(s)G^*(s)}. \tag{6.36}$$

Beim Übergang auf z-transformierte Größen ist es hier nicht möglich eine Übertragungsfunktion anzugeben. Man erhält für die Regelgröße:

$$Y(z) = \frac{G_{SZ}Z(z)}{1+G_D(z)G(z)}. \tag{6.37}$$

$G_{SZ}Z(z)$ ist darin die z-Transformierte des impulsabgetasteten Zeitsignals, das sich aus der inversen Laplace-Transformation des Produkts von $G_{SZ}(s)$ und der anliegenden speziellen Störgröße $Z(s)$ ergibt. Es gilt allgmein: $G_{SZ}Z(z) \neq G_{SZ}(z)Z(z)$.

Beispiel 6.16: Die in Bild 6.13 im Blockschaltbild dargestellte Regelstrecke soll in einem digitalen Regelkreis mit einem P-Regler ($K_p = 0{,}5$) geregelt werden, wobei als Abtastzeit $T = 1\,s$ gewählt wird. Es ist die Regelgröße $Y(z)$ für eine sprungförmige Führungsgrößenänderung und für eine sprungförmige Störung zu berechnen und sodann in den Zeitbereich zu transformieren.

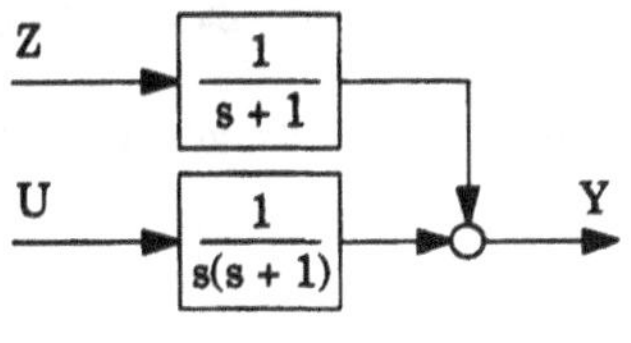

Bild 6.13

Lösung: Die z-Übertragungsfunktion $G(z)$ von Halteglied und Strecke lautet mit $T = 1\,s$ (siehe Beispiel 6.14):

$$G(z) = \frac{0{,}3679z^{-1} + 0{,}2642z^{-2}}{(1-z^{-1})(1-0{,}3679z^{-1})}$$

Führungsverhalten: Mit $G_D(z) = 0,5$ erhält man für die Führungsübertragungsfunktion:

$$G_W(z) = \frac{Y(z)}{U(z)} = \frac{0,1839z^{-1} + 0,1321z^{-2}}{1 - 1,184z^{-1} + 0,5z^{-2}}.$$

Für die das Führungsverhalten beschreibende Differenzengleichung ergibt sich aus

$$Y(z)\left[1 - 1,184z^{-1} + 0,5z^{-2}\right] = W(z)\left[0,1839z^{-1} + 0,1321z^{-2}\right]$$

nach formaler Rücktransformation:

$$y(kT) - 1,184\,y[(k-1)T] + 0,5\,y[(k-2)T] = 0,1839\,w[(k-1)T] + 0,1321\,w[(k-2)T].$$

Die rekursive Berechnung der Regelgröße erfolgt dann nach der Vorschrift:

$$y(kT) = 1,184\,y[(k-1)T] - 0,5\,y[(k-2)T] + 0,1839\,w[(k-1)T] + 0,1321\,w[(k-2)T].$$

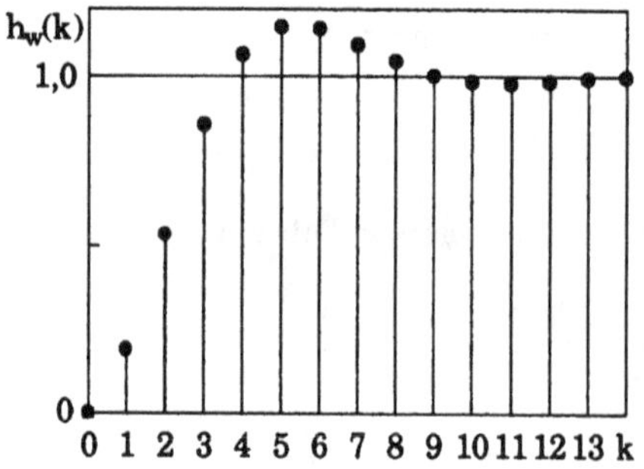

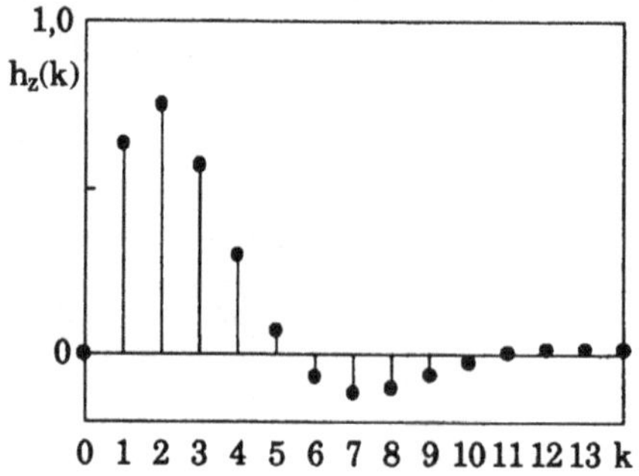

Bild 6.14

Störverhalten: Aus Tabelle 6.1 erhält man für den Zähler in Gleichung (6.37):

$$G_{SZ}Z(z) = \frac{0,6321z^{-1}}{(1 - z^{-1})(1 - 0,3679z^{-1})}.$$

Damit folgt für Y(z) und nach der Rücktransformation (Zeile 11 in der Korrespondenztabelle) für y(k) nach einer sprungförmigen Störung:

$$Y(z) = \frac{0,6321z^{-1}}{1 - 1,184z^{-1} + 0,5z^{-2}}, \quad y(k) = 1,635\,e^{-0,347k}\sin(0,578k).$$

Die Führungs- und die Störübergangsfunktion sind in Bild 6.14 dargestellt.

6.6 Zusammenhang zwischen s-Ebene und z-Ebene

Laut Definition der z-Transformation gilt:

$$z = e^{Ts} = e^{T(\sigma + j\omega)} = e^{T\sigma} e^{j(T\omega + 2\pi k)}; \quad k = 0, \pm 1, \pm 2, \dots \tag{6.38}$$

bzw.:

$$|z| = e^{T\sigma}, \tag{6.39}$$

$$\arg z = T\omega + 2\pi k. \tag{6.40}$$

Anmerkung: Diese Abbildung ist nur in der Richtung $s \to z$ eindeutig.

In Bild 6.15a ist die Abbildung der Imaginärachse sowie der linken s-Halbebene mit Gleichung (6.38) dargestellt. Die positive Imaginärachse wird auf den Einheitskreis, beginnend im Punkt $(1 \pm j0)$ und entgegen dem Uhrzeigersinn unendlich oft durchlaufend, ab-

gebildet. Die negative Imaginärachse wird entsprechend im Uhrzeigersinn auf den, und die gesamte linke s-Halbebene in den Einheitskreis abgebildet. Eine entscheidende Rolle spielt dabei die den sogenannten Primärstreifen begrenzende Kreisfrequenz $\omega_s/2=\pi/T$. Die durch sie bestimmten Punkte auf der Imaginärachse werden nämlich exakt in den Bildpunkt (−1± j0) abgebildet. Nur für Punkte innerhalb des so definierten Primärstreifens ist die Abbildung eindeutig.

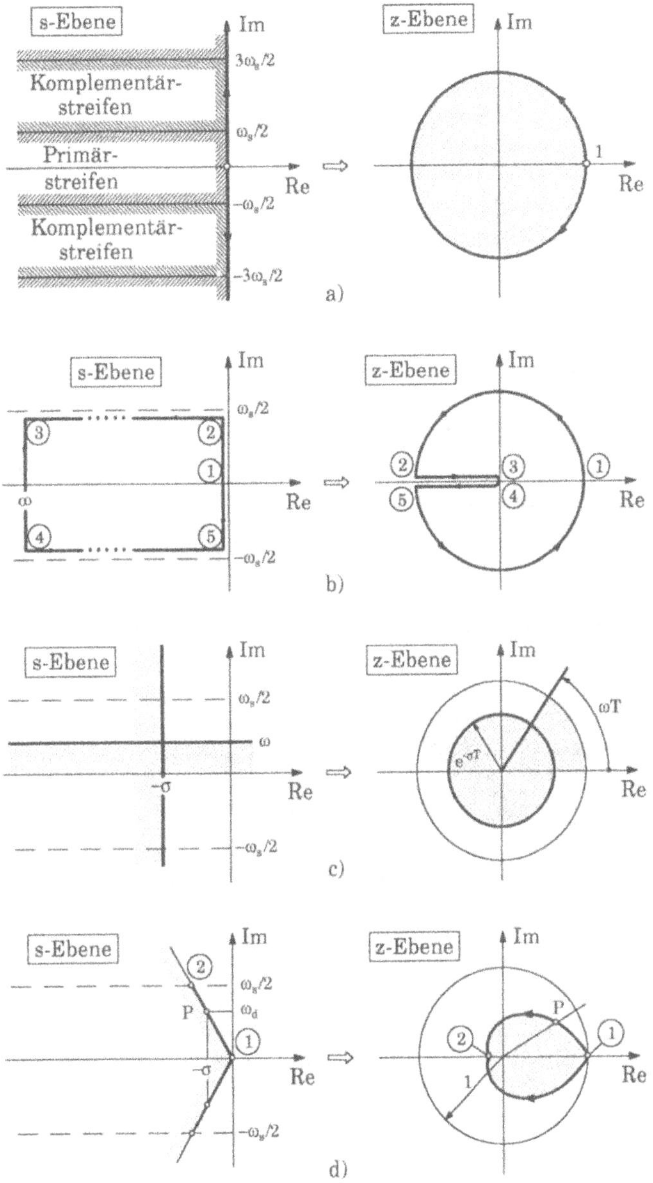

Bild 6.15

Bild 6.15b zeigt die Abbildung der Begrenzung des Primärstreifens, und in Bild 6.15c sind die Abbildungen der zur Imaginärachse parallelen Geraden $s=-\sigma$ (konzentrische Kreise mit Radien <1) sowie der Parallelen zur reellen Achse $s=j\omega$ (Geraden durch den Ursprung) dargestellt. Bild 6.15d zeigt schließlich die Abbildung der Linien konstanten Dämpfungsgrades.

Man erhält mit

$$s=-\zeta\omega_n+j\omega_d=-\zeta\omega_n+j\omega_n\sqrt{1-\zeta^2}:$$

$$z=e^{Ts}=\exp[-\zeta\omega_n T+j\omega_d T],$$

und mit

$$T=\frac{2\pi}{\omega_s} \text{ bzw. } \omega_n=\frac{\omega_d}{\sqrt{1-\zeta^2}}:$$

$$z=\exp\left[-\frac{2\pi\zeta}{\sqrt{1-\zeta^2}}\frac{\omega_d}{\omega_s}+j2\pi\frac{\omega_d}{\omega_s}\right], \tag{6.41}$$

bzw.:

$$|z|=\exp\left[-\frac{2\pi\zeta}{\sqrt{1-\zeta^2}}\frac{\omega_d}{\omega_s}\right], \tag{6.42}$$

und

$$\arg z=2\pi\frac{\omega_d}{\omega_s}. \tag{6.43}$$

Der Betrag nimmt mit steigendem ω_d/ω_s ab, es handelt sich bei diesen Abbildungen somit um logarithmische Spiralen.

Beispiel 6.17: Der in der linken s-Halbebene dargestellte Bereich soll in die z-Ebene abgebildet werden. Die Abtastzeit betrage dabei $T=0{,}2\,s$.

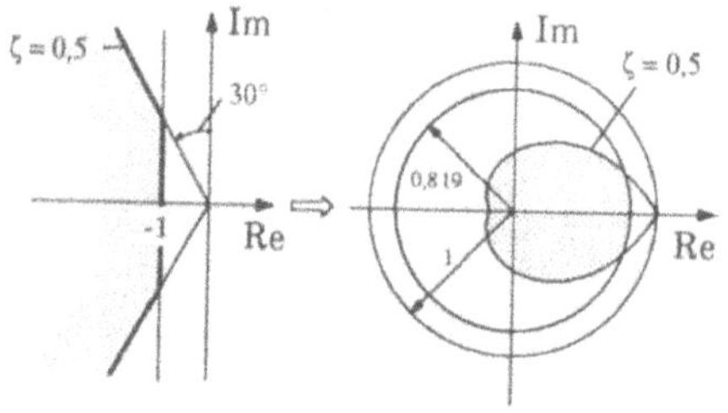

Bild 6.16

Lösung: Die Gerade $s=-1\pm j\omega$ wird in den konzentrischen Kreis mit dem Radius

$$|z|=e^{-0,2}=0{,}819,$$

und die Gerade $\zeta=0{,}5=\text{konst.}$ in die logarithmische Spirale mit dem Absolutbetrag und dem Argument

$$|z|=\exp\left[\frac{-\pi}{\sqrt{0{,}75}}\frac{\omega_d}{\omega_s}\right],\quad \arg z=2\pi\frac{\omega_d}{\omega_s},\quad 0\le\frac{\omega_d}{\omega_s}\le 0{,}5$$

abgebildet. Der resultierende Bereich in der z-Ebene, in dem die verschärften Stabilitätsbedingungen gelten, ist in Bild 6.16 markiert.

6.7 Stabilität

6.7.1 Definition

Es werde der in Bild 6.17 dargestellte geschlossene Standardregelkreis betrachtet. Die Führungsübertragungsfunktion lautet:

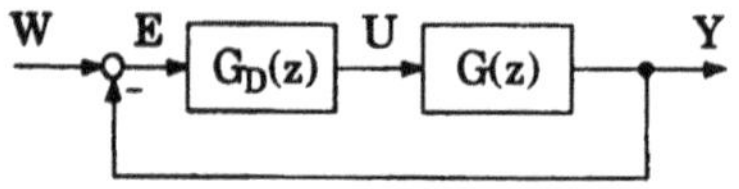

Bild 6.17

$$G_W(z)=\frac{G_D(z)G(z)}{1+G_D(z)G(z)}=\frac{G_o(z)}{1+G_o(z)}. \tag{6.44}$$

Die charakteristische Gleichung bzw. das charakteristische Polynom des geschlossenen Regelkreises sind:

$$1+G_o(z)=1+\frac{Q_o(z)}{R_o(z)}=0, \quad \text{bzw.:} \quad Q_o(z)+R_o(z)=0. \qquad (6.45)$$

$$P(z)=Q_o(z)+R_o(z) \qquad (6.46)$$

(6.09) Für asymptotische Stabilität des Abtastregelkreises müssen alle Pole des geschlossenen Kreises, d.h. die Nullstellen der charakteristischen Gleichung, innerhalb des Einheitskreises in der z-Ebene liegen.

(6.10) Liegt ein einfacher Pol bei $z=1$ oder $z=-1$ oder ein komplexes Polpaar auf dem Einheitskreis, dann befindet sich der Regelkreis an der Stabilitätsgrenze.

(6.11) Nullstellen des geschlossenen Regelkreises haben keinen Einfluß auf die Stabilität.

Beispiel 6.18: Es werde die Regelstrecke aus Beispiel 6.16 betrachtet. Es soll wieder ein P-Regler mit der Verstärkung K_p verwendet werden. Der geschlossene Regelkreis ist auf sein Stabilitätsverhalten zu untersuchen, indem seine Pole in Abhängigkeit von K_p bestimmt werden.

Lösung: Mit $\quad G_o(z)=\frac{K_p(0,3679z^{-1}+0,2642z^{-2})}{(1-z^{-1})(1-0,3679z^{-1})}=\frac{K_p(0,3679z+0,2642)}{(z-1)(z-0,3679)}$

folgt für die charakteristische Gleichung:

$$z^2-(1,3679-0,3679K_p)z+(0,3679+0,2642K_p)=0.$$

Wie man sich leicht überzeugen kann, liegen die Lösungen dieser Gleichung für $K_p<2,3925$ innerhalb des Einheitskreises. Der geschlossene Regelkreis ist also für diese Verstärkungen asymptotisch stabil. Für $K_p=2,3925$ liegt das komplexe Polpaar auf dem Einheitskreis, der Regelkreis befindet sich an der Stabilitätsgrenze, und für $K_p>2,3925$ ist der Kreis instabil.

6.7.2 Stabilitätskriterien

1) Jury-Kriterium

	z^0	z^1	z^2	$\cdots$	z^{n-2}	z^{n-1}	z^n
1	a_0	a_1	a_2	$\cdots$	a_{n-2}	a_{n-1}	a_n
2	a_n	a_{n-1}	a_{n-2}	$\cdots$	a_2	a_1	a_0
3	b_0	b_1	b_2	$\cdots$	b_{n-2}	b_{n-1}	
4	b_{n-1}	b_{n-2}	b_{n-3}	$\cdots$	b_1	b_0	
5	c_0	c_1	c_2	$\cdots$	c_{n-2}		
6	c_{n-2}	c_{n-3}	c_{n-4}	$\cdots$	c_0		
$\cdot$				$\cdot$			
$\cdot$				$\cdot$			
$2n-5$	r_0	r_1	r_2	r_3			
$2n-4$	r_3	r_2	r_1	r_0			
$2n-3$	s_0	s_1	s_2				

Tabelle 6.2

Liegt das charakteristische Polynom des geschlossenen Regelkreises in der Form

$$P(z) = a_n z^n + a_{n-1} z^{n-1} + \ldots + a_2 z^2 + a_1 z + a_0;\ a_n > 0 \tag{6.47}$$

vor, so wird zur Stabilitätsuntersuchung nach dem Jury-Kriterium das in Tabelle 6.2 angegebene Jury-Schema angeschrieben. Die Bildungsregeln lauten:

$$b_k = \begin{vmatrix} a_0 & a_{n-k} \\ a_n & a_k \end{vmatrix},\ c_k = \begin{vmatrix} b_0 & b_{n-k-1} \\ b_{n-1} & b_k \end{vmatrix},\ \ldots\ s_0 = \begin{vmatrix} r_0 & r_3 \\ r_3 & r_0 \end{vmatrix},\ s_1 = \begin{vmatrix} r_0 & r_2 \\ r_3 & r_1 \end{vmatrix},\ s_2 = \begin{vmatrix} r_0 & r_1 \\ r_3 & r_2 \end{vmatrix}.$$

Das Stabilitätskriterium nach Jury, das hier ohne Beweis angegeben wird, lautet dann:

(6.12) Der geschlossene Regelkreis ist asymptotisch stabil, wenn folgende notwendige und hinreichende Bedingungen erfüllt sind:

$$P(1) > 0 \text{ und } (-1)^n P(-1) > 0, \tag{6.48}$$

$$|a_0| < |a_n|,\ |b_0| > |b_{n-1}|,\ |c_0| > |c_{n-2}|, \ldots, |s_0| > |s_2|. \tag{6.49}$$

Beispiel 6.19: Das charakteristische Polynom eines Regelkreises lautet:

$$P(z) = 2z^4 - 3z^3 + 2z^2 - z + 1.$$

Es ist die Stabilität mit Hilfe des Jury-Kriteriums zu überprüfen.

Lösung: $P(1) = 1 > 0$ und $(-1)^4 P(-1) = 9 > 0 \Rightarrow$ erfüllt.

Jury-Schema:

	z^0	z^1	z^2	z^3	z^4
1	1	-1	2	-3	2
2	2	-3	2	-1	1
3	-3	5	-2	-1	
4	-1	-2	5	-3	
5	8	-17	11		

$|a_0| < |a_4|$: $1 < 2$ $\Rightarrow$ erfüllt,

$|b_0| > |b_3|$: $3 > 1$ $\Rightarrow$ erfüllt,

$|c_0| > |c_2|$: $8 > 11$ $\Rightarrow$ nicht erfüllt.

Der geschlossene Regelkreis ist instabil.

Beispiel 6.20: Gegeben ist das charakteristische Polynom $P(z) = z^3 - z^2 + K_o$. Gesucht ist jener Bereich von K_o, für den der geschlossene Kreis stabil ist.

Lösung:

$$P(1) = 1 - 1 + K_o > 0 \Rightarrow K_o > 0,$$
$$(-1)^3 P(-1) = 2 - K_o > 0 \Rightarrow K_o < 2.$$

Jury-Schema:

	z^0	z^1	z^2	z^3
1	K_o	0	-1	1
2	1	-1	0	K_o
3	$K_o^2 - 1$	1	$-K_o$	

$$|a_0| < |a_n| \Rightarrow K_o < 1,$$
$$|b_0| > |b_2| \Rightarrow |K_o^2 - 1| > |-K_o|.$$

Da $0 < K_o < 1$ sein muß, wird aus der zweiten obigen Bedingung:

$$1 - K_o^2 > K_o \text{ oder } K_o^2 + K_o - 1 < 0 \Rightarrow K_o < 0{,}618.$$

Der geschlossene Regelkreis ist für $0 < K_o < 0{,}618$ asymptotisch stabil.

2) w-Transformation und Hurwitz-Kriterium

Mit der w-Transformation:

$$w = \frac{z-1}{z+1}, \qquad (6.50)$$

bzw.:

$$z = \frac{1+w}{1-w}, \qquad (6.51)$$

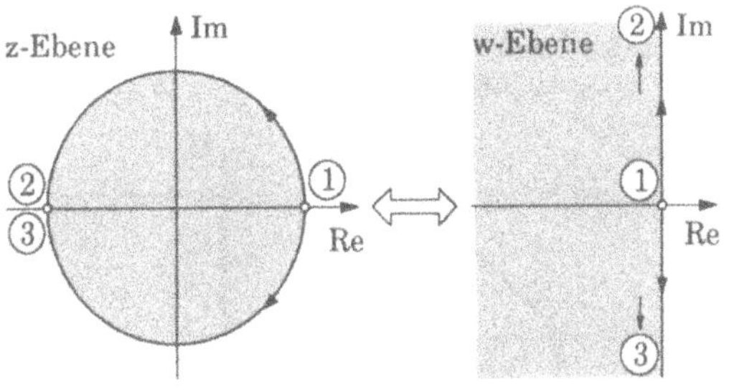

Bild 6.18

wird das Innere des Einheitskreises auf die linke w-Halbebene abgebildet und umgekehrt (siehe Bild 6.18). Es entsteht dadurch zwar eine starke Frequenzverzerrung, die jedoch bezüglich der qualitativen Aussagen betreffend die Lage der Pole des geschlossenen Regelkreises unwesentlich ist.

Die Überprüfung der Stabilität des geschlossenen Regelkreises erfolgt nunmehr wie folgt:

a) Ausgehend von der im z-Bereich vorliegenden charakteristischen Gleichung berechnet man die charakteristische Gleichung im w-Bereich:

$$P(w) = P(z)\big|_{z=\frac{1+w}{1-w}} = 0. \qquad (6.52)$$

b) Sodann untersucht man in der w-Ebene das Stabilitätsverhalten des geschlossenen Regelkreises mit Hilfe des Hurwitz-Kriteriums.

Beispiel 6.21: Es werde wieder der Regelkreis mit der charakteristischen Gleichung

$$P(z) = z^3 - z^2 + K_o = 0$$

betrachtet. Gesucht ist wieder jener Bereich der Verstärkung K_o, für welchen der geschlossene Regelkreis asymptotisch stabil ist.

Lösung: Für die charakteristische Gleichung im w-Bereich erhält man mit Gleichung (6.51):

$$P(w) = \left[\frac{1+w}{1-w}\right]^3 - \left[\frac{1+w}{1-w}\right]^2 + K_o = 0$$

bzw.:

$$(2-K_o)w^3 + (4+3K_o)w^2 + (2-3K_o)w + K_o = 0.$$

Die Erfüllung der notwendigen Bedingung nach Hurwitz erfordert: $0 < K_o < 2/3$. Die hinreichenden Bedingungen lauten:

$$H_2 = \begin{vmatrix} 4+3K_o & 2-K_o \\ K_o & 2-3K_o \end{vmatrix} > 0, \quad H_3 = \begin{vmatrix} 4+3K_o & 2-K_o & 0 \\ K_o & 2-3K_o & 4+3K_o \\ 0 & 0 & K_o \end{vmatrix} > 0.$$

Diese werden durch $K_o^2 + K_o - 1 < 0$,

d.h. mit $K_o < 0{,}618$

erfüllt. Der geschlossene Regelkreis ist für Verstärkungen im Bereich $0 < K_o < 0{,}618$ asymptotisch stabil.

6.8 Aufgaben

Aufgabe 6.1: Berechnen Sie die z-Transformierten X(z) der in Bild 6.19 dargestellten Funktionen x(t). Nehmen Sie dabei eine Abtastzeit von T = 1 s an.

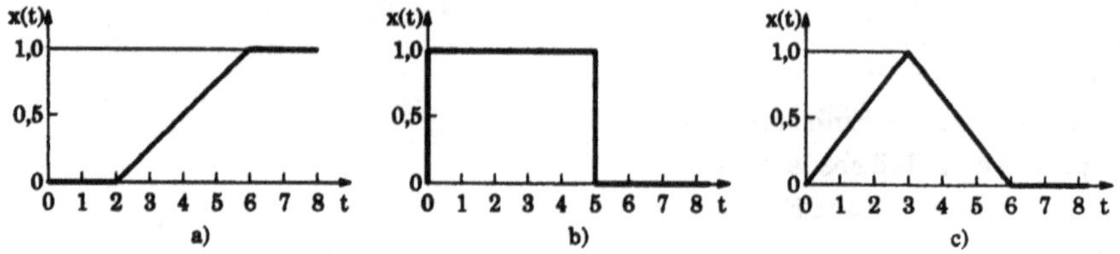

Bild 6.19

Aufgabe 6.2: Gegeben sind die folgenden Bildfunktionen:

$$\text{a) } X(z) = \frac{1+2z^{-1}}{(1-z^{-1})^2}, \quad \text{b) } X(z) = \frac{z^{-1}+z^{-2}+2z^{-3}}{(1-z^{-1})(1-z^{-1}+z^{-2})}, \quad \text{c) } X(z) = \frac{2+z^{-2}}{(1-z^{-1})(1-0{,}5z^{-1})^2}.$$

1) Bestimmen Sie mit Hilfe des Anfangs- und Endwertsatzes x(0) und, falls dieser Grenzwert existiert, $\lim_{k\to\infty} x(k)$.
2) Bestimmen Sie mit Hilfe der Divisionsmethode jeweils die Werte x(k) für $k = 0, 1, \ldots, 5$.
3) Berechnen Sie mit Hilfe der Partialbruchzerlegung und der Korrespondenztabelle die Originalfunktionen x(k).

Aufgabe 6.3: Geben Sie die Lösung der Differenzengleichung

$$2x(k) - 2x(k-1) + x(k-2) = u(k)$$

für $k = 0, 1, 2, \ldots$ an, wobei gelten soll: $x(k) = 0$ für $k < 0$ und $u(k) = \sigma(k)$.

Aufgabe 6.4: Gegeben ist die Differenzengleichung

$$x(k+2) - 1{,}3679x(k+1) + 0{,}3679x(k) = 0{,}3679u(k+1) + 0{,}2642u(k),$$

wobei für $k \le 0$ $x(k) = 0$ gelte, und die Eingangsfunktion u(k) wie folgt gegeben ist: $u(k) = 0$ für $k < 0$, $u(0) = 1$, $u(1) = 0{,}2142$, $u(2) = -0{,}2142$ und $u(k) = 0$ für $k = 3, 4, 5, \ldots$.

a) Berechnen Sie U(z) und sodann X(z).
b) Berechnen Sie mit Hilfe der Divisionsmethode x(k) für $k = 0, 1, 2, \ldots, 8$, und zeichnen Sie den Verlauf von x(k) über k.

Aufgabe 6.5: Betrachten Sie die ein Übertragungssystem beschreibende Differenzengleichung

$$y(k) - y(k-1) + 0{,}24y(k-2) = u(k) + u(k-1).$$

a) Bestimmen Sie die Pulsübertragungsfunktion und die Gewichtsfolge dieses Systems. Zeichnen Sie g(k).
b) Bestimmen Sie mit Hilfe der Faltungssumme und unter der Annahme, daß $y(k) = 0$ für $k < 0$ ist, die Antwort des Systems auf $u(k) = \sigma(k)$ und zeichnen Sie den Verlauf der Übergangsfunktion.

Aufgabe 6.6: Gegeben sind folgende Streckenübertragungsfunktionen, die jeweils, wie in Bild 6.9 dargestellt, mit einem Halteglied 0.Ordnung in Serie geschaltet sind.

$$\text{a) } G_S(s) = \frac{8(s+1)}{(s+4)(s+2)}, \quad \text{b) } G_S(s) = \frac{2}{(s^2+2s+2)}, \quad \text{c) } G_S(s) = \frac{e^{-2s}}{(1+5s)}.$$

Bestimmen Sie jeweils die z-Übertragungsfunktion G(z) der Serienschaltung.

Aufgabe 6.7: Betrachten Sie den in Bild 6.20 dargestellten Regelkreis.

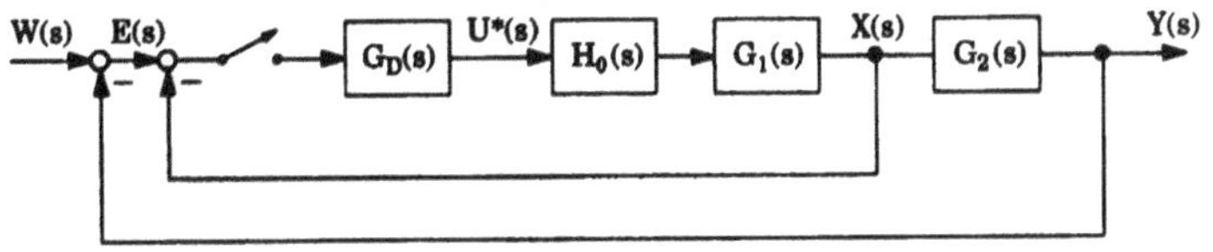

Bild 6.20

Bestimmen Sie die Pulsübertragungsfunktionen $G_W(z) = \frac{Y(z)}{W(z)}$ und $\frac{X(z)}{W(z)}$.

Aufgabe 6.8: Betrachten Sie den in Bild 6.21 dargestellten Regelkreis.

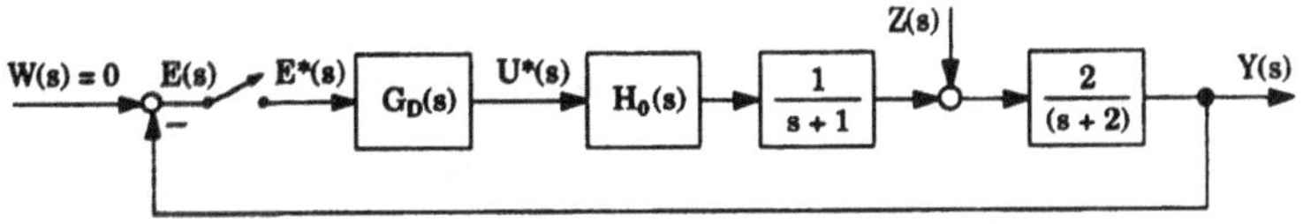

Bild 6.21

Es wird ein PI-Regler mit der folgenden Pulsübertragungsfunktion verwendet:

$$G_D(z) = \frac{d_0 + d_1 z^{-1}}{1 - z^{-1}}$$

a) Geben Sie allgemein die Störantwort Y(z) dieses Regelkreises an.

b) Untersuchen Sie mit Hilfe des Endwertsatzes, ob bei einer sprungförmigen Störung $z(t) = \sigma(t)$ ein bleibender Regelfehler auftritt.

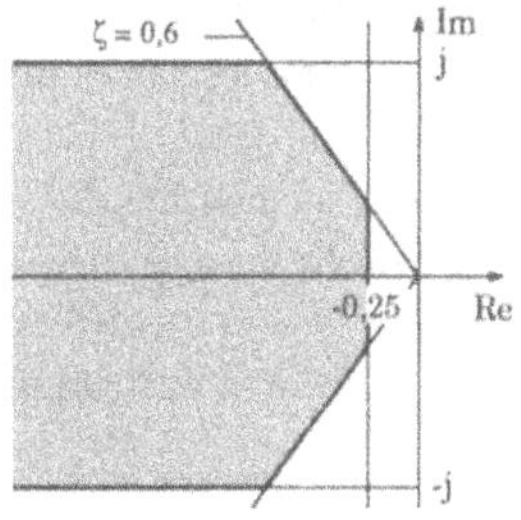

Bild 6.22

Aufgabe 6.9: Gegeben ist der in Bild 6.22 dargestellte Bereich in der s-Ebene. Zeichnen Sie unter der Annahme, daß die Abtastzeit T = 1 s beträgt, den entsprechenden Bereich in der z-Ebene ein.

Aufgabe 6.10: Gegeben sei die charakteristische Gleichung $P(z) = z^3 + 2,1z^2 + 1,44z + 0,32 = 0$.

a) Bestimmen Sie mit Hilfe des Jury-Kriteriums, ob alle Pole des geschlossenen Kreises innerhalb des Einheitskreises der z-Ebene liegen.

b) Beantworten Sie diese Fragestellung durch Anwendung der w-Transformation und des Hurwitz-Kriteriums.

Aufgabe 6.11: Gegeben sind die Übertragungsfunktion eines PI-Reglers und einer Strecke mit Halteglied:

$$G_D(z) = \frac{d_0 + d_1 z^{-1}}{1 - z^{-1}}, \quad G(z) = \frac{0,3935\,z^{-1}}{1 - 0,6065\,z^{-1}}.$$

Bestimmen Sie mit Hilfe des Jury-Kriteriums jenen Bereich der $d_0 - d_1$-Parameterebene, für den der geschlossene Regelkreis asymptotisch stabiles Verhalten aufweist.

7. Entwurf digitaler Regelungen

7.1 Einleitung

7.1.1 Allgemeines

Beim Entwurf einer digitalen Regelung geht man von der Kenntnis des dynamischen Verhaltens der Regelstrecke aus. Für den geschlossenen Regelkreis werden sodann Spezifikationen bezüglich seines statischen und dynamischen Verhaltens angegeben. Der eigentliche Entwurf besteht dann darin, einen geeigneten Regelalgorithmus in Form einer am Prozeßrechner zu implementierenden Differenzengleichung zu finden, so daß der geschlossene Regelkreis die geforderten Spezifikationen erfüllt.

Im Rahmen dieses Repetitoriums werden folgende Entwurfsmethoden behandelt:

- Entwurf diskreter Äquivalente kontinuierlicher Regler,
- Entwurf diskreter Regler im z-Bereich unter Verwendung der Wurzelortskurvenmethode,
- analytischer Entwurf diskreter Regler im z-Bereich,
- Bestimmung der Parameter diskreter Regler mit Hilfe empirischer Einstellregeln.

Während es sich bei der ersten Methode um einen sogenannten *indirekten Entwurf* handelt, spricht man bei den beiden z-Bereichs-Methoden von einem *direkten Entwurf.*

7.1.2 Wahl der Abtastzeit

Nach dem Shannonschen Abtasttheorem müßte die Abtastzeit nach der Vorschrift

$$T < \frac{1}{2f_m} \tag{7.1}$$

gewählt werden, um aus der Regelgröße y(t) und der Führungsgröße w(t) ohne Informationsverlust die Stellgröße u(t) berechnen zu können. Darin ist f_m die höchste in y(t) oder w(t) auftretende Signalfrequenz (Grenzfrequenz). Erstens ist es jedoch in einem geschlossenen Regelkreis schwierig eine Grenzfrequenz überhaupt festzulegen, da die auftretenden Signale praktisch nicht bandbegrenzt sind, und zweitens würde eine derart getroffene Wahl zu einer bei weitem zu kleinen Abtastfrequenz führen, um noch von einem quasikontinuierlichen Stellgrößenverlauf sprechen zu können.

Deshalb benutzt man beim Entwurf digitaler Regelungen für die Wahl der Abtastzeit Faustformeln, die auf dem (gewünschten) dynamischen Verhalten des geschlossenen Regelkreises basieren. Sie lauten:

$$\text{A)}\quad T \le 0{,}125\,T_1, \tag{7.2}$$

$$\text{B)}\quad T \le 0{,}125\,T_2. \tag{7.3}$$

T_1 ist dabei jene Ersatzzeitkonstante, die die aperiodische Sprungantwort des geschlossenen Regelkreises nach Bild 7.1a charakterisiert, und T_2 ist die Periodendauer des gewünschten Einschwingvorganges der Sprungantwort des geschlossenen Regelkreises, wie in Bild 7.1b dargestellt.

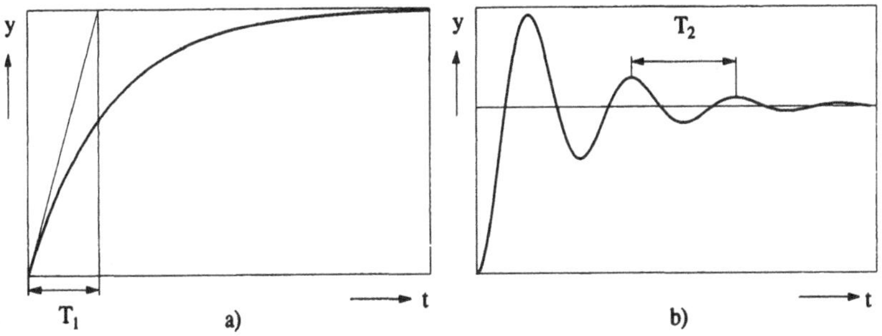

Bild 7.1

7.2 Entwurf diskreter Äquivalente kontinuierlicher Regler

7.2.1 Entwurfsvorgang

In Bild 7.2 ist der Übergang von einem kontinuierlichen auf einen digitalen Regelkreis dargestellt.

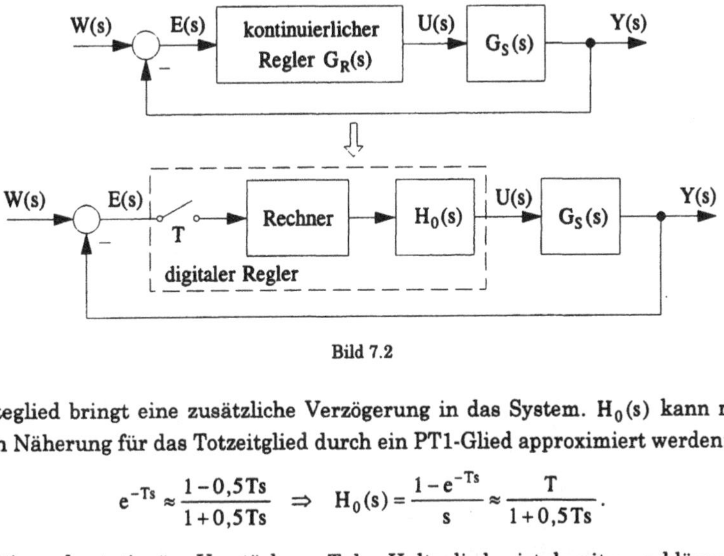

Bild 7.2

Das Halteglied bringt eine zusätzliche Verzögerung in das System. $H_0(s)$ kann mit einer einfachen Näherung für das Totzeitglied durch ein PT1-Glied approximiert werden:

$$e^{-Ts} \approx \frac{1-0{,}5Ts}{1+0{,}5Ts} \quad \Rightarrow \quad H_0(s) = \frac{1-e^{-Ts}}{s} \approx \frac{T}{1+0{,}5Ts}.$$

Die resultierende stationäre Verstärkung T des Haltegliedes ist damit zu erklären, daß bei der Impuls-Abtastung mit einem Faktor 1/T multipliziert wird. Verwendet man die Approximation jedoch für den kontinuierlichen Reglerentwurf, dann muß das Halteglied durch das PT1-Glied mit der Verstärkung 1 verwendet werden und erhält damit:

$$G(s) = H_0(s)G_S(s) \approx \frac{1}{1+0{,}5Ts}G_S(s). \tag{7.4}$$

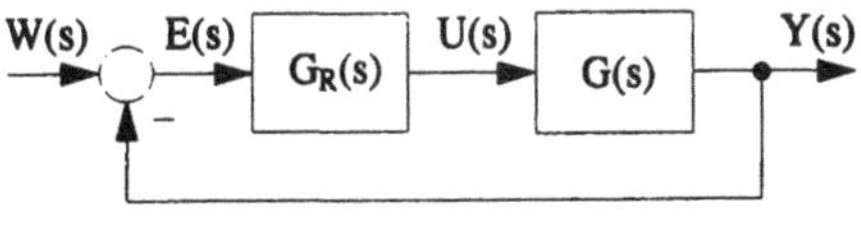

Bild 7.3

Das Blockschaltbild des für den kontinuierlichen Entwurf maßgeblichen Regelkreises ist in Bild 7.3 dargestellt. Die Vorgangsweise beim Entwurf ist nunmehr wie folgt:

- Man entwirft für den in Bild 7.3 dargestellten Regelkreis den Regler mit der Übertragungsfunktion $G_R(s)$.
- Sodann diskretisiert man den kontinuierlichen Regler nach einer der im folgenden angegebenen Methoden, d.h. man bestimmt die Pulsübertragungsfunktion $G_D(z)$ bzw. die Reglerdifferenzengleichung.

7.2.2 Methoden zur Diskretisierung kontinuierlicher Übertragungsfunktionen

Im folgenden werden die drei wichtigsten Methoden zur Diskretisierung einer kontinuierlichen Übertragungsfunktion behandelt. Die Methoden werden anhand des PT1-Gliedes erläutert, das durch die folgende Differentialgleichung bzw. s-Übertragungsfunktion beschrieben wird:

$$\dot{y}(t) + a\,y(t) = a\,u(t), \tag{7.5}$$

$$G(s) = \frac{a}{s+a}. \tag{7.6}$$

1) Rückwärtsdifferenzen-Methode

Es wird dabei die zeitliche Ableitung der Ausgangsgröße durch

$$\frac{dy}{dt} \approx \frac{y(kT) - y[(k-1)T]}{T} \tag{7.7}$$

approximiert. Man erhält damit die Differenzengleichung

$$y(kT) = y[(k-1)T] - aT[y(kT) - u(kT)]. \tag{7.8}$$

Die z-Transformation der Gleichung (7.8) führt auf die z-Übertragungsfunktion

$$G(z) = \frac{Y(z)}{U(z)} = \frac{aT}{(1+aT) - z^{-1}} = \frac{a}{\frac{1-z^{-1}}{T} + a}. \tag{7.9}$$

Die Abbildungsvorschrift lautet demnach:

$$s = \frac{1-z^{-1}}{T} = \frac{z-1}{Tz} \tag{7.10}$$

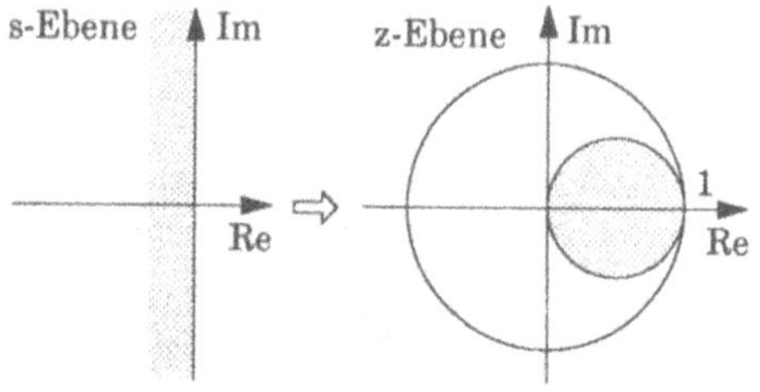

Bild 7.4

Bild 7.4 zeigt die Abbildung der Imaginärachse bzw. der linken s-Halbebene in die z-Ebene. Man erhält einen Kreis mit dem Radius $R = 0{,}5$ um den Mittelpunkt $M(0{,}5;0)$. Die Vorteile dieser Transformationsmethode liegen in ihrer Einfachheit und in der Tatsache, daß man immer ein stabiles diskretes Übertragungsglied erhält. Ein Nachteil ist die starke Verzerrung im Frequenzbereich.

2) Bilineare Transformation (Tustin-Methode)

Integriert man die Differentialgleichung (7.5), so folgt:

$$y(kT) = y[(k-1)T] - \int_{(k-1)T}^{kT} a\,y(t)\,dt + \int_{(k-1)T}^{kT} a\,u(t)\,dt.$$

Ersetzt man die Integralausdrücke näherungsweise durch die in Bild 7.5 definierte Trapezfläche, so erhält man die folgende Differenzengleichung:

$$y(kT)-y[(k-1)T] \approx -\frac{aT}{2}[y(kT)+y[(k-1)T]]+\frac{aT}{2}[u(kT)+u[(k-1)T]]. \qquad (7.11)$$

Die z-Transformation der Gleichung (7.11) führt auf die Pulsübertragungsfunktion

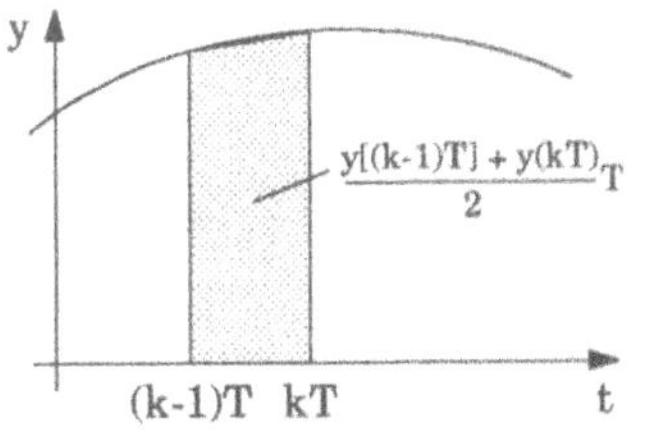

Bild 7.5

$$G(z)=\frac{Y(z)}{U(z)}=\frac{\frac{aT}{2}(1+z^{-1})}{(1-z^{-1})+\frac{aT}{2}(1+z^{-1})} = \frac{a}{\frac{2}{T}\frac{1-z^{-1}}{1+z^{-1}}+a}. \qquad (7.12)$$

Die Abbildungsvorschrift lautet damit:

$$s=\frac{2}{T}\frac{1-z^{-1}}{1+z^{-1}}=\frac{2}{T}\frac{z-1}{z+1}. \qquad (7.13)$$

Anmerkung: Die Anzahl der Pole und Nullstellen der Pulsübertragungsfunktion ist bei Anwendung dieser Transformation immer gleich groß.

Durch die Transformation der Imaginärachse der s-Ebene erhält man den Einheitskreis der z-Ebene, d.h. die linke s-Halbebene wird in das Innere des Einheitskreises abgebildet (Bild 7.6).

Der Vorteil dieser Transformation ist, daß man für ein stabiles kontinuierliches Übertragungsglied immer auch ein stabiles diskretes Übertragungsglied erhält. Der Nachteil dieser Methode ist wiederum die starke Verzerrung im Frequenzbereich.

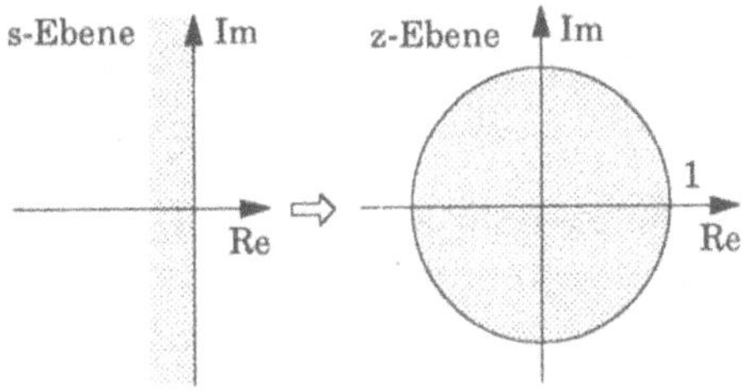

Bild 7.6

3) Äquivalente Pol- und Nullstellenabbildung

Vorgangsweise:
1) Zähler- und Nennerpolynom von G(s) werden faktorisiert.
2) Abbildung der Pole: $s=-a \Rightarrow z=e^{-aT}$.
3) Abbildung der Nullstellen: $s=-b \Rightarrow z=e^{-bT}$.
4) Nullstellen von G(s) im Unendlichen werden auf $z=-1$ abgebildet.
5) Die stationäre Verstärkung von G(z) wird der von G(s) angepaßt.

Tiefpaßfilter: $$G(z)\big|_{z=1}=G(s)\big|_{s=0}. \qquad (7.14)$$

Hochpaßfilter: $$G(z)\big|_{z=-1}=G(s)\big|_{s=\infty}. \qquad (7.15)$$

Auf eine Herleitung dieses Formalismus wird hier verzichtet und auf die Literatur verwiesen (siehe z.B. Ogata 1987).

Für das Übertragungsglied (7.6), das einen Pol bei $s=-a$ und eine Nullstelle im Unendlichen besitzt, erhält man vorerst mit den Transformationsregeln 2 und 4:

$$G(z)=\frac{K(z+1)}{z-e^{-aT}}.$$

Die noch unbekannte Verstärkung K wird mit der Transformationsregel 5 ermittelt:

$$G(s)\big|_{s=0}=G(z)\big|_{z=1} \quad\Rightarrow\quad 1=K\frac{2}{1-e^{-aT}} \quad\Rightarrow\quad K=\frac{1-e^{-aT}}{2}.$$

Das Ergebnis der Transformation lautet somit:

$$G(z)=\frac{(1-e^{-aT})(z+1)}{2(z-e^{-aT})}. \tag{7.16}$$

Beispiel 7.1: Es wird der in Bild 7.7 dargestellte Regelkreis betrachtet.

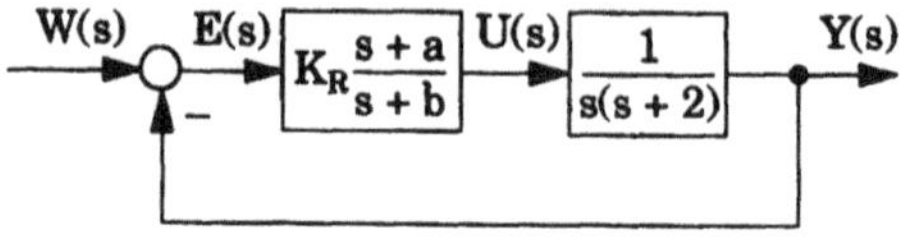

Bild 7.7

Es soll der Regler in Form eines Lead-Kompensationsgliedes derart entworfen werden, daß sich für das dominante Polpaar des geschlossenen Regelkreises ein Dämpfungsgrad $\zeta=0{,}5$ und ein $\omega_n=4\,s^{-1}$ einstellen. Dies entspricht der Spezifikation einer maximalen Überschwingweite von $e_m\approx16\%$ und einer Ausregelzeit $T_r\approx2\,s$. Sodann ist der Regler mit Hilfe der drei besprochenen Transformationsmethoden in den diskreten Bereich zu transformieren, d.h. es ist die Regler-Differenzengleichung zu ermitteln.

Lösung: Wahl der Abtastzeit T: Der Einschwingvorgang der Führungssprungantwort hat entsprechend den Spezifikationen eine Eigenfrequenz

$$\omega_d=\omega_n\sqrt{1-\zeta^2}=3{,}464\,s^{-1}.$$

Die für die Wahl der Abtastzeit laut Gleichung (7.3) maßgebende Periodendauer des spezifizierten Einschwingvorganges ist dann:

$$T_2=\frac{2\pi}{\omega_d}=1{,}814\,s.$$

Es ist demnach eine Abtastzeit $T\le0{,}227$ s zu wählen. Tatsächlich wird $T=0{,}2$ s gewählt.

Die Approximation der Serienschaltung des Haltegliedes und der Regelstrecke mit der gewählten Abtastzeit nach Gleichung (7.4) lautet:

$$H_0(s)G_S(s)=G(s)\approx\frac{1}{1+0{,}1s}\,\frac{1}{s(s+2)}=\frac{10}{s(s+2)(s+10)}.$$

Entwurf des kontinuierlichen Reglers:

Wählt man die Reglernullstelle gleich dem Streckenpol bei $s=-2$, so erhält man für die charakteristische Gleichung:

$$\frac{10K_R}{s(s+b)(s+10)}+1=0,$$

bzw.:

$$s^3+(b+10)s^2+10bs+10K_R=0.$$

Mit dem spezifizierten Polpaar bei $s_{1,2}=-2\pm j2\sqrt{3}$ und dem dritten Pol bei $s=-c$ lautet die charakteristische Gleichung:

$$\left[(s+2)^2+12\right](s+c)=s^3+(4+c)s^2+(16+4c)s+16c=0.$$

Durch einen Koeffizientenvergleich erhält man:
$$\left.\begin{aligned} b+10&=4+c \\ 10b&=16+4c \\ 10K_R&=16c \end{aligned}\right\} \Rightarrow \quad \begin{aligned} b&=6,667, \\ c&=12,667, \\ K_R&=20,267. \end{aligned}$$

Die Übertragungsfunktion des kontinuierlichen Reglers lautet demnach:

$$G_R(s)=20,267\frac{s+2}{s+6,667}.$$

Da der dritte Pol des geschlossenen Regelkreises bei $s_3=-12,667$ liegt, kann das Polpaar $s_{1,2}$ als näherungsweise dominant angesehen werden.

Bestimmung des diskreten Äquivalents des Reglers $G_R(s)$:

Mit den Abbildungsvorschriften (7.10) und (7.13) bzw. den Regeln 2, 3 und 5 der Pol–/Nullstellenabbildung erhält man die folgenden Regler-Pulsübertragungsfunktionen:

1) Rückwärtsdifferenzenmethode: $G_D(z)=G_R(s)\Big|_{s=\frac{1-z^{-1}}{0,2}}=12,16\dfrac{1-0.7143z^{-1}}{1-0,4286z^{-1}}.$

2) Tustin-Methode: $G_D(z)=G_R(s)\Big|_{s=\frac{2}{0,2}\frac{1-z^{-1}}{1+z^{-1}}}=14,592\dfrac{1-0,667z^{-1}}{1-0,2z^{-1}}.$

3) Pol-/Nullstellenabbildung: $G_D(z)=K\dfrac{z-e^{-0,4}}{z-e^{-4/3}},$

$$G_D(z)\Big|_{z=1}=G_R(s)\Big|_{s=0} \quad\Rightarrow\quad K\frac{1-0,6703}{1-0,2636}=20,267\frac{2}{6,667}=6,08 \quad\Rightarrow\quad K=13,581,$$

$$G_D(z)=13,581\frac{1-0,6703z^{-1}}{1-0,2636z^{-1}}.$$

Die Regler-Differenzengleichungen, welche am Prozeßrechner zu implementieren sind, lauten für die drei Entwürfe:

1) $u(kT)=0,4286\,u[(k-1)T]+12,1600\,e(kT)-8,6859\,e[(k-1)T],$

2) $u(kT)=0,2000\,u[(k-1)T]+14,5920\,e(kT)-9,7329\,e[(k-1)T],$

3) $u(kT)=0,2636\,u[(k-1)T]+13,5810\,e(kT)-9,1033\,e[(k-1)T].$

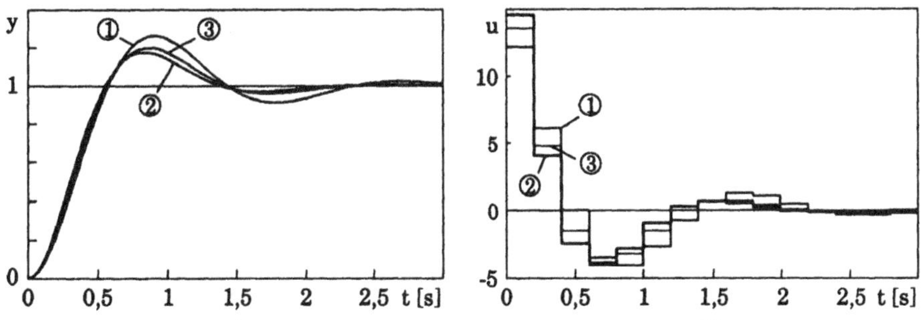

Bild 7.8

In Bild 7.8a sind die Führungsübergangsfunktionen des geschlossenen Regelkreises für die drei Entwürfe dargestellt und in Bild 7.8b die Stellgrößenverläufe. Die erreichten Spezifikationen sind:

$$1)\quad e_m = 22{,}4\%,\quad T_r = 2{,}82\ \mathrm{s},$$
$$2)\quad e_m = 17{,}5\%,\quad T_r = 2{,}04\ \mathrm{s},$$
$$3)\quad e_m = 20{,}0\%,\quad T_r = 1{,}89\ \mathrm{s}.$$

Beispiel 7.2: Es wird der in Bild 7.9 dargestellte Regelkreis betrachtet. Die Abtastzeit wird zu $T = 2\ \mathrm{s}$ gewählt. Es ist der kontinuierliche PI-Regler mit der Übertragungsfunktion

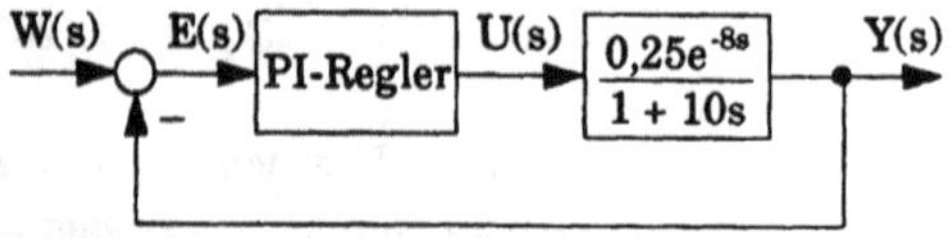

Bild 7.9

$$G_R(s) = K_R\,\frac{1 + T_n s}{s}$$

und mit $T_n = 15\ \mathrm{s}$ so zu entwerfen, daß eine Phasenreserve $\psi_r = 55°$ erreicht wird. Sodann ist der solcherart entworfene kontinuierliche Regler mit Hilfe der Methode der Pol-/Nullstellenabbildung in den diskreten Bereich zu transformieren, d.h. es ist die Regler-Differenzengleichung zu ermitteln.

Lösung: Mit $T = 2\ \mathrm{s}$ gilt:

$$H_0(s)G_S(s) = \frac{0{,}25\,e^{-8s}}{(1+s)(1+10s)}$$

und:

$$G_o(s) = \frac{0{,}25\,K_R(1+15s)e^{-8s}}{s(1+s)(1+10s)}.$$

Bild 7.10 zeigt die Frequenzkennlinien des offenen Kreises mit $K_R = 0{,}29$. Damit ist die Forderung nach einer Phasenreserve $\psi_r = 55°$ exakt erfüllt. Die Reglerübertragungsfunktion lautet dann:

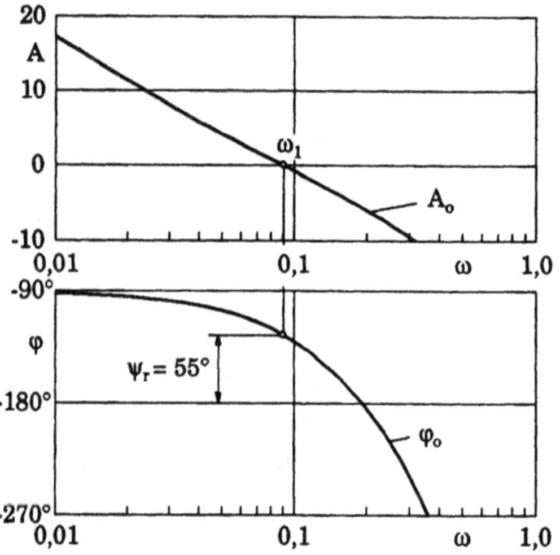

Bild 7.10

$$G_R(s) = \frac{4{,}35(s + 0{,}0667)}{s}.$$

Das diskrete Äquivalent von $G_R(s)$ lautet mit den Regeln 2 und 3 der Pol-/Nullstellenabbildung:

$$G_D(z) = K\frac{z - e^{-2(0{,}0667)}}{z - e^{0}} = K\frac{z - 0{,}8752}{z - 1}.$$

Die Verstärkung K wird mit Gleichung (7.15) berechnet:

$$G_D(z)\big|_{z=-1} = G_R(s)\big|_{s=\infty} \;\Rightarrow\; K\frac{-1{,}8752}{-2} = 4{,}35 \;\Rightarrow\; K = 4{,}6395.$$

Die z-Übertragungsfunktion und Differenzengleichung des diskreten Reglers lauten somit:

$$G_D(z) = \frac{U(z)}{E(z)} = 4{,}6395\frac{z - 0{,}8752}{z - 1} = \frac{4{,}6395 - 4{,}0605z^{-1}}{1 - z^{-1}},$$

$$u(kT)-u[(k-1)T]=4{,}6395e(kT)-4{,}0605e[(k-1)T].$$

Bild 7.11 zeigt die Führungsübergangsfunktion des geschlossenen Regelkreises sowie den dazugehörigen Stellgrößenverlauf.

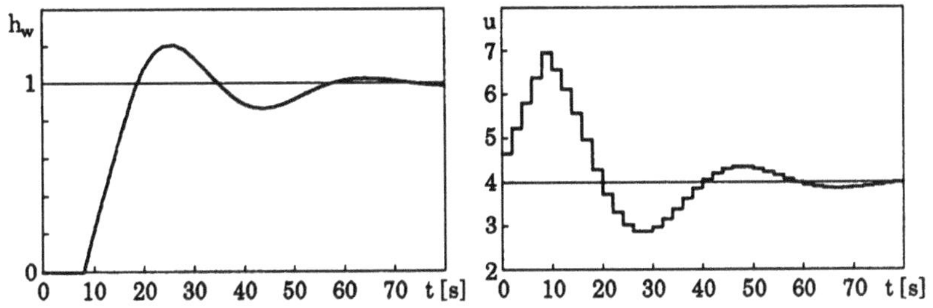

Bild 7.11

7.3 Entwurf mit Hilfe der Wurzelortskurvenmethode

7.3.1 Statische Spezifikationen

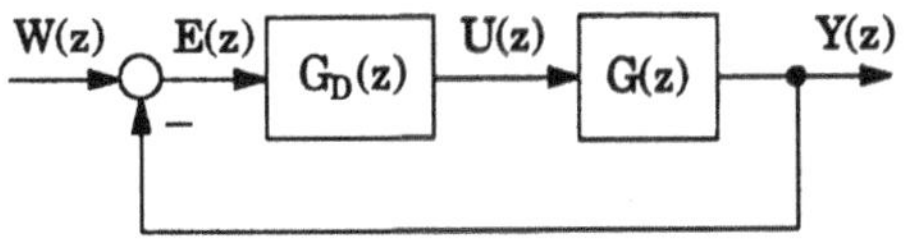

Bild 7.12

Betrachtet wird der in Bild 7.12 dargestellte Standard-Führungsregelkreis. Für den Regelfehler gilt:

$$E(z)=\frac{1}{1+G_D(z)G(z)}W(z). \quad (7.17)$$

Mit dem Endwertsatz der z-Transformation folgt für den stationären Regelfehler:

$$e_s=\lim_{z\to 1}\left[(1-z^{-1})\frac{1}{1+G_D(z)G(z)}W(z)\right]. \quad (7.18)$$

Positionsfehler: $w(t)=\sigma(t) \Rightarrow W(z)=\frac{1}{1-z^{-1}}$, (Einheitssprungfunktion)

$$e_{sp}=\lim_{z\to 1}\frac{1}{1+G_D(z)G(z)}=\frac{1}{1+K_p}. \quad (7.19)$$

K_p = Positionsfehlerkonstante

Geschwindigkeitsfehler: $w(t)=\rho(t) \Rightarrow W(z)=\frac{Tz^{-1}}{(1-z^{-1})^2}$, (Einheitsrampenfunktion)

$$e_{sv}=\lim_{z\to 1}\frac{T}{(1-z^{-1})G_D(z)G(z)}=\frac{1}{K_v}. \quad (7.20)$$

K_v = Geschwindigkeitsfehlerkonstante

7.3.2 Dynamische Spezifikationen

Die für das Führungsverhalten üblicherweise geforderten Spezifikationen sind in Bild 7.13 dargestellt.

Es sind dies:

- die Anregelzeit T_{an},
- die maximale Überschwingweite e_m [%],
- die Ausregelzeit T_r.

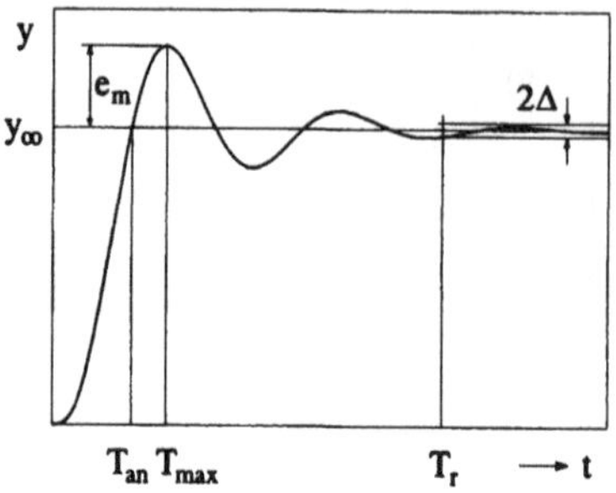

Bild 7.13

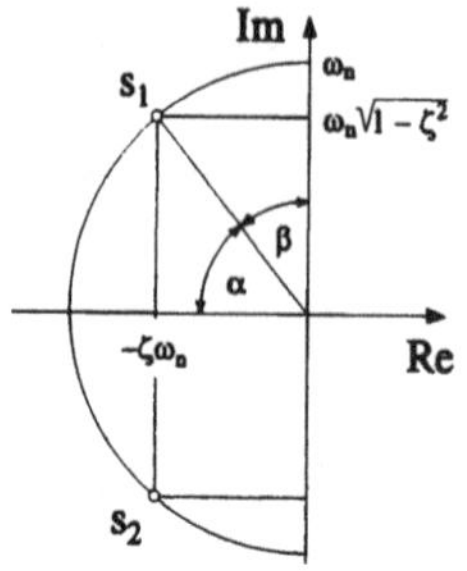

Bild 7.14

Für einen geschlossenen Regelkreis, dessen Verhalten (näherungsweise) durch ein dominantes Polpaar $s_{1,2}$ beschrieben werden kann, gilt:

$$T_{an} = \frac{\pi - \alpha}{\omega_d}, \quad \omega_d = \omega_n\sqrt{1-\zeta^2}, \quad \alpha = \arctan\frac{\sqrt{1-\zeta^2}}{\zeta},$$

$$e_m = \exp\left[\frac{-\pi\zeta}{\sqrt{1-\zeta^2}}\right], \quad T_{max} = \frac{\pi}{\omega_d},$$

$$T_r \approx \frac{4}{\sigma} = \frac{4}{\zeta\omega_n}, \quad \text{für} \quad \Delta = 2\,\%.$$

Darin ist ζ der Dämpfungsgrad, ω_n die ungedämpfte und ω_d die gedämpfte Kreisfrequenz des Einschwingvorganges (siehe Bild 7.14).

In Abschnitt 6.6 wurden die Zusammenhänge zwischen den Verhältnissen in der s-Ebene und der z-Ebene ausführlich dargestellt. Es können somit Spezifikationen bezüglich des Zeitverhaltens in solche betreffend die gewünschte Lage der Pole der Pulsübertragungsfunktion des geschlossenen Regelkreises transformiert werden.

7.3.3 Eigenformen des dynamischen Verhaltens eines Abtastregelkreises

Liegt die Übertragungsfunktion eines geschlossenen Abtastregelkreises in der Form

$$G_W(z) = \frac{Y(z)}{W(z)} = \frac{b_0 + b_1 z^{-1} + \ldots + b_n z^{-n}}{1 + a_1 z^{-1} + \ldots + a_n z^{-n}}, \tag{7.21}$$

vor, dann erhält man allgemein für die Regelgröße

$$Y(z) = \frac{b_0 z^n + b_1 z^{n-1} + \ldots + b_n}{z^n + a_1 z^{n-1} + \ldots + a_n} W(z), \tag{7.22}$$

und für z.B. ausschließlich einfache Pole nach einer Partialbruchzerlegung:

$$Y(z) = \alpha_0 + \sum_h \frac{\alpha_h z}{z - p_h} + \sum_i \frac{\beta_i z e^{-a_i T}\sin\omega_i T}{z^2 - 2e^{-a_i T} z\cos\omega_i T + e^{-2a_i T}} + \sum_j \frac{\gamma_j z(z - e^{-a_j T}\cos\omega_j T)}{z^2 - 2e^{-a_j T} z\cos\omega_j T + e^{-2a_j T}}. \tag{7.23}$$

Die zu den in Gleichung (7.23) auftretenden Partialbrüchen gehörenden Eigenformen sind in den Tabellen 7.1 bis 7.3 dargestellt.

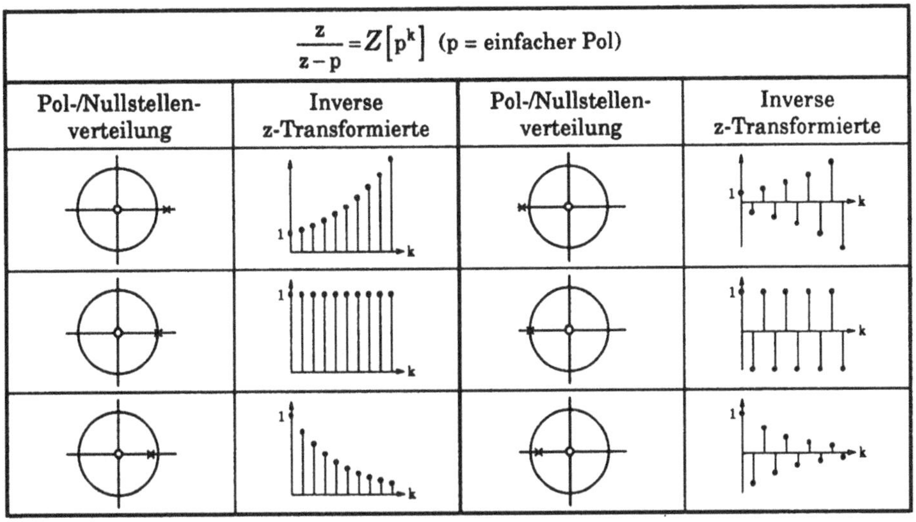

$$\frac{z}{z-p} = Z\left[p^k\right] \quad (p = \text{einfacher Pol})$$

Pol-/Nullstellen-verteilung	Inverse z-Transformierte	Pol-/Nullstellen-verteilung	Inverse z-Transformierte

Tabelle 7.1

$$\frac{ze^{-aT}\sin\omega T}{z^2 - 2e^{-aT}z\cos\omega T + e^{-2aT}} = Z\left[e^{-akT}\sin\omega kT\right]$$

Pol-/Nullstellen-verteilung	Inverse z-Transformierte	Pol-/Nullstellen-verteilung	Inverse z-Transformierte

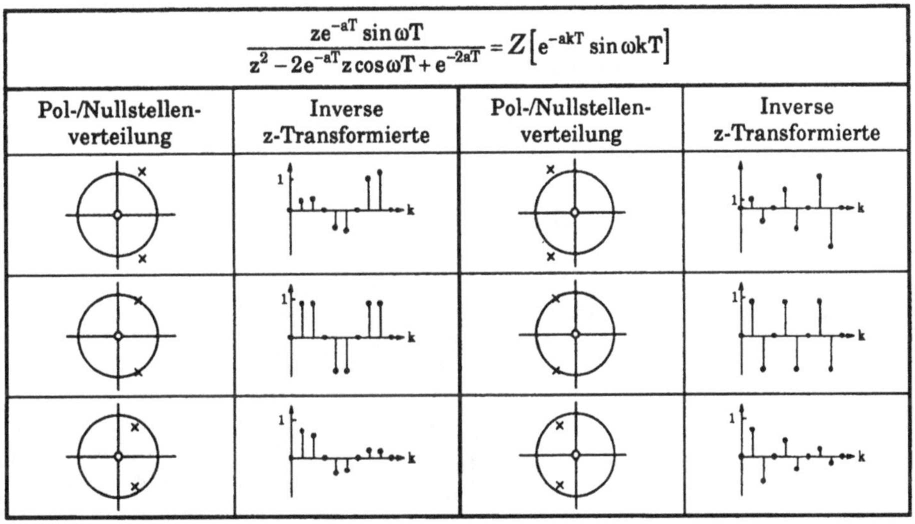

Tabelle 7.2

7.3.4 Analyse und Entwurf in der Wurzelortskurvenebene

Die charakteristische Gleichung des Regelkreises nach Bild 7.12 lautet:

$$1 + G_D(z)G(z) = 1 + G_o(z) = 0. \tag{7.24}$$

$G_D(z)$ ist darin die Übertragungsfunktion des Reglers, $G(z)$ die z-Transformierte der Strecke $G_S(s)$ inklusive Halteglied $H_0(s)$ nach Gleichung (6.28), und $G_o(z)$ die z-Übertragungsfunktion des offenen Regelkreises.

$$\frac{z(z-e^{-aT}\cos\omega T)}{z^2-2e^{-aT}z\cos\omega T+e^{-2aT}} = Z\left[e^{-akT}\cos\omega kT\right]$$

Pol-/Nullstellen-verteilung	Inverse z-Transformierte	Pol-/Nullstellen-verteilung	Inverse z-Transformierte
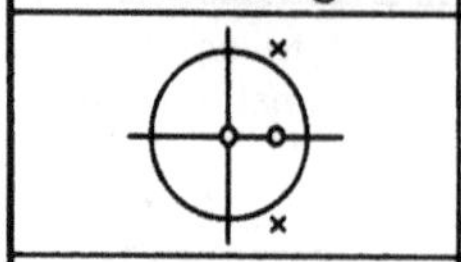	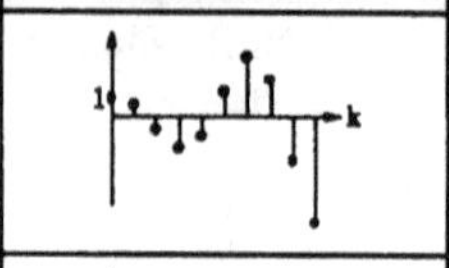	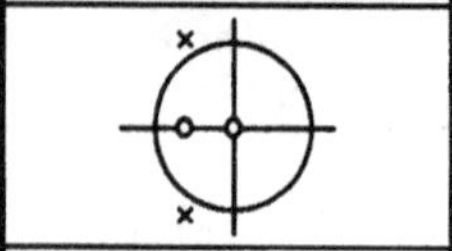	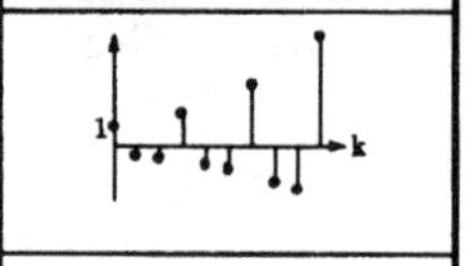
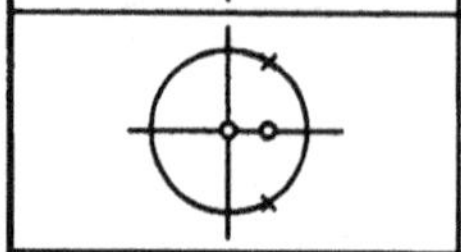	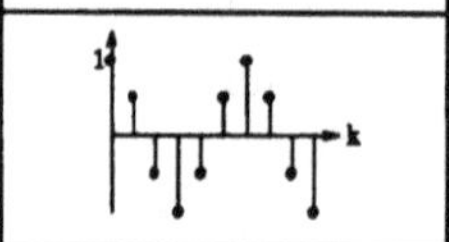	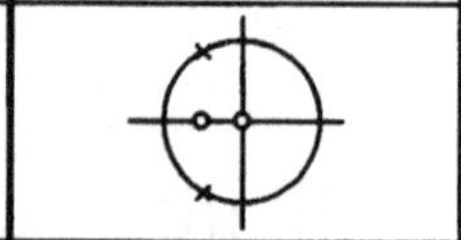	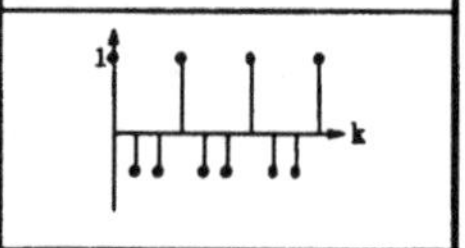
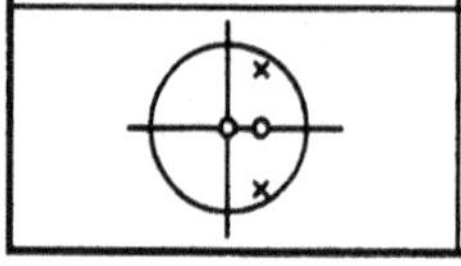	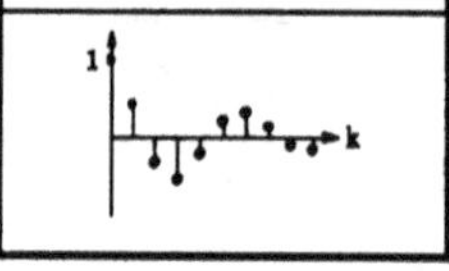	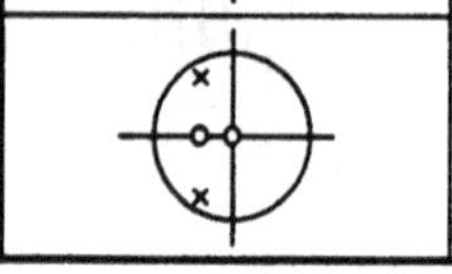	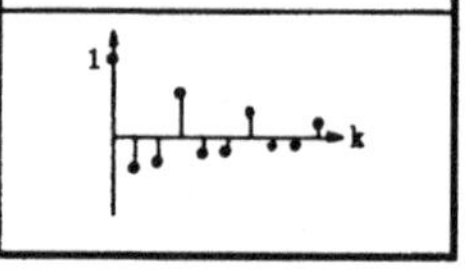

Tabelle 7.3

Die Wurzelortskurve kann nunmehr entsprechend den in Kapitel 1 angegebenen Regeln gezeichnet werden. Bei der Bestimmung der Stabilitätsgrenze sowie bei der Überprüfung der Spezifikationen (Dämpfungsgrad, Eigenfrequenz etc.) sind die entsprechenden Verhältnisse in der z-Ebene zu beachten.

Beispiel 7.3: Es werde der Regelkreis aus Beispiel 6.18 betrachtet. Die Übertragungsfunktion des offenen Regelkreises lautet hier:

$$G_o(z) = \frac{K_p(0,3679z+0,2642)}{(z-1)(z-0,3679)}.$$

a) Es ist die Wurzelortskurve für dieses System zu zeichnen.

b) Es ist die kritische Verstärkung $K_{pkrit.}$ sowie jene Reglerverstärkung zu bestimmen, bei welcher der geschlossene Regelkreis einen Dämpfungsgrad $\zeta = 0,6$ besitzt.

Lösung: a) Mit $K = 0,3679K_p$ gilt:

$$G_o(z) = K\frac{z+0,7181}{(z-1)(z-0,3679)}.$$

Pole: $p_1 = 1$, $p_2 = 0,3679$,
Nullstelle: $q_1 = -0,7181$.

Bild 7.15 zeigt die resultierende Wurzelortskurve. Auf die Regeln zum Zeichnen der WOK wird hier nicht eingegangen (siehe dazu Kapitel 1).

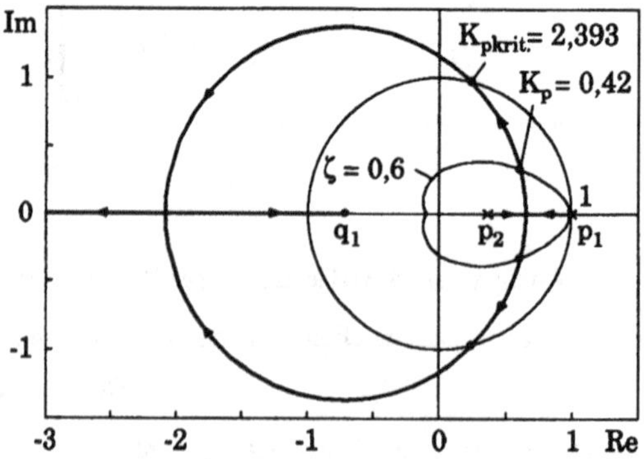

Bild 7.15

b) Im Schnittpunkt der WOK mit dem Einheitskreis erhält man:

$$K_{krit.} \approx 0,88 \Rightarrow K_{pkrit.} \approx 2,392.$$

Für den Schnittpunkt der WOK mit der Kurve $\zeta = 0,6$ erhält man $z_{1,2} = 0,605 \pm j0,332$ und mit Hilfe der Betragsbedingung für die WOK-Verstärkung bzw. die gesuchte Reglerverstärkung:

$$K = 0,1544 \quad \text{und} \quad K_p = \frac{0,1544}{0,3679} \approx 0,42.$$

Die resultierende Pulsübertragungsfunktion des Reglers $G_D(z)$ sowie die Führungs-Pulsübertragungsfunktion lauten:

$$G_D(z) = \frac{0,42(z^{-1} + 0,7181\, z^{-2})}{(1 - z^{-1})(1 - 0,3679\, z^{-1})},$$

$$G_W(z) = \frac{0,1544\, z^{-1} + 0,1109\, z^{-2}}{1 - 1,2135\, z^{-1} + 0,4788\, z^{-2}}.$$

Bild 7.16 zeigt die mit der Differenzengleichung

$$y(k) = 1.2135\, y(k-1) - 0,4788\, y(k-2) + \\ +0,1544\, w(k-1) + 0,1109\, w(k-2)$$

ermittelte Führungsübergangsfunktion des geschlossenen Regelkreises.

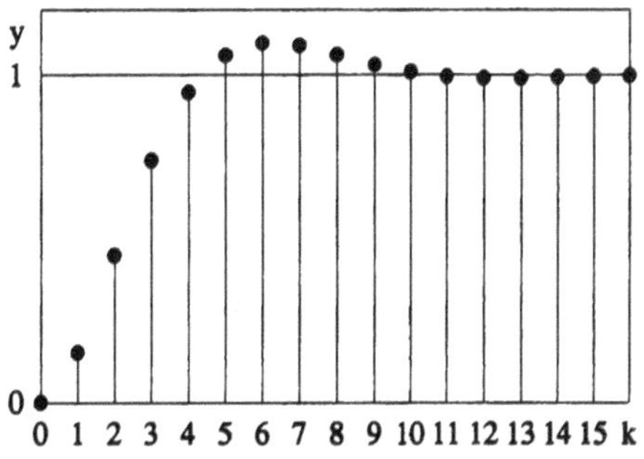

Bild 7.16

Beispiel 7.4: Gegeben ist eine Regelstrecke mit der Übertragungsfunktion

$$G_S(s) = \frac{30}{(s+2)(s+5)}.$$

Es ist mit Hilfe der Wurzelortskurvenmethode ein diskreter PI-Regler so zu entwerfen, daß das dominante Polpaar des geschlossenen Regelkreises einen Dämpfungsgrad $\zeta = 0,5$ aufweist und für die Abtastfrequenz $\omega_s = 10\,\omega_d$ gilt. Die Abtastzeit ist mit $T = 0,25$ s zu wählen.

Lösung: Die z-Übertragungsfunktion der Strecke $G_S(s)$ inklusive dem Halteglied $H_0(s)$ lautet mit Gleichung (6.28):

$$G(z) = \frac{0,5404\,(z + 0,5586)}{(z - 0,6065)(z - 0,2865)}.$$

Die Übertragungsfunktion des offenen Regelkreises ist dann mit $K = 0,5404\, K_p$:

$$G_o(z) = \frac{K(z+a)(z+0,5586)}{(z-1)(z-0,6065)(z-0,2865)}.$$

Das dominante Polpaar in der z-Ebene wird nunmehr mit den Gleichungen (6.42) und (6.43) festgelegt. Es gilt mit $\omega_d / \omega_s = 1/10$:

$$|z_{1,2}| = \exp\left[\frac{-2\pi\, 0,5}{\sqrt{1-0,25}}\frac{1}{10}\right] = 0,6958, \quad \arg(z_{1,2}) = \pm 2\pi \frac{1}{10}\frac{180°}{\pi} = \pm 36°,$$

und damit: $$z_{1,2} = 0,5629 \pm j0,4090.$$

In Bild 7.17 ist die Vorgangsweise zur Festlegung der freien Reglernullstelle $q_R = -a$ dargestellt, mit der erreicht wird, daß die Pole $z_{1,2}$ tatsächlich Wurzelortskurvenpunkte sind. Dazu wird die Winkelbedingung laut Gleichung (1.4) verwendet.

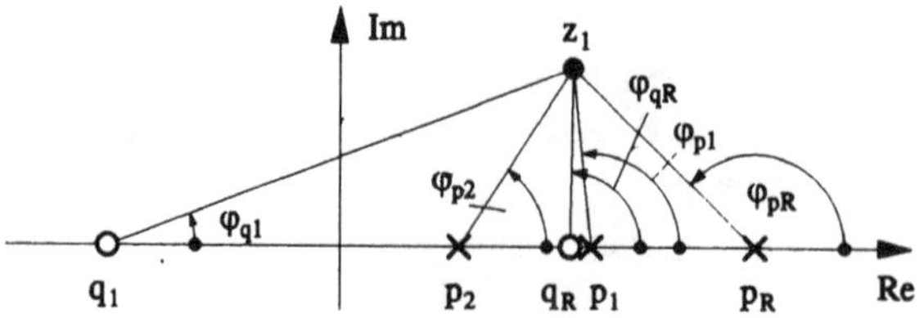

Bild 7.17

Man erhält damit für den erforderlichen Winkelbeitrag der Reglernullstelle:

$$\varphi_{qR} = -180° + \varphi_{pR} + \varphi_{p1} + \varphi_{p2} - \varphi_{q1} = -180° + 136{,}9° + 96{,}1° + 55{,}9° - 20° \approx 88{,}9°$$

Die Reglernullstelle muß demnach bei $q_R = 0{,}5550$ zu liegen kommen. Die WOK-Verstärkung in den Polen $z_{1,2}$ wird mit Hilfe der Betragsbedingung bestimmt und beträgt $K = 0{,}2489$. Die charakteristische Gleichung lautet:

$$z^3 - 1{,}6441\, z^2 + 1{,}0676\, z - 0{,}2509 = 0$$

Der dritte Pol ergibt sich dann zu $z_3 = 0{,}5183$. Bild 7.18 zeigt die Wurzelortskurve mit K als freiem Parameter.

Anmerkung:

Das Polpaar $z_{1,2}$ kann als dominant angesehen werden, da der Pol $z_3 = 0{,}5183$ sehr nahe bei der Nullstelle $q_R = 0{,}5550$ liegt, die auch eine Nullstelle des geschlossenen Regelkreises ist.

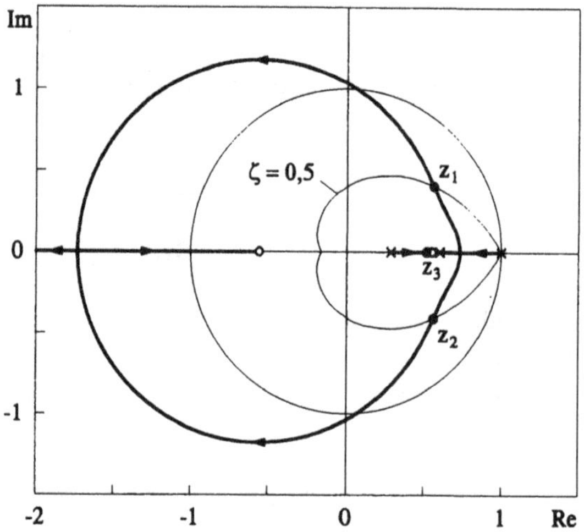

Bild 7.18

Die Führungsübertragungsfunktion des geschlossenen Regelkreises lautet:

$$G_W(z) = \frac{Y(z)}{W(z)} = \frac{0{,}2489z^{-1} + 0{,}0009z^{-2} - 0{,}0772z^{-3}}{1 - 1{,}6441z^{-1} + 1{,}0676z^{-2} - 0{,}2509z^{-3}}\,.$$

Wie erwartet, gilt für den stationären Übertragungsfaktor:

$$G_W(z)\big|_{z=1} = 1,$$

d.h. der Positionsfehler ist Null.

Bild 7.19 zeigt die Führungsübergangsfunktion des geschlossenen Regelkreises. Diese wurde mit der aus der Übertragungsfunktion $G_W(z)$ erhaltenen Differenzengleichung berechnet.

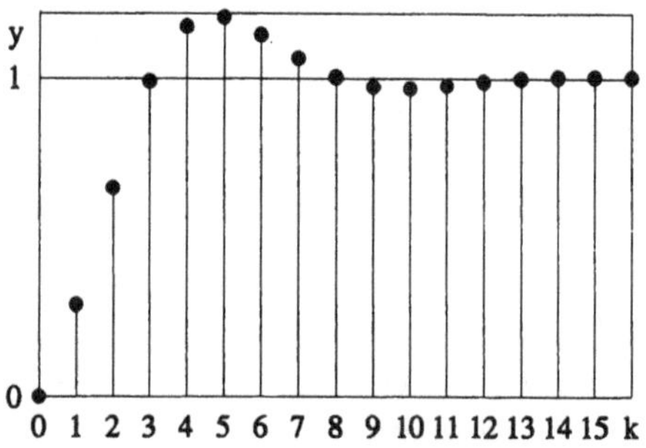

Bild 7.19

Beispiel 7.5: Eine Regelstrecke mit der Übertragungsfunktion

$$G_S(s) = \frac{e^{-5s}}{s+0,4}$$

soll mit einem PI-Regler geregelt werden. Das dominante Polpaar des geschlossenen Regelkreises soll dabei näherungsweise einen Dämpfungsgrad $\zeta = 0,5$ aufweisen, und es soll mit $T = 2,5\,s$, $\omega_s = 12\,\omega_d$ gelten.

Lösung: Für die Pulsübertragungsfunktion von Strecke und Halteglied erhält man mit Gleichung (6.28):

$$G(z) = \frac{1,5803\,z^{-3}}{1-0,3679\,z^{-1}} = \frac{1,5803}{z^2(z-0,3679)}.$$

Mit der Reglerübertragungsfunktion

$$G_D(z) = K_p \frac{z+a}{z-1}$$

folgt mit $K = 1,5803\,K_p$ für die Übertragungsfunktion des offenen Regelkreises bzw. für deren Pole und Nullstellen:

$$G_o(z) = K\frac{z+a}{z^2(z-1)(z-0,3679)},\quad p_1 = 0,3679,\quad p_{2,3} = 0,\quad p_R = 1,\quad q_R = -a.$$

Für das spezifizierte dominante Polpaar erhält man mit den Beziehungen (6.42) und (6.43):

$$|z| = \exp\left[\frac{-2\pi 0,5}{\sqrt{1-0,25}}\frac{1}{12}\right] = 0,7391,$$

$$\arg z = 360°\frac{1}{12} = 30°,$$

bzw.: $z_{1,2} = 0,6401 \pm j0,3696.$

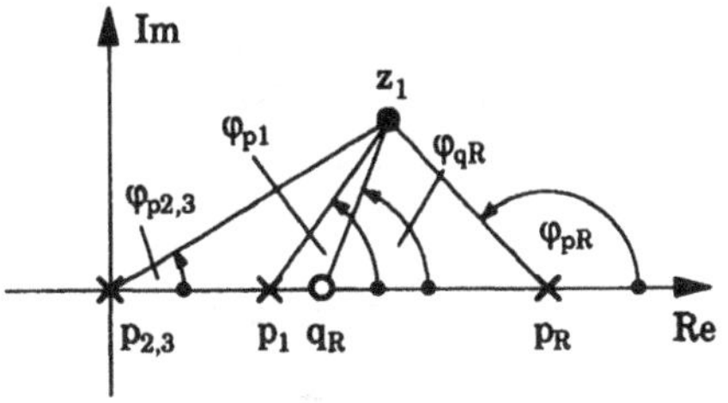

Bild 7.20

Die Bestimmung der Reglernullstelle erfolgt wieder mit Hilfe der Winkelbedingung der Wurzelortskurvenmethode (siehe Bild 7.20):

$$\varphi_{qR} = -180° + \varphi_{p1} + 2\varphi_{p2,3} + \varphi_{pR} = -180° + 53,6° + 60° + 134,2° = 67,8°.$$

Damit folgt $q_R = 0,4898$ und mit Hilfe der Betragsbedingung für die WOK-Verstärkung im Polpaar $z_{1,2}$ bzw. die Reglerverstärkung: $K = 0,3242$ und $K_p = 0,2052$. Für die Pulsübertragungsfunktion des Reglers $G_D(z)$ sowie für $G_o(z)$ und die Führungsübertragungsfunktion $G_W(z)$ erhält man dann:

$$G_D(z) = 0,2052\frac{z-0,4898}{z-1},\quad G_o(z) = \frac{0,3242(z-0,4898)}{z^2(z-1)(z-0,3679)},$$

$$G_W(z) = \frac{0,3242z - 0,1588}{z^4 - 1,3679z^3 + 0,3679z^2 + 0,3242z - 0,1588}.$$

Die restlichen Pole des geschlossenen Regelkreises sind: $z_3 = 0,5848$ und $z_4 = -0,4971$.

Bild 7.21 zeigt die Wurzelortskurve dieses Regelkreises und Bild 7.22 dessen aus dem Entwurf resultierende Führungsübergangsfunktion.

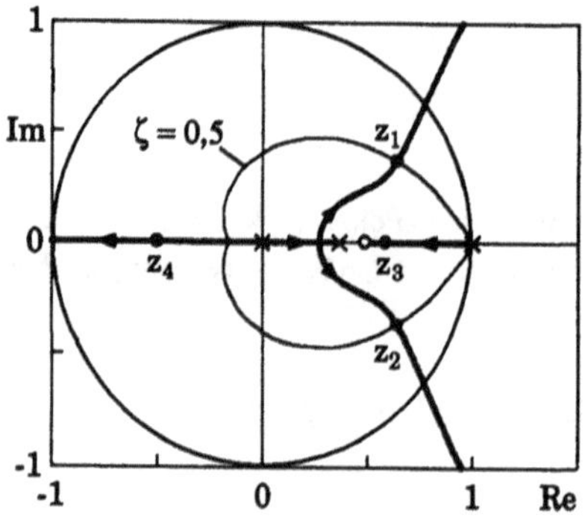

Bild 7.21

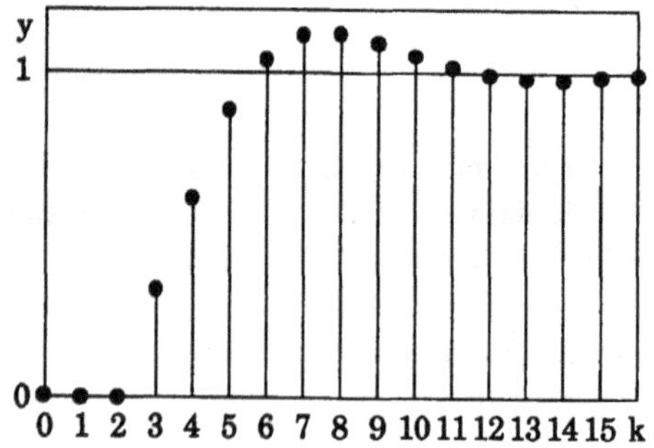

Bild 7.22

7.4 Analytischer Entwurf

Bei analog implementierten Reglern ist man aufgrund von Realisierungsproblemen im wesentlichen auf PID-Algorithmen (bzw. vereinfachte Varianten davon) beschränkt. Diese Einschränkungen gelten für digitale Realisierungen nicht.

In diesem Abschnitt wird der Entwurf des sogenannten *dead-beat*-Reglers behandelt. Es ist dies ein Regelalgorithmus, durch dessen Anwendung die Regelgröße nach einer sprungförmigen Führungs- und/oder Störgrößenänderung und nach einer endlichen Anzahl von Abtastschritten ihren Sollwert erreicht und in diesem verbleibt. Es tritt also kein Positionsfehler auf und auch zwischen den Abtastschritten schwingt die Regelgröße nicht, d.h. es tritt kein sogenanntes *"intersample-rippling"* auf.

7.4.1 Entwurf einer *dead-beat*-Führungsregelung

Betrachtet werde der Führungsregelkreis nach Bild 7.23. Die Regelstrecke habe nichtsprungfähiges Verhalten ($b_0 = 0$) und werde zusammen mit dem Halteglied durch die Pulsübertragungsfunktion

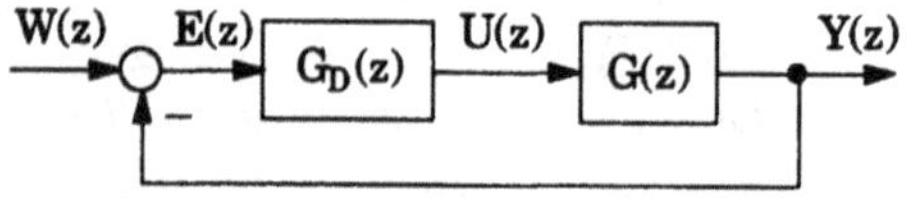

Bild 7.23

$$G(z) = \frac{Y(z)}{U(z)} = \frac{B(z)}{A(z)} z^{-d} = \frac{B(z)}{A^+(z)A^-(z)} z^{-d} = \frac{b_1 z^{-1} + b_2 z^{-2} + \ldots + b_n z^{-n}}{1 + a_1 z^{-1} + a_2 z^{-2} + \ldots + a_n z^{-n}} z^{-d} \tag{7.25}$$

beschrieben. Darin enthält $A^+(z)$ alle Streckenpole innerhalb, und $A^-(z)$ alle jene außerhalb des Einheitskreises bzw. auf diesem. Die Soll-Führungsübertragungsfunktion sei

$$G_W(z)_{soll} = F_W(z) = \frac{G_D(z)G(z)}{1 + G_D(z)G(z)}. \tag{7.26}$$

Daraus erhält man die Grundgleichung des analytischen Entwurfs. Für die erforderliche Regler-Pulsübertragungsfunktion gilt:

$$G_D(z) = \frac{1}{G(z)} \frac{F_W(z)}{1 - F_W(z)} = \frac{A^+(z)A^-(z)}{B(z)z^{-d}} \frac{F_W(z)}{1 - F_W(z)}. \tag{7.27}$$

Bei der Wahl von $F_W(z)$ sind die im folgenden angegebenen Bedingungen zu erfüllen.

1) $F_W(z)$ muß ein endliches Polynom in negativen Potenzen von z der Ordnung $m = q + d$ sein:

$$F_W(z) = \frac{Y(z)}{W(z)} = \sum_{i=1}^{q} f_{wi} z^{-(i+d)} = f_{w1} z^{-(d+1)} + f_{w2} z^{-(d+2)} + \ldots + f_{wq} z^{-(d+q)}. \tag{7.28}$$

Dann ist der Übergangsvorgang nach einer sprungförmigen Führungsgrößenänderung nach m Abtastschritten abgeschlossen.

2) $G_D(z)$ muß realisierbar sein, d.h. ein kausales Übertragungsglied darstellen. Dies bedeutet, daß der Absolutkoeffizient des in negativen Potenzen von z angeschriebenen Nennerpolynoms von $G_D(z)$ ungleich Null sein muß. Um diese Forderung zu erfüllen, muß $F_W(z)$ den Totzeitterm z^{-d} enthalten.

3) Da keine bleibende Regelabweichung auftreten soll, muß $F_W(z)$ die stationäre Verstärkung 1 besitzen. Es muß also für den Positionsfehler gelten:

$$e_{sp} = \lim_{k\to\infty} e(k) = \lim_{z\to 1}\left[(1-z^{-1})E(z)\right] = \lim_{z\to 1}\left[(1-z^{-1})(1-F_W(z))\frac{1}{1-z^{-1}}\right] = 0,$$

bzw.:

$$1 - F_W(1) = 0. \tag{7.29}$$

Dies bedeutet, daß die Gleichung $1 - F_W(z) = 0$ mindestens eine Nullstelle bei $z = 1$ aufweisen muß, oder da gilt:

$$G_o(z) = G_D(z)G(z) = \frac{F_W(z)}{1 - F_W(z)}, \tag{7.30}$$

daß der offene Kreis mindestens einen Pol bei $z = 1$ besitzen muß, d.h. im offenen Kreis ein I-Anteil vorhanden sein muß. Für $F_W(z)$ laut Gleichung (7.28) bedeutet dies:

$$\sum_{i=1}^{q} f_{wi} = 1. \tag{7.31}$$

4) Pole der Strecke außerhalb des Einheitskreises oder auf diesem dürfen nicht durch Reglernullstellen gekürzt werden, da sonst bei geringen Schwankungen der Streckenparameter Instabilität im Regelkreis auftreten kann.

5) Um eine Bewegung der Regelgröße zwischen den Abtastzeitpunkten zu verhindern, d.h. damit kein *"intersample-rippling"* auftritt, muß die Pulsübertragungsfunktion

$$G_{UW}(z) = \frac{U(z)}{W(z)} = \frac{G_D(z)}{1 + G_D(z)G(z)} = \frac{F_W(z)}{G(z)}, \tag{7.32}$$

ebenfalls ein endliches Polynom in z^{-1} sein.

Diese Bedingungen können durch folgenden Ansatz für $F_W(z)$ erfüllt werden:

$$F_W(z) = B(z)C(z)P(z)z^{-d}, \tag{7.33}$$

$$1 - F_W(z) = A^-(z)(1-z^{-1})Q(z). \tag{7.34}$$

Für die Reglerübertragungsfunktion erhält man dann:

$$G_D(z) = \frac{A^+(z)C(z)P(z)}{(1-z^{-1})Q(z)}. \tag{7.35}$$

$C(z) = 1 + c_1 z^{-1} + c_2 z^{-2} + \ldots$ ist darin ein frei wählbares Polynom beliebiger Ordnung, das zur Stellgrößenbeschränkung verwendet werden kann, jedoch die Reglerordnung erhöht.

Setzt man $F_W(z)$ aus den Gleichungen (7.33) und (7.34) gleich, dann können die Polynome P(z) und Q(z) mit minimaler Ordnung durch Koeffizientenvergleich aus folgender Gleichung bestimmt werden:

$$1-(1-z^{-1})A^{-}(z)Q(z)=B(z)C(z)P(z)z^{-d}. \tag{7.36}$$

Anmerkung: Besitzt die Streckenübertragungsfunktion G(z) bereits integrales Verhalten, d.h. enthält $A^{-}(z)$ den Term $(1-z^{-1})$, dann lautet anstelle von (7.34) der modifizierte Ansatz

$$1-F_W(z)=A^{-}(z)Q(z). \tag{7.34}$$

Die Reglerübertragungsfunktion (7.35) und die Gleichung (7.36) lautet dann:

$$G_D(z)=\frac{A^{+}(z)C(z)P(z)}{Q(z)}, \tag{7.35}$$

und die Gleichung zur Bestimmung der Polynome Q(z) und P(z) lautet:

$$1-A^{-}(z)Q(z)=B(z)C(z)P(z)z^{-d}. \tag{7.36}$$

Der Reglerentwurf vereinfacht sich für den Fall, daß die Strecke asymptotisch stabil ist, d.h. wenn $A^{-}(z)=1$ ist und damit $A^{+}(z)=A(z)$ gilt. Bezeichnet man abkürzend

$$D(z)=B(z)C(z)=\sum_{i=0}^{q} d_i z^i, \tag{7.37}$$

dann wird mit dem Ansatz
$$P(z)=1/D(1) \tag{7.38}$$

genau die Bedingung $F_W(1)=1$ erfüllt. Setzt man die Sollführungsübertragungsfunktion

$$F_W(z)=\frac{D(z)}{D(1)}z^{-d} \tag{7.39}$$

in Gleichung (7.27) ein, so folgt für den Regler:

$$G_D(z)=\frac{A(z)C(z)}{D(1)-B(z)C(z)z^{-d}}. \tag{7.40}$$

Anmerkung: Wählt man in Gleichung (7.37) $q=n$, dann ergibt sich die minimale Anregelzeit.

Wahl von C(z):

Einerseits erhöht man mit der Ordnung von C(z) die Reglerordnung und damit die Anzahl der Abtastschritte bis zur Ausregelung nach einem Sollwertsprung. Andererseits kann durch die geeignete Wahl von C(z) das Stellverhalten verbessert werden.

Wählt man z.B. $C(z)=1+c_1z^{-1}$, dann kann der Anfangswert der Stellgröße u(0) bei einer sprungförmigen Sollwertänderung frei vorgegeben werden.

Mit:
$$G_{UW}(z)=\frac{F_W(z)}{G(z)}=\frac{F_W(z)A(z)}{B(z)z^{-d}} \quad \text{und} \quad F_W(z)=\frac{D(z)}{D(1)}z^{-d}$$

erhält man:

$$G_{UW}(z)=\frac{U(z)}{W(z)}=\frac{C(z)A(z)}{C(1)B(1)}. \tag{7.41}$$

Wendet man auf U(z) den Anfangswertsatz der z-Transformation an, so folgt:

$$u(0)=\lim_{z\to\infty}U(z)=\lim_{z\to\infty}\frac{C(z)A(z)}{C(1)B(1)}\frac{1}{1-z^{-1}}=\frac{1}{B(1)(1+c_1)},$$

bzw.:

$$c_1=\frac{1}{u(0)B(1)}-1. \tag{7.42}$$

Anmerkung: Wählt man für C(z) ein Polynom höherer Ordnung, so können auch die weiteren Werte der Stellfolge begrenzt werden.

Beispiel 7.6: Es werde die Regelstrecke mit der folgenden Übertragungsfunktion betrachtet:

$$G_S(s)=\frac{4e^{-3s}}{1+4s}.$$

a) Es ist ein *dead-beat*-Regler für das Führungsverhalten derart zu entwerfen, daß der Regelvorgang nach der kleinstmöglichen Anzahl von Abtastschritten abgeschlossen ist.
b) Der Entwurfsvorgang ist nunmehr so vorzunehmen, daß die maximale Stellgröße $|u_{max}|=1$ beträgt.

Lösung: Die z-Übertragungsfunktion von Strecke und Halteglied lautet mit einer Abtastzeit $T=1\,s$:

$$G(z)=\frac{B(z)}{A(z)}z^{-d}=\frac{0{,}8848\,z^{-1}}{1-0{,}7788\,z^{-1}}z^{-3}.$$

a) Da der einzige Streckenpol innerhalb des Einheitskreises liegt, kann die vereinfachte Vorgangsweise gewählt werden. Es werde vorerst C(z)=1 gewählt. Damit folgt D(z)=B(z), und mit Gleichung (7.39) für die Soll-Führungsübertragungsfunktion:

$$F_W(z)=\frac{D(z)}{D(1)}z^{-d}=\frac{B(z)}{B(1)}z^{-d}=\frac{0{,}8848\,z^{-1}}{0{,}8848}z^{-3}=z^{-4},$$

und für die das Führungsverhalten beschreibende Differenzengleichung:

$$y(k)=w(k-4).$$

Für den Regler erhält man mit Gleichung (7.40):

$$G_D(z)=\frac{A(z)}{B(1)-B(z)z^{-d}}=\frac{1-0{,}7788\,z^{-1}}{0{,}8848-0{,}8848\,z^{-4}}=\frac{1{,}1302-0{,}8802\,z^{-1}}{1-z^{-4}}.$$

Die am Rechner zu implementierende Differenzengleichung lautet damit:

$$u(k)=u(k-4)+1{,}1302e(k)-0{,}8802e(k-2).$$

Mit Gleichung (7.41) ergibt sich für die Stellübertragungsfunktion:

$$G_{UW}(z)=\frac{A(z)}{B(1)}=\frac{1-0{,}7788\,z^{-1}}{0{,}8848}=1{,}1302-0{,}8802\,z^{-1},$$

und für die den Stellgrößenverlauf beschreibende Differenzengleichung:

$$u(k)=1{,}1302\,w(k)-0{,}8802\,w(k-1).$$

Bild 7.24a zeigt die Übergangsfunktion und Bild 7.24b den Stellgrößenverlauf. Deutlich ist zu erkennen, daß die Regelgröße nach 4 Abtastschritten den Sollwert erreicht hat und diesen für $k\geq 4$ beibehält. Die maximale Stellgröße ist $u_{max}=u(0)=1{,}1302$. Da die Regelstrecke eine stationäre Verstärkung $K_S=4$ besitzt, nimmt die Stellgröße nach einem Abtastschritt den Wert 0,25 an und behält diesen für $k\geq 1$ bei.

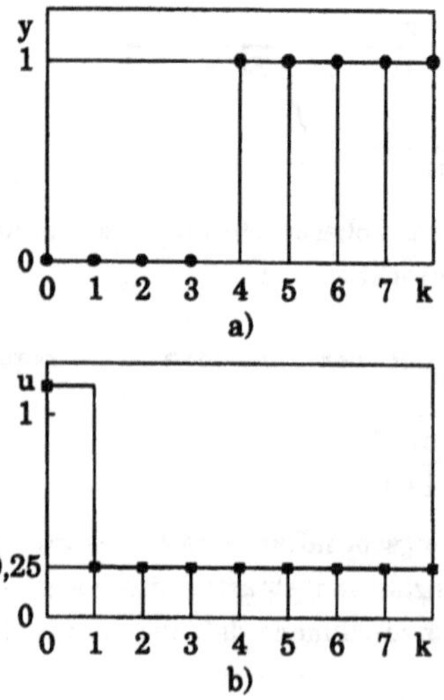

Bild 7.24

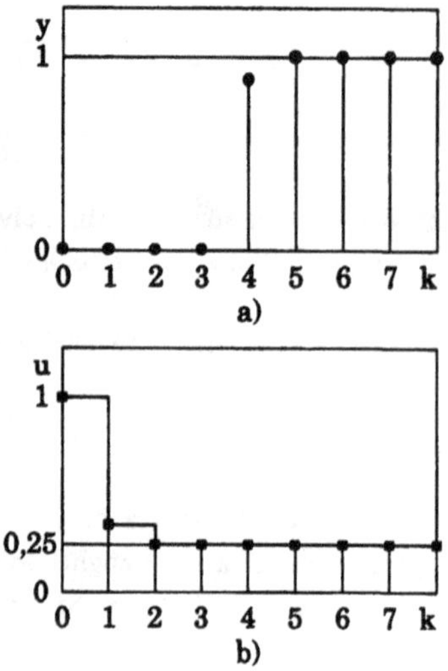

Bild 7.25

b) Man wählt nunmehr $C(z) = 1 + c_1 z^{-1}$. Mit $u(0) = 1$ folgt aus Gleichung (7.42):

$$c_1 = \frac{1}{0{,}8848} - 1 = 0{,}1302, \quad \text{und damit: } C(z) = 1 + 0{,}1302 z^{-1}.$$

Damit erhält man folgende Pulsübertragungsfunktionen und Differenzengleichungen:

Führungsverhalten: $F_W(z) = 0{,}8848 z^{-4} + 0{,}1152 z^{-5}$,

$$y(k) = 0{,}8848\, w(k-4) + 0{,}1152\, w(k-5).$$

Regler: $G_D(z) = \dfrac{1 - 0{,}6486 z^{-1} - 0{,}1014 z^{-2}}{1 - 0{,}8848 z^{-4} - 0{,}1152 z^{-5}}$,

$$u(k) = 0{,}8848\, u(k-4) + 0{,}1152\, u(k-5) + e(k) - 0{,}6486\, e(k-1) - 0{,}1014\, e(k-2).$$

Stellverhalten: $G_{UW}(z) = 1 - 0{,}6486 z^{-1} - 0{,}1014 z^{-2}$,

$$u(k) = w(k) - 0{,}6486\, w(k-1) - 0{,}1014\, w(k-2).$$

Wie ersichtlich, wird durch die Beschränkung der Stellgröße und der damit verbundenen Erhöhung der Reglerordnung der neue Sollwert erst bei $k = 5$ erreicht (Bild 7.25a). Bild 7.25b zeigt wieder den Stellgrößenverlauf. Die Stellgröße $u(k)$ erreicht ihren Endwert $u(k) = 0{,}25$ erst für $k \geq 2$.

Beispiel 7.7: Gegeben sei die instabile Strecke mit der Übertragungsfunktion

$$G_S(s) = \frac{1}{s - 0{,}2}.$$

a) Es ist mit $T = 1\,\text{s}$ ein *dead-beat*-Regler für das Führungsverhalten derart zu entwerfen, daß der Regelvorgang nach der kleinstmöglichen Anzahl von Abtastschritten abgeschlossen ist.

b) Der Entwurfsvorgang ist nunmehr so vorzunehmen, daß die maximale Stellgröße $|u_{max}| = 1{,}5$ beträgt.

Lösung: Die z-Übertragungsfunktion von Strecke und Halteglied lautet mit einer Abtastzeit T = 1 s:

$$G(z) = \frac{B(z)}{A(z)} = \frac{1{,}1070\,z^{-1}}{1 - 1{,}2214\,z^{-1}},$$

d.h. es gilt: $B(z) = 1{,}1070\,z^{-1}$, $A(z) = A^{-}(z) = 1 - 1{,}2214\,z^{-1}$.

a) Mit $C(z) = 1$, $Q(z) = q_0$ und $P(z) = p_0 + p_1 z^{-1}$ (kleinstmögliche Ordnung beider Polynome) lautet Gleichung (7.36):

$$1 - (1 - z^{-1})(1 - 1{,}2214 z^{-1}) q_0 = 1{,}1070\,z^{-1}(p_0 + p_1 z^{-1}).$$

Durch Koeffizientenvergleich erhält man $Q(z) = 1$ und $P(z) = 2{,}0067 - 1{,}1033 z^{-1}$. Die Soll-Führungsübertragungsfunktion (7.33) sowie die entsprechende Differenzengleichung ergeben sich dann zu:

$$F_W(z) = B(z)P(z) = 2{,}2214\,z^{-1} - 1{,}2214\,z^{-2},$$

$$y(k) = 2{,}2214\,w(k-1) - 1{,}2214\,w(k-2).$$

Für die Regler-Pulsübertragungsfunktion $G_D(z)$ (7.35) und die Stell-Pulsübertragungsfunktion $G_{UW}(z)$ (7.32) folgt:

$$G_D(z) = \frac{P(z)}{(1 - z^{-1})Q(z)} = \frac{2{,}0067 - 1{,}1033 z^{-1}}{1 - z^{-1}},$$

$$G_{UW}(z) = P(z)A(z) = 2{,}0067 - 3{,}5543 z^{-1} + 1{,}3476 z^{-2}.$$

Die dazu gehörenden Differenzengleichungen lauten:

$$u(k) - u(k-1) = 2{,}0067\,e(k) - 1{,}1033\,e(k-1),$$

$$u(k) = 2{,}0067\,w(k) - 3{,}5543\,w(k-1) + 1{,}3476\,w(k-2).$$

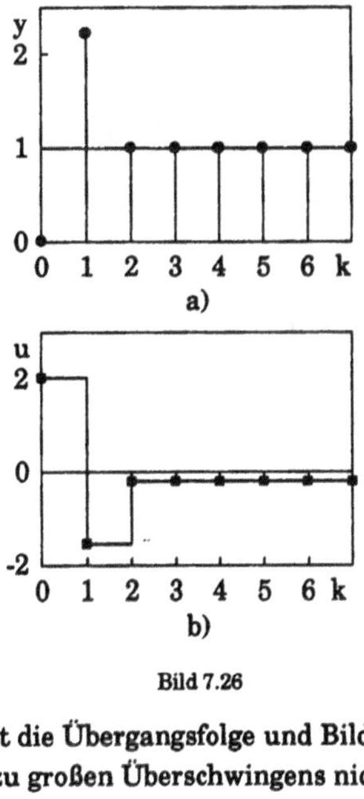

Bild 7.26

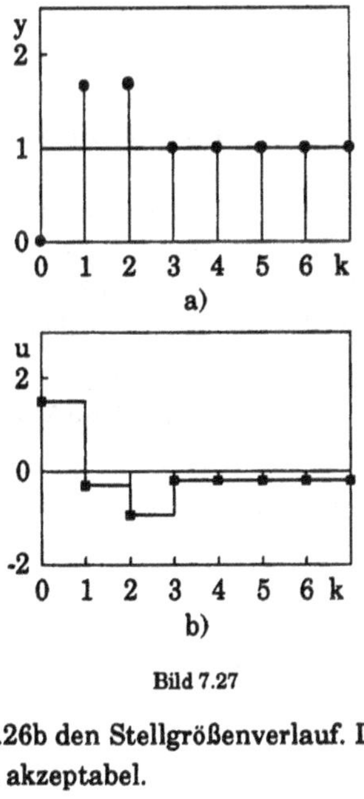

Bild 7.27

Bild 7.26a zeigt die Übergangsfolge und Bild 7.26b den Stellgrößenverlauf. Dieser Entwurf ist wegen des zu großen Überschwingens nicht akzeptabel.

b) Es wird nunmehr $C(z) = 1 + c_1 z^{-1}$ gewählt, d.h. die Reglerordnung wird um eins erhöht. Man erhält dann mit (7.33):

$$F_W(z) = 1{,}1070 z^{-1}(1 + c_1 z^{-1})(p_0 + p_1 z^{-1}),$$

und (7.32):

$$G_{UW}(z) = (1 + c_1 z^{-1})(p_0 + p_1 z^{-1})(1 - 1{,}2214 z^{-1}).$$

Aus der letzten Gleichung folgt die Differenzengleichung für das Stellverhalten:

$$u(k) = p_0 w(k) + (p_0 c_1 + p_1 - 1{,}2214 p_0) w(k-1) + [p_1 c_1 - 1{,}2214(p_0 c_1 + p_1)] w(k-2) - \\ - 1{,}2214 p_1 c_1 w(k-3).$$

Fordert man für den Anfangswert der Stellgröße $u(0) = 1{,}5$, so folgt $p_0 = 1{,}5$. Gleichung (7.36) muß dann lauten:

$$1 - (1 - z^{-1})(1 - 1{,}2214 z^{-1})(q_0 + q_1 z^{-1}) = 1{,}1070 z^{-1}(1 + c_1 z^{-1})(1{,}5 + p_1 z^{-1}).$$

Durch Koeffizientenvergleich erhält man:

$$C(z) = 1 + 0{,}6498 z^{-1},$$
$$P(z) = 1{,}5 - 0{,}9525 z^{-1},$$
$$Q(z) = 1 + 0{,}5609 z^{-1}.$$

Die interessierenden Übertragungsfunktionen und Differenzengleichungen lauten dann:

$$F_W(z) = 1{,}1070 z^{-1}(1 + 0{,}6498 z^{-1})(1{,}5 - 0{,}9525 z^{-1}) = 1{,}6605 z^{-1} + 0{,}0246 z^{-2} - 0{,}6851 z^{-3},$$

$$G_{UW}(z) = (1 + 0{,}6498 z^{-1})(1{,}5 - 0{,}9525 z^{-1})(1 - 1{,}2214 z^{-1}) = \\ = 1{,}5 - 1{,}8099 z^{-1} - 0{,}6460 z^{-2} + 0{,}7559 z^{-3},$$

$$G_D(z) = \frac{(1 + 0{,}6498 z^{-1})(1{,}5 - 0{,}9525 z^{-1})}{(1 - z^{-1})(1 + 0{,}5609 z^{-1})} = \frac{1{,}5 + 0{,}0222 z^{-1} - 0{,}6189 z^{-2}}{1 - 0{,}4391 z^{-1} - 0{,}5609 z^{-2}}.$$

$$y(k) = 1{,}6605 w(k-1) + 0{,}0246 w(k-2) - 0{,}6851 w(k-3),$$

$$u(k) = 1{,}5 w(k) - 1{,}8099 w(k-1) - 0{,}6460 w(k-2) + 0{,}7559 w(k-3),$$

$$u(k) - 0{,}4391 u(k-1) - 0{,}5609 u(k-2) = 1{,}5 e(k) + 0{,}0222 e(k-1) - 0{,}6189 e(k-2).$$

Bild 7.27 zeigt wieder die Führungsübergangsfolge sowie die Stellgrößenfolge. Da die Ordnung der Übertragungsfunktion $F_W(z)$ um eins größer wurde, erreicht die Regelgröße ihren neuen Sollwert einen Abtastschritt später, d.h. erst bei $k = 3$, und ihr Überschwingen wird geringer. Die Stellgrößenbeschränkung wird eingehalten.

7.4.2 *Dead-beat*-Reglerentwurf für Störungs- und Führungsverhalten

Es wird nunmehr der Regelkreis um eine Störgröße mit der Struktur nach Bild 7.28 erweitert. Die Stör-Pulsübertragungsfunktion lautet mit dem im vorhergehenden Abschnitt entworfenen Regler (7.35):

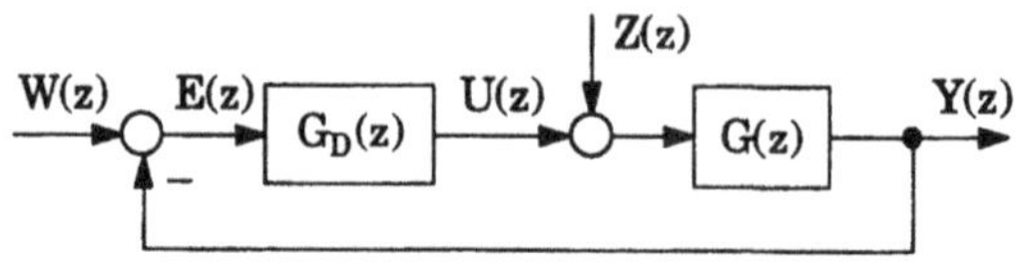

Bild 7.28

$$G_Z(z)=\frac{Y(z)}{Z(z)}=\frac{G(z)}{1+G_D(z)G(z)}=\frac{(1-z^{-1})B(z)Q(z)z^{-d}}{(1-z^{-1})A(z)Q(z)+A^{+}(z)B(z)C(z)P(z)z^{-d}}. \tag{7.43}$$

Es gilt zwar $G_Z(1)=0$, d.h. eine sprungförmige Störung wird ausgeregelt, aber $G_Z(z)$ ist im allgemeinen kein endliches Polynom, sondern eine gebrochen rationale Übertragungsfunktion. Um sowohl die *dead-beat*-Ausregelung einer sprungförmigen Störung als auch einer sprungförmigen Führungsgrößenänderung zu erreichen, wird die in Bild 7.29 dargestellte Struktur verwendet.

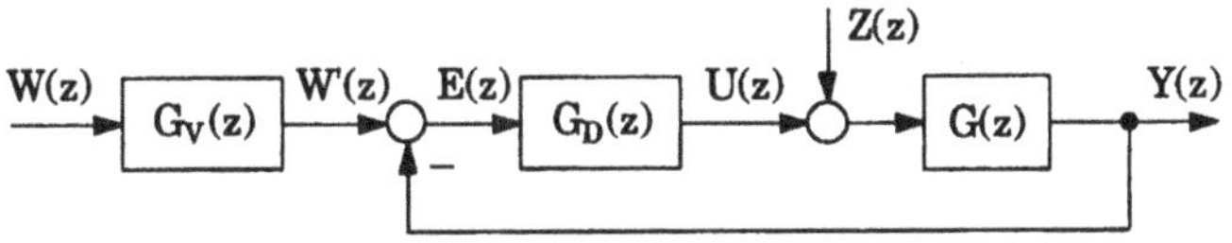

Bild 7.29

Annahme: Die Regelstrecke $G_S(s)$ sei nicht totzeitbehaftet und alle Nullstellen liegen innerhalb des Einheitskreises. Die Pulsübertragungsfunktion der Strecke inklusive Halteglied habe die Form:

$$G(z)=\frac{B(z)}{A(z)}=\frac{b_1z^{-1}+b_2z^{-2}+\ldots+b_nz^{n}}{1+a_1z^{-1}+a_2z^{-2}+\ldots+a_nz^{n}} \tag{7.44}$$

Der Entwurf erfolgt in zwei Schritten:

1) Der Regler $G_D(z)$ wird so entworfen, daß die Wirkung der Störung *dead-beat* ausgeregelt wird.

2) Danach wird das Vorfilter mit der Pulsübertragungsfunktion $G_V(z)$ so entworfen, daß auch eine *dead-beat*-Führungsregelung resultiert.

Entwurf des Reglers $G_D(z)$:

Definiert man die Soll-Störübertragungsfunktion des geschlossenen Regelkreises

$$G_Z(z)_{soll}=F_Z(z)=\frac{G(z)}{1+G_D(z)G(z)}, \tag{7.45}$$

so erhält man daraus die Entwurfsgleichung für den Regler:

$$G_D(z)=\frac{G(z)-F_Z(z)}{G(z)F_Z(z)}. \tag{7.46}$$

Bei der Wahl von $F_Z(z)$ sind folgende Bedingungen zu erfüllen:

1) Für eine *dead-beat*-Störungsregelung muß $F_Z(z)$ ein endliches Polynom sein:

$$F_Z(z)=\frac{Y(z)}{Z(z)}=\sum_{i=1}^{m}f_{zi}\,z^{-i}=f_{z0}+f_{z1}z^{-1}+\ldots+f_{zm}z^{-m} \tag{7.47}$$

2) Bei $G_D(z)$ muß es sich um ein kausales Übertragungsglied handeln, d.h. der Absolutkoeffizient seines Nennerpolynoms muß ungleich Null sein. Man erhält für Gleichung (7.46) unter Verwendung der Gleichung (7.44):

$$G_D(z) = \frac{B(z) - F_Z(z)A(z)}{B(z)F_Z(z)}. \tag{7.48}$$

3) Damit sprungförmige Störungen ausgeregelt werden, muß $F_Z(1) = 0$ gelten, d.h. $F_Z(z)$ muß eine Nullstelle bei $z = 1$ enthalten.

4) Da auch die Stellgröße u(k) nach einer endlichen Anzahl von Abtastschritten ihren stationären Endwert erreicht haben muß, da ansonsten *"intersample-rippling"* auftritt, muß auch die Übertragungsfunktion

$$G_{UZ}(z) = \frac{U(z)}{Z(z)} = \frac{-G_D(z)G(z)}{1 + G_D(z)G(z)} = -1 + \frac{F_Z(z)}{G(z)} \tag{7.49}$$

ein endliches Polynom sein.

Mit dem Ansatz

$$F_Z(z) = (1 - z^{-1})B(z)C_Z(z) \tag{7.50}$$

werden alle vier Bedingungen erfüllt. $C_Z(z) = 1 + c_{z1}z^{-1} + c_{z2}z^{-2} + \ldots$ ist ein frei wählbares Polynom, das wieder zu einer etwaigen Stellgrößenbeschränkung verwendet werden kann.

Die resultierende Reglerübertragungsfunktion lautet dann:

$$G_D(z) = \frac{1 - (1 - z^{-1})A(z)C_Z(z)}{(1 - z^{-1})C_Z(z)B(z)}. \tag{7.51}$$

Entwurf des Vorfilters $G_V(z)$:

Für die Soll-Führungsübertragungsfunktion gilt nach Bild 7.29:

$$F_W(z) = G_V(z)\frac{G_D(z)G(z)}{1 + G_D(z)G(z)}. \tag{7.52}$$

Mit $G_D(z)$ aus Gleichung (7.46) folgt für das Vorfilter:

$$G_V(z) = \frac{F_W(z)G(z)}{G(z) - F_Z(z)}. \tag{7.53}$$

Um auch eine *dead-beat*-Führungsregelung zu erreichen, sind beim Entwurf des Vorfilters folgende Bedingungen zu erfüllen:

1) $F_W(z)$ muß ein endliches Polynom in Potenzen von z^{-1} sein.

2) Die stationäre Verstärkung der Soll-Führungsübertragungsfunktion $F_W(z)$ muß eins sein, d.h. es muß wieder die Beziehung (7.29) gelten.

3) Um *"intersample-rippling"* zu vermeiden, muß die Stellübertragungsfunktion

$$G_{UW}(z) = \frac{F_W(z)}{G(z)} = \frac{F_W(z)A(z)}{B(z)} \tag{7.54}$$

ebenfalls ein endliches Polynom sein.

Diese Bedingungen werden durch den Ansatz

$$F_W(z) = B(z)C_W(z)P(z) \tag{7.55}$$

erfüllt.

$C_W(z) = c_{w0} + c_{w1}z^{-1} + c_{w2}z^{-2} + \dots$ ist darin ein Polynom, das wieder zur Stellgrößenbeschränkung verwendet werden kann, und die zweite Bedingung wird durch den Ansatz

$$P(z) = \frac{1}{B(1)C_W(1)} \tag{7.56}$$

gewährleistet.

Man erhält somit für die Soll-Führungsübertragungsfunktion und für das Vorfilter:

$$F_W(z) = \frac{B(z)C_W(z)}{B(1)C_W(1)}, \tag{7.57}$$

$$G_V(z) = \frac{B(z)C_W(z)\,/\,B(1)C_W(1)}{1-(1-z^{-1})C_Z(z)A(z)}. \tag{7.58}$$

Beispiel 7.8: Gegeben ist die Regelstrecke mit der Übertragungsfunktion

$$G(s) = \frac{10}{(s+2)(s+5)},$$

die mit einem *dead-beat*-Regler plus Vorfilter geregelt werden soll. Die Abtastzeit werde zu $T = 0{,}2$ s gewählt.

a) Es soll zunächst eine Regelung ohne Stellgrößenbeschränkung entworfen werden.

b) Sodann sollen der Regler und das Vorfilter durch geeignete Wahl der Polynome $C_Z(z)$ und $C_W(z)$ so entworfen werden, daß die Stellgrößenbeschränkung $|u_{max}| \le 2$ eingehalten wird.

Lösung: Die Pulsübertragungsfunktion der Strecke inklusive Halteglied lautet:

$$G(z) = \frac{B(z)}{A(z)} = \frac{0{,}1281z^{-1} + 0{,}0803z^{-2}}{(1-0{,}3679z^{-1})(1-0{,}6703z^{-1})}.$$

Die Streckennullstelle und die beiden Streckenpole liegen innerhalb des Einheitskreises.

a) Mit $C_Z(z) = 1$ erhält man mit Gleichung (7.50):

$$F_Z(z) = (1-z^{-1})(0{,}1281z^{-1} + 0{,}0803z^{-2}) = 0{,}1281z^{-1} - 0{,}0478z^{-2} - 0{,}0803z^{-3}.$$

Aus Gleichung (7.49) folgt für die Stellübertragungsfunktion:

$$G_{UZ}(z) = -1 + (1-z^{-1})(1-1{,}0382z^{-1} + 0{,}2466z^{-2}) = -2{,}0382z^{-1} + 1{,}2848z^{-2} - 0{,}2466z^{-3}.$$

Für die Reglerübertragungsfunktion ergibt sich mit Gleichung (7.51):

$$G_D(z) = \frac{1-(1-z^{-1})(1-1{,}0382z^{-1}+0{,}2466z^{-2})}{(1-z^{-1})(0{,}1281z^{-1}+0{,}0803z^{-2})} = \frac{2{,}0382-1{,}2848z^{-1}+0{,}2466z^{-2}}{0{,}1281-0{,}0478z^{-1}-0{,}0803z^{-2}}.$$

Bild 7.30 zeigt den Verlauf der Regelgröße und der Stellgröße nach einer sprungförmigen Störung $z(k) = \sigma(k)$. Die maximale Stellgröße ist $u(0) = -2{,}0382$.

Für die Führungsübertragungsfunktion und die Stellübertragungsfunktion erhält man mit den Gleichungen (7.57) bzw. (7.54):

$$F_W(z) = \frac{0{,}1281z^{-1} + 0{,}0803z^{-2}}{0{,}1281 + 0{,}0803} = 0{,}6147z^{-1} + 0{,}3853z^{-2},$$

$$G_{UW}(z)=\frac{1-1{,}0382z^{-1}+0{,}2466z^{-2}}{0{,}1281+0{,}0803}=4{,}7985-4{,}9818z^{-1}+1{,}1833z^{-2}.$$

Mit Gleichung (7.58) ergibt sich schließlich für die Vorfilter-Übertragungsfunktion:

$$G_V(z)=\frac{(0{,}1281z^{-1}+0{,}0803z^{-2})/(0{,}1281+0{,}0803)}{1-(1-z^{-1})(1-1{,}0382z^{-1}+0{,}2466z^{-2})}=\frac{0{,}6147+0{,}3853z^{-1}}{2{,}0382-1{,}2848z^{-1}+0{,}2466z^{-2}}.$$

Bild 7.31 zeigt die Führungsübergangsfolge des geschlossenen Regelkreises sowie die dazugehörige Stellgrößenfolge. Die Regelgröße erreicht nach der kleinstmöglichen Anzahl von Abtastschritten für $k=2$ ihren neuen Sollwert. Die maximale Stellgröße ist $u(0)=4{,}7985$.

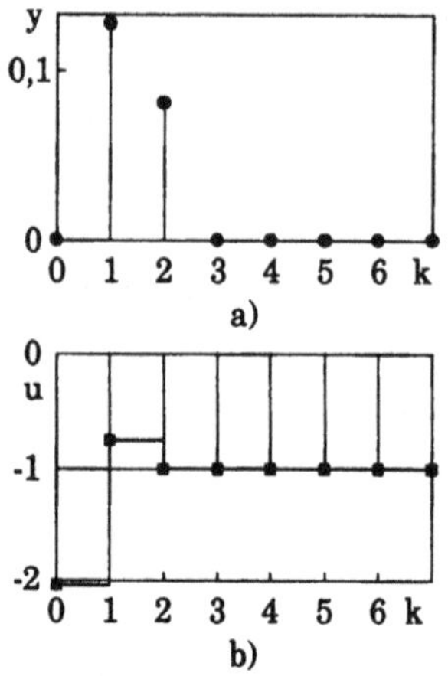

Bild 7.30

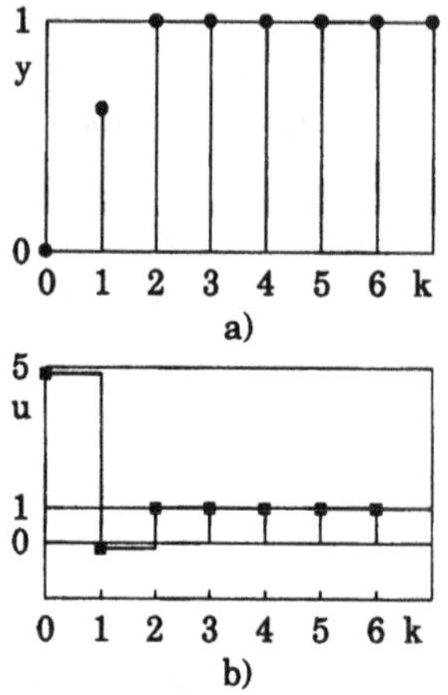

Bild 7.31

b) Zur Beschränkung der Stellgröße nach einem Störsprung $z(k)=\sigma(k)$ wird nunmehr das Polynom $C_Z(z)=1+c_{z1}z^{-1}$ gewählt und der Entwurfsvorgang wiederholt. Die Bestimmung des Koeffizienten c_{z1} geschieht wie folgt:

Setzt man Gleichung (7.50) in (7.49) ein, so erhält man:

$$G_{UZ}(z)=\frac{U(z)}{Z(z)}=-1+(1-z^{-1})C_Z(z)A(z)=-1+(1-z^{-1})(1+c_{z1}z^{-1})(1-1{,}0382z^{-1}+0{,}2466z^{-2}),$$

und für die entsprechende Differenzengleichung:

$$u(k)=(c_{z1}-2{,}0382)z(k-1)+(0{,}2848-2{,}0382c_{z1})z(k-2)+(1{,}2848c_{z1}-0{,}2466)z(k-3)-$$
$$-0{,}2466z(k-4).$$

Mit $z(k)=\sigma(k)$ folgt für die erste und zweite Stellgröße $u(0)=0$ und $u(1)=c_{z1}-2{,}0382$. Soll $u(1)=-2$ gelten, dann muß $c_{z1}=0{,}0382$ gewählt werden. Es gilt dann mit den Gleichungen (7.50), (7.49) und (7.51):

$$F_Z(z)=(1-z^{-1})(1+0{,}0382z^{-1})(0{,}1281z^{-1}+0{,}0803z^{-2})=$$
$$=0{,}1281z^{-1}-0{,}0429z^{-2}-0{,}0821z^{-3}-0{,}0031z^{-4},$$

$$G_{UZ}(z)=-1+(1-z^{-1})(1+0{,}0382z^{-1})(1-1{,}0382z^{-1}+0{,}2466z^{-2})=$$
$$=-2z^{-1}+1{,}2069z^{-1}-0{,}1975z^{-3}-0{,}0094z^{-4},$$

$$G_D(z) = \frac{1-(1-z^{-1})(1+0{,}0382z^{-1})(1-1{,}0382z^{-1}+0{,}2466z^{-2})}{(1-z^{-1})(1+0{,}0382z^{-1})(0{,}1281z^{-1}+0{,}0803z^{-2})} =$$

$$= \frac{2-1{,}2069z^{-1}+0{,}1975z^{-2}+0{,}0094z^{-3}}{0{,}1281-0{,}0429z^{-1}-0{,}0821z^{-2}-0{,}0031z^{-3}}.$$

In Bild 7.32 sind wieder die Störsprungantwort und die Stellgrößenfolge dargestellt.

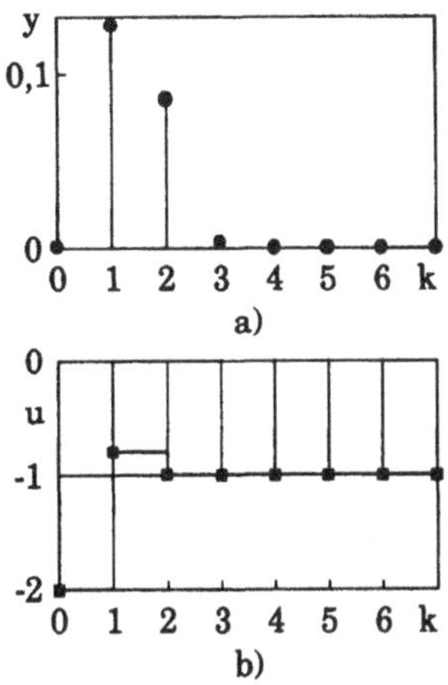

Bild 7.32

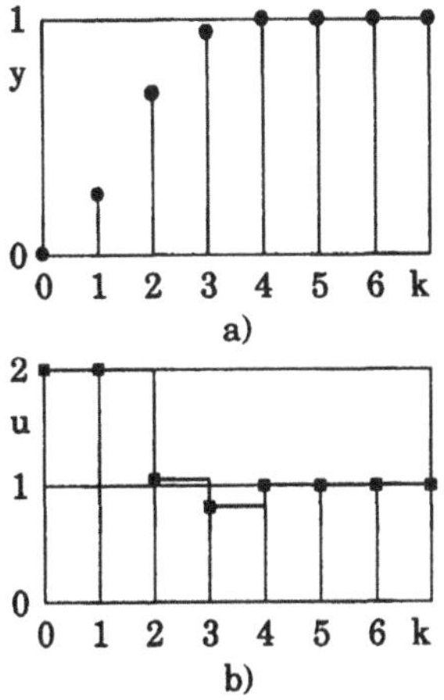

Bild 7.33

Die Beschränkung der Stellgröße nach einem Sollwertsprung $w(k) = \sigma(k)$ erfolgt mit Hilfe eines geeigneten Polynoms $C_W(z)$. Wählt man $C_W(z) = c_{w0} + c_{w1}z^{-1} + c_{w2}z^{-2}$ und setzt die Gleichung (7.57) in die Gleichung (7.54) ein, so folgt für die Stellübertragungsfunktion:

$$G_{UW}(z) = \frac{(c_{w0}+c_{w1}z^{-1}+c_{w2}z^{-2})(1-1{,}0382z^{-1}+0{,}2466z^{-2})}{0{,}2084(c_{w0}+c_{w1}+c_{w2})},$$

und daraus für die ersten drei Stellsignalwerte:

$$u(0) = \frac{c_{w0}}{0{,}2084\sum c_{wi}}, \quad u(1) = \frac{c_{w1}-0{,}0382c_{w0}}{0{,}2084\sum c_{wi}}, \quad u(2) = \frac{c_{w2}-0{,}0382c_{w1}+0{,}2084c_{w0}}{0{,}2084\sum c_{wi}}.$$

Fordert man, daß $|u(k)| \le 2$, $k = 0,1,2$ ist, so ist die Lösung für die Koeffizienten c_{wi} nicht eindeutig. Die spezielle Wahl des Polynoms

$$C_W(z) = 1 + 1{,}0382z^{-1} + 0{,}3610z^{-2}$$

ergibt die Stellübertragungsfunktion:

$$G_{UW}(z) = 2 - 0{,}9405z^{-2} - 0{,}2376z^{-3} + 0{,}1781z^{-4}$$

und damit die in Bild 7.33b dargestellte Stellsignalfolge nach einer sprungförmigen Sollwertänderung. Weiters erhält man mit den Gleichungen (7.57) und (7.58):

$$F_W(z) = 2(0{,}1281z^{-1}+0{,}0803z^{-2})(1+1{,}0382z^{-1}+0{,}3610z^{-2}) =$$

$$= 0{,}2562z^{-1}+0{,}4266z^{-2}+0{,}2592z^{-3}+0{,}0580z^{-4},$$

$$G_V(z) = \frac{0{,}2562+0{,}4266z^{-1}+0{,}2592z^{-2}+0{,}0580z^{-3}}{2-1{,}2069z^{-1}+0{,}1975z^{-2}+0{,}0094z^{-3}}.$$

Bild 7.33a zeigt den Verlauf der Regelgröße nach einem Sollwertsprung $w(k) = \sigma(k)$. Der Endwert wird aufgrund der Stellgrößenbeschränkung nunmehr erst im Abtastzeitpunkt $k = 4$ erreicht.

Gilt die am Beginn dieses Abschnittes getroffene Annahme, daß alle Nullstellen von $G(z)$ innerhalb des Einheitskreises liegen, nicht, dann muß der Entwurf des Reglers $G_D(z)$ etwas modifiziert werden. Eine Kompensation von Streckennullstellen außerhalb des Einheitskreises durch Reglerpole ist nicht empfehlenswert, da der geschlossene Regelkreis bei geringen Schwankungen der Streckenparameter instabil werden kann. Es gelte:

$$B(z) = B^+(z)B^-(z), \tag{7.59}$$

worin $B^+(z)$ alle Nullstellen innerhalb und $B^-(z)$ alle außerhalb des Einheitskreises bzw. auf diesem enthält.

Für den Zähler der Reglerübertragungsfunktion (7.51) wird folgender Ansatz gewählt:

$$1 - (1 - z^{-1})A(z)C_Z(z) = B^-(z)H(z), \tag{7.60}$$

wobei der Grad des Polynoms $H(z)$ entsprechend der linken Seite von (7.60) zu wählen ist. Die Polynome $C_Z(z)$ und $H(z)$ werden durch Koeffizientenvergleich bestimmt. Die Reglerübertragungsfunktion lautet dann:

$$G_D(z) = \frac{H(z)}{(1 - z^{-1})C_Z(z)B^+(z)}. \tag{7.61}$$

Beispiel 7.9: Gegeben ist die Streckenübertragungsfunktion

$$G_S(s) = \frac{2}{s^2},$$

für die ein Regler $G_D(z)$ und ein Vorfilter $G_V(z)$ für eine *dead-beat*-Regelung entworfen werden sollen. Es soll eine Abtastzeit $T = 0{,}5\,s$ gewählt werden.

Lösung:

$$G(z) = \frac{0{,}25z^{-1}(1 + z^{-1})}{(1 - z^{-1})^2},$$

d.h.: $A(z) = (1 - z^{-1})^2$, $B(z) = 0{,}25z^{-1}(1 + z^{-1})$, $B^+(z) = 0{,}25z^{-1}$, $B^-(z) = 1 + z^{-1}$.

Der Ansatz (7.60) lautet:

$$1 - (1 - z^{-1})(1 - z^{-1})^2(1 + c_{z1}z^{-1}) = (1 + z^{-1})(h_0 + h_1z^{-1} + h_2z^{-2} + h_3z^{-3}).$$

Der Koeffizientenvergleich ergibt folgende Polynome:

$$C_Z(z) = 1 + 0{,}875z^{-1}, \quad H(z) = 2{,}125z^{-1} - 2{,}5z^{-2} + 0{,}875z^{-3}.$$

Damit folgt für die Reglerübertragungsfunktion (7.61):

$$G_D(z) = \frac{8{,}5 - 10z^{-1} + 3{,}5z^{-3}}{1 - 0{,}125z^{-1} - 0{,}875z^{-2}}.$$

Mit den Gleichungen (7.49) bzw. (7.50) erhält man:

$$G_{UZ}(z) = -2{,}125z^{-1} + 0{,}375z^{-2} + 1{,}625z^{-3} - 0{,}875z^{-4},$$

$$F_Z(z) = 0{,}25z^{-1} + 0{,}2188z^{-2} - 0{,}25z^{-3} - 0{,}2188z^{-4}.$$

Bild 7.34 zeigt die Störsprungantwort des geschlossenen Regelkreises sowie die dazugehörende Stellgrößenfolge. Der Vorfilterentwurf mit den Gleichungen (7.57), (7.54) und (7.58) und mit $C_W(z) = 1$ liefert folgende Ergebnisse:

$$F_W(z) = 0{,}5z^{-1} + 0{,}5z^{-2}, \quad G_{UW}(z) = 2 - 4z^{-1} + 2z^{-1},$$

$$G_V(z) = \frac{0{,}5 + 0{,}5z^{-1}}{2{,}125 - 0{,}375\,z^{-1} - 1{,}625\,z^{-2} + 0{,}875\,z^{-3}}.$$

In Bild 7.35 sind die Führungssprungantwort sowie die dazugehörende Stellgrößenfolge dargestellt.

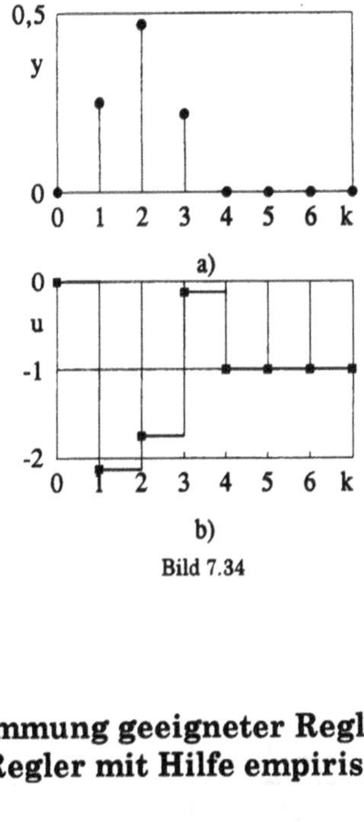

Bild 7.34

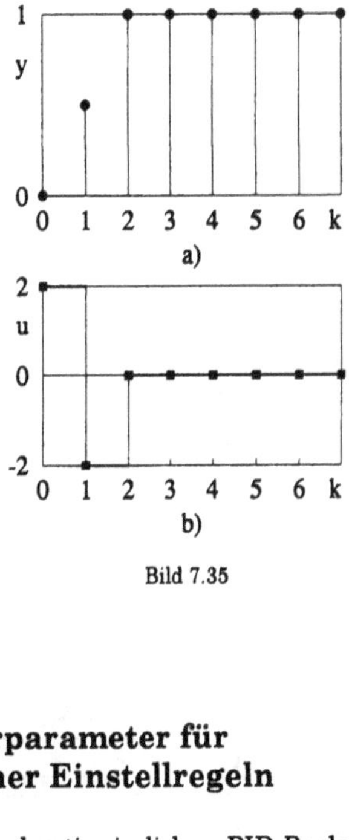

Bild 7.35

7.5 Bestimmung geeigneter Reglerparameter für PID-Regler mit Hilfe empirischer Einstellregeln

In Band 1 dieses Repetitoriums wurde für den kontinuierlichen PID-Regler mit Übertragungsfunktion

$$G_R(s) = K_p(1 + \frac{1}{T_n s} + T_v s), \tag{7.62}$$

die Regler-Differenzengleichung abgeleitet. Dabei wurde der I-Anteil durch die Rechtecksumme angenähert und der D-Anteil durch die Rückwärtsdifferenzenmethode approximiert. Eine andere, noch bessere Näherung des I-Anteils ist die mit Hilfe der Tustin-Methode (Trapezregel). Substituiert man in Gleichung (7.62) für s im I-Anteil den Ausdruck (7.13) und im D-Anteil die Beziehung (7.10), so erhält man die Differenzengleichung

$$u(k) - u(k-1) = d_0 e(k) + d_1 e(k-1) + d_2 e(k-2) \tag{7.63}$$

Die Koeffizienten d_0, d_1 und d_2 darin ergeben sich zu:

$$d_0 = K_p\left[1 + \frac{T}{2T_n} + \frac{T_v}{T}\right], \quad d_1 = K_p\left[\frac{T}{2T_n} - \frac{2T_v}{T} - 1\right], \quad d_2 = K_p\frac{T_v}{T}. \tag{7.64}$$

Die Regler-Pulsübertragungsfunktion lautet dann:

$$G_D(z) = \frac{d_0 + d_1 z^{-1} + d_2 z^{-2}}{1 - z^{-1}} = \frac{d_0 z^2 + d_1 z + d_2}{z(z-1)}. \tag{7.65}$$

Wie im Fall des kontinuierlichen Reglers, können die Reglerparameter K_p (Verstärkung), T_n (Nachstellzeit) und T_v (Vorhaltezeit) auch hier nach empirischen Einstellregeln bestimmt werden. Mit den Beziehungen (7.64) können dann die Parameter der Regler-Pulsübertragungsfunktion berechnet werden.

Die am weitesten verbreiteten empirischen Einstellregeln für die Parameter diskreter PID-Regler sind die von Takahashi, Chan und Auslander bereits 1971 angegebenen [siehe Literaturliste]. Anzumerken ist, daß diese empirischen Einstellregeln in den wenigsten Fällen tatsächlich "optimale", sondern meist nur erste, jedoch durchaus brauchbare Regelergebnisse zur Folge haben. Eine Nacheinstellung der Reglerparameter muß dann am Prozeß selbst vorgenommen werden.

Es werden dabei zwei grundsätzlich verschiedene Vorgangsweisen vorgeschlagen.

1) Schwingversuch am geschlossenen Regelkreis (Methode nach Ziegler-Nichols)

Dabei wird der Regler auf P-Verhalten geschaltet und seine Verstärkung solange erhöht, bis sich der geschlossene Kreis an der Stabilitätsgrenze befindet. Die dann gültige Verstärkung $K_{pkrit.}$ sowie die Periodendauer $T_{krit.}$ der entstandenen ungedämpften Dauerschwingung werden laut Tabelle 7.4 zur Berechnung der Einstellwerte der Reglerparameter herangezogen.

	Einstellwerte der Reglerparameter		
Reglertyp	K_p	T_n	T_v
P	$0{,}5\,K_{pkrit.}$	--	--
PI	$0{,}45\,K_{pkrit.}$	$0{,}83\,T_{krit.}$	--
PID	$0{,}6\,K_{pkrit.}$	$0{,}5\,T_{krit.}$	$0{,}125\,T_{krit.}$

Tabelle 7.4

2) Ermittlung der Einstellwerte anhand von Kennwerten der Regelstrecke

Aus der Sprungantwort der Regelstrecke mit $u(t) = \Delta u\,\sigma(t)$ (Bild 7.36) liest man die Verzugszeit T_u und die Ausgleichszeit T_a ab und berechnet die Streckenverstärkung $K_S = \Delta y / \Delta u$.

Mit diesen Streckenparametern geht man sodann in die Tabelle 7.5 und bestimmt für den gewählten Reglertyp die Einstellwerte der Parameter.

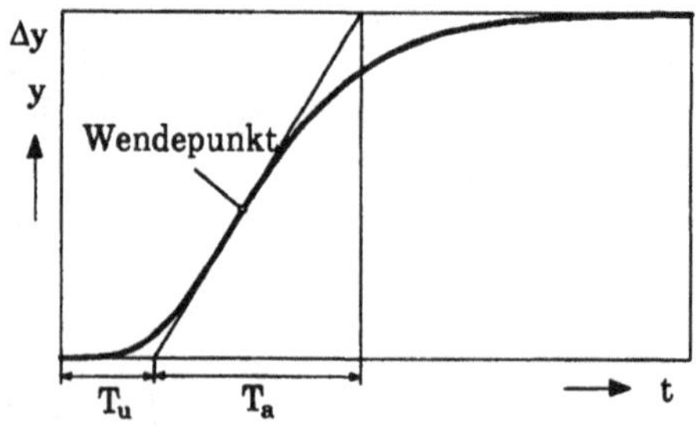

Bild 7.36

Reglertyp	Einstellwerte der Reglerparameter für $T / T_a \leq 0,1$		
	K_p	T_n	T_v
P	$\frac{1}{K_S}\frac{T_a}{T_u + T}$	--	--
PI	$\frac{0,9}{K_S}\frac{T_a}{T_u + 0,5T}$	$3,33(T_u + 0,5T)$	--
PID	$\frac{1,2}{K_S}\frac{T_a}{T_u + T}$	$2\frac{(T_u + 0,5T)^2}{T_u + T}$	$\frac{T_u + T}{2}$

Tabelle 7.5

Beispiel 7.10: Die Regelstrecke mit der Übertragungsfunktion

$$G_S(s) = \frac{2e^{-2s}}{1 + 4s}$$

soll mit einem diskreten PI- bzw. PID-Regler mit $T = 0,4$ s geregelt werden.

a) Es sind die Reglerparameter nach dem Schwingversuch am geschlossenen Kreis und den Einstellregeln nach Tabelle 7.4 zu bestimmen.

b) Es sind die Reglerparameter basierend auf den Streckenkennwerten und den Einstellregeln nach Tabelle 7.5 zu bestimmen.

Lösung: a) Bild 7.37 zeigt das Ergebnis des Schwingversuches in der Simulation. Man erhält:

$$K_{pkrit.} = 1,9, \quad T_{krit.} \approx 6,8 \text{ s}.$$

Damit ergeben sich die Einstellwerte der Reglerparameter zu:

	K_p	T_n	T_v
PI	0,86	5,64 s	--
PID	1,14	3,4 s	0,8 s

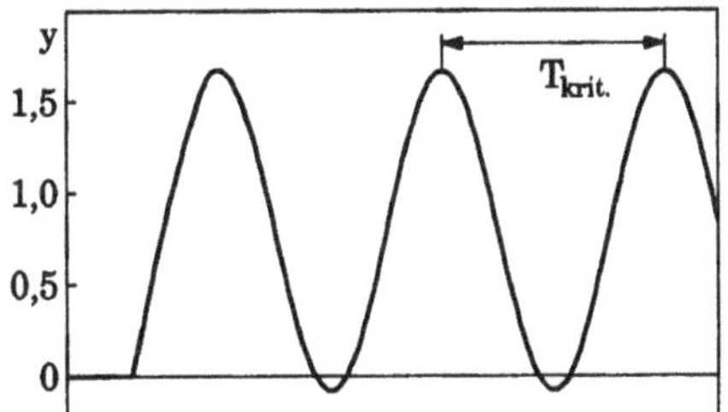

Bild 7.37

Für die beiden Regler-Pulsübertragungsfunktionen folgt mit den Beziehungen (7.64):

$$\text{PI-Regler:} \quad G_D(z) = \frac{0,8905 - 0,8295z^{-1}}{1 - z^{-1}},$$

$$\text{PID-Regler:} \quad G_D(z) = \frac{3,4871 - 5,6329z^{-1} + 2,28z^{-2}}{1 - z^{-1}}.$$

Bild 7.38 zeigt die Störübergangsfunktionen der ungeregelten Strecke und des Regelkreises mit dem PI-Regler sowie dem PID-Regler. Dabei wurde angenommen, daß die Störung im Blockschaltbild an derselben Stelle auf die Strecke eingreift wie die Stellgröße.

b) Mit den Streckenkennwerten $T_a = 4\,s$ (Zeitkonstante der Strecke), $T_u = T_t = 2\,s$ (Streckentotzeit), $K_S = 2$ (Streckenverstärkung) sowie der Abtastzeit $T = 0,4\,s$ erhält man aus der Tabelle 7.5 die angegebenen Reglerparameter-Einstellwerte:

	K_p	T_n	T_v
PI	0,82	7,33 s	--
PID	1	4,03 s	1,2 s

Die mit (7.64) resultierenden Regler-Pulsübertragungsfunktionen lauten:

PI-Regler: $$G_D(z) = \frac{0,8424 - 0,7976z^{-1}}{1 - z^{-1}},$$

PID-Regler: $$G_D(z) = \frac{4,05 - 6,95z^{-1} + 3z^{-2}}{1 - z^{-1}}.$$

Bild 7.39 zeigt wieder die Störübergangsfunktionen des geregelten und ungeregelten Systems. Wie man aus einem Vergleich ersehen kann, sind die Resultate schlechter als jene im ersten Entwurf.

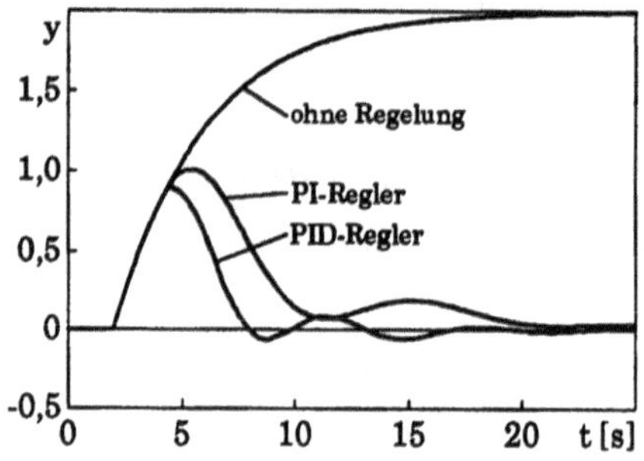

Bild 7.38

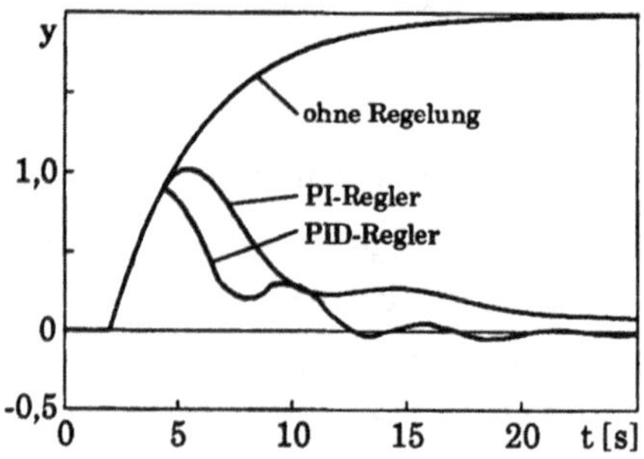

Bild 7.39

7.6 Aufgaben

Aufgabe 7.1: Gegeben ist die Regelstrecke mit der Übertragungsfunktion

$$G_S(s) = \frac{24}{(s+4)(s+12)}.$$

a) Bestimmen Sie mit $T = 0,1\,s$ einen kontinuierlichen PI-Regler derart, daß der geschlossene Regelkreis ein komplexes Polpaar mit $\zeta = 0,6$ und $\omega_n = 5\,s^{-1}$ besitzt. Benutzen Sie dazu die Wurzelortskurven-Methode.

b) Berechnen Sie mit Hilfe der Tustin-Methode die Pulsübertragungsfunktion $G_D(z)$.

c) Berechnen Sie G(z) (Strecke inklusive Halteglied) und $G_W(z)$. Zeichnen Sie den Verlauf der Führungsübergangsfunktion.

Aufgabe 7.2: Betrachten Sie die in Beispiel 3.2 behandelte Niveau-Regelstrecke. Die das Stellverhalten beschreibende Übertragungsfunktion lautet:

$$G_{SU}(s) = \frac{Y(s)}{U(s)} = \frac{0,0001}{s(s+0,03)}.$$

a) Wählen Sie als Abtastzeit $T = 20\,s$ und entwerfen Sie ein kontinuierliches Lead-Kompensationsglied als Regler derart, daß das dominante Polpaar des geschlossenen Regelkreises bei $s_{1,2} = -0,02 \pm j0,02$ zu liegen kommt. Legen Sie der Einfachheit halber die Reglernullstelle über den Streckenpol bei $s = -0,03$.

b) Bestimmen Sie die Pulsübertragungsfunktion $G_D(z)$ des Reglers mit Hilfe der Pol-/Nullstellen-Abbildung.

c) Ermitteln Sie G(z), die Pulsübertragungsfunktion von Strecke und Halteglied sowie $G_W(s)$, und zeichnen Sie den Verlauf der Führungssprungantwort auf einen Sollwertsprung von $\Delta w = 0,2\,m$.

Aufgabe 7.3: Die in Bild 7.40 dargestellte Regelstrecke besteht aus einer zweiseitig beaufschlagten Kolben-Zylinder-Einheit. Es wird damit ein Werkstück mit der Masse m bewegt. Als Stellgröße wirke die Spannung u [V] in das 4-Wegeventil, und als Störgröße die Schnittkraft $z = F$ [N]. Als Regelgröße werde die Werkstückposition y [m] betrachtet, die mit Hilfe eines Meßumformers in die Spannung u_y [V] umgewandelt wird.

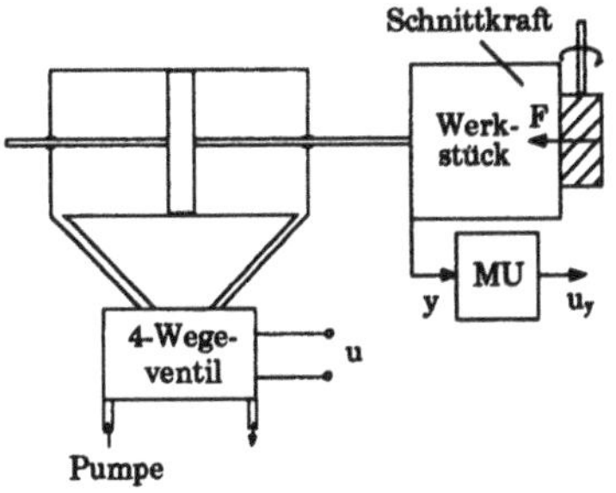

Bild 7.40

In Bild 7.41 sind die Stell- und Störübertragungsfunktion der Strecke sowie der Meßumformer im Blockschaltbild gegeben.

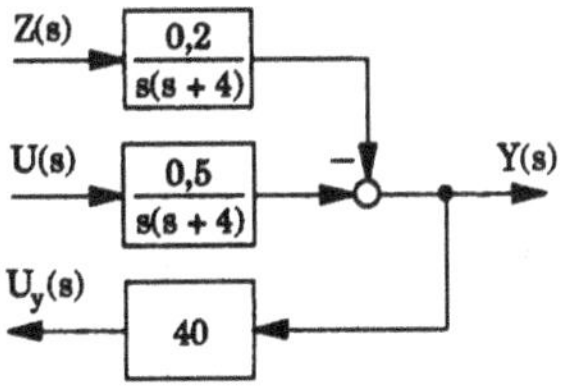

Bild 7.41

a) Wählen Sie die Abtastzeit zu $T = 0,1\,s$ und bestimmen Sie die Übertragungsfunktion G(z) (Stellübertragungsfunktion plus Halteglied). Bestimmen sie mit Hilfe der WOK-Methode die Übertragungsfunktion $G_D(z)$ eines Lead-Kompensationsgliedes so, daß der geschlossene Regelkreis einen dominanten Doppelpol in der z-Ebene besitzt, der einem Doppelpol bei $s = -4$ entspricht. Bestimmen Sie die Übertragungsfunktion $G_o(z)$ und zeichnen Sie die WOK mit der Reglerverstärkung als freiem Parameter.

b) Bestimmen Sie die Führungs-Pulsübertragungsfunktion $G_W(z)$ und zeichnen Sie die Führungs-Übergangsfunktion.

c) Bestimmen Sie Y(z), wenn $W(z) = 0$ ist und eine sprungförmige Störung $\Delta z = 10\,N$ wirkt. Berechnen Sie y(k) für $k = 0, 1, \dots, 20$ und zeichnen Sie die Störantwort.

Aufgabe 7.4: Die Stell- bzw. Störübertragungsfunktion der in Bild 7.42 schematisch dargestellten Regelstrecke mit $y = H$ [m] als Regelgröße, $u = N$ [1/min] als Stellgröße und $z = Q_v$ [m³/s] als Störgröße, sind im Blockschaltbild (Bild 7.43) gegeben.

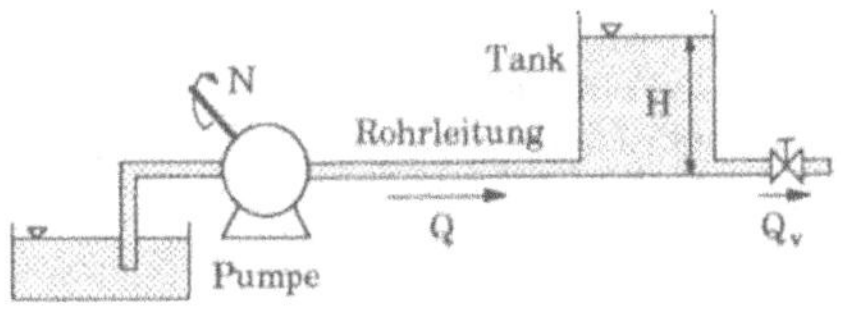

Bild 7.42

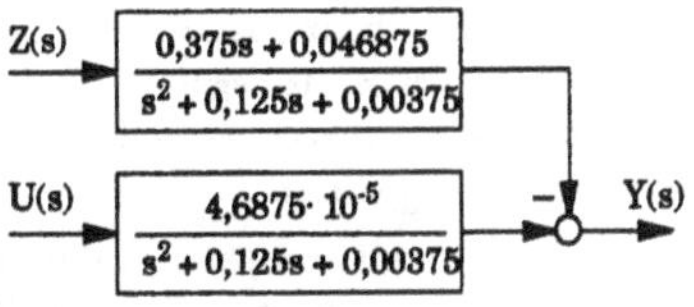

Bild 7.43

a) Geben Sie die Pulsübertragungsfunktion G(z) der Strecke $G_{SU}(s)$ inklusive Halteglied an. Wählen Sie dazu die Abtastzeit zu $T = 10\,s$.

b) Entwerfen Sie mit Hilfe der WOK-Methode einen diskreten PID-Regler derart, daß das dominante Polpaar des geschlossenen Regelkreises einen Dämpfungsgrad $\zeta = \sqrt{2}/2$ besitzt und $\omega_d / \omega_s = 0,1$ gilt. Wählen Sie dazu eine Reglernullstelle so, daß diese den langsameren Streckenpol kürzt. Zeichnen Sie die WOK mit der Reglerverstärkung als freiem Parameter. Berechnen Sie die Führungsübertragungsfunktion $G_W(z)$ und zeichnen Sie die Führungsübergangsfunktion des geschlossenen Regelkreises.

c) Berechnen Sie Y(z) nach einer sprungförmigen Störung $\Delta z = 0,01$ m³/s. Zeichnen Sie die Störantwort des geschlossenen Regelkreises y(k) für $k = 0, 1, \dots, 12$.

Aufgabe 7.5: Gegeben ist die Übertragungsfunktion einer Regelstrecke:

$$G_S(s) = \frac{3}{(1+s)(1+4s)}.$$

a) Wählen Sie die Abtastzeit zu $T = 1\,s$ und bestimmen Sie die Übertragungsfunktion G(z) der Strecke inklusive Halteglied.

b) Entwerfen Sie einen *dead-beat*-Führungsregler für folgende Fälle:
1) ohne Stellgrößenbeschränkung,
2) $u(0) = 1$,
3) $u(0) = 1$ und $u(1) = 1$.

Geben Sie jeweils $C(z)$, $F_W(z)$, $G_{UW}(z)$ sowie $G_D(z)$ an. Skizzieren Sie die Führungsübergangsfunktion und die dazugehörende Stellgrößenfolge.

Aufgabe 7.6: Gegeben ist die Übertragungsfunktion einer Regelstrecke:

$$G_S(s) = \frac{4}{s(s^2 + 2s + 2)}.$$

a) Wählen Sie die Abtastzeit zu $T = 0,5$ s und bestimmen Sie die Übertragungsfunktion $G(z)$ der Strecke inklusive Halteglied.

b) Entwerfen Sie einen *dead-beat*-Führungsregler derart, daß eine Stellgrößenbeschränkung $|u_{max}| \le 2$ eingehalten wird. Geben Sie $C(z)$, $F_W(z)$, $G_{UW}(z)$ und $G_D(z)$ an und skizzieren Sie die Führungsübergangsfunktion sowie die dazugehörende Stellgrößenfolge.

Aufgabe 7.7: Gegeben ist die in Bild 7.44 im Blockschaltbild dargestellte Regelstrecke.

a) Wählen Sie die Abtastzeit zu $T = 0,5$ s und bestimmen Sie die Übertragungsfunktion $G(z)$ der Strecke inklusive Halteglied.

b) Bestimmen Sie die Übertragungsfunktion des Reglers $G_D(z)$ und die des Vorfilters $G_V(z)$ derart, daß sprungförmige Störungen und Sollwertänderungen *dead-beat* ausgeregelt werden. Die Stellgröße soll dabei auf $|u_{max}| = 1$ beschränkt bleiben.

c) Geben Sie die Übertragungsfunktionen $F_Z(z)$, $F_W(z)$, $G_{UZ}(z)$ und $G_{UW}(z)$ an. Zeichnen Sie die Führungs- und die Störübergangsfunktion des geschlossenen Regelkreises sowie die dazugehörenden Stellgrößenverläufe.

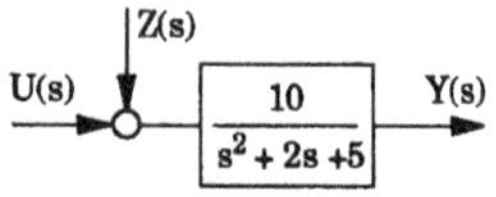

Bild 7.44

Aufgabe 7.8: Gegeben ist die in Bild 7.45 im Blockschaltbild dargestellte Regelstrecke.

a) Wählen Sie die Abtastzeit zu $T = 1$ s und bestimmen Sie die Übertragungsfunktion $G(z)$ der Strecke inklusive Halteglied.

b) Bestimmen Sie die Übertragungsfunktion des Reglers $G_D(z)$ und die des Vorfilters $G_V(z)$ derart, daß sprungförmige Störungen und Sollwertänderungen *dead-beat* ausgeregelt werden. Beachten Sie dabei, daß eine Nullstelle von $G(z)$ außerhalb des Einheitskreises zu liegen kommt.

c) Geben Sie die Übertragungsfunktionen $F_Z(z)$ $G_{UZ}(z)$, $F_W(z)$ und $G_{UW}(z)$ an. Zeichnen Sie die Führungs- und die Störübergangsfunktion des geschlossenen Regelkreises sowie die dazugehörenden Stellgrößenverläufe.

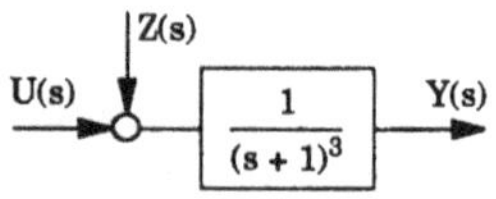

Bild 7.45

Aufgabe 7.9: Gegeben ist die in Bild 7.46 dargestellte Regelstrecke sowie deren Antwort auf einen Eingang $u(t) = \sigma(t)$.

a) Bestimmen Sie mit Hilfe der empirischen Einstellregeln nach Tabelle 7.5 die Parameter eines PID-Reglers und geben Sie $G_D(z)$ an. Wählen Sie dazu $T = 4$ s.

b) Bestimmen Sie die Pulsübertragungsfunktion $G(z)$ der Strecke inklusive Halteglied. Berechnen Sie die diskrete Führungsübertragungsfunktion des geschlossenen Regelkreises und zeichnen Sie die Führungsübergangsfunktion.

c) Berechnen Sie die z-Störübertragungsfunktion des geschlossenen Kreises (Voraussetzung: sprungförmige Störungen) und zeichnen Sie die Störübergangsfunktion.

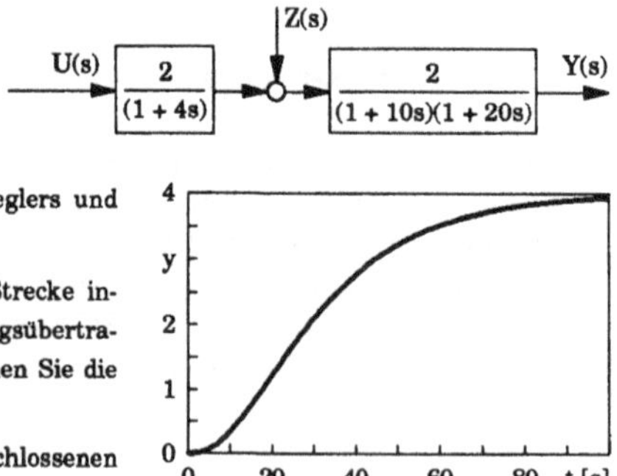

Bild 7.46

Aufgabe 7.10: Das Bild 7.47 zeigt eine Bandförderanlage für Granulat. Eingangsgrößen sind der Schieberhub $h = u$ [m] (Stellgröße) und die als Störeingänge wirkenden Volumenströme $Q_z = z_1$ und $Q = z_2$ [m³/s]. Der Füllstand im Zwischenbunker $H = y$ [m] ist die Regelgröße. Im Blockschaltbild (Bild 7.48) sind die um einen Arbeitspunkt geltenden Übertragungsfunktionen dieser Regelstrecke angegeben.

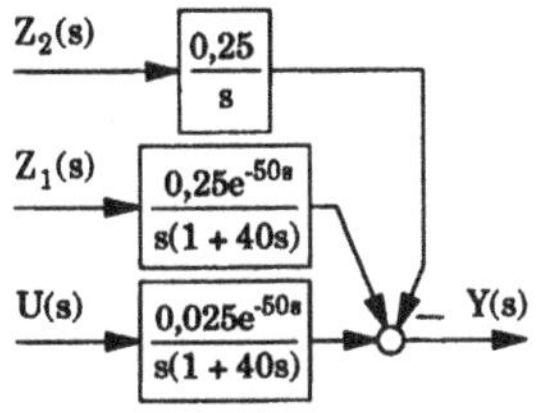

Bild 7.48

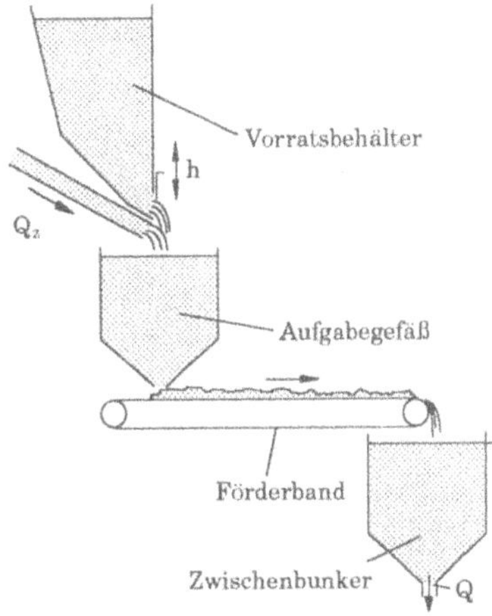

Bild 7.47

a) Schließen Sie den Regelkreis mit einem P-Regler und berechnen Sie $K_{pkrit.}$ und $T_{krit.}$. Bestimmen Sie mit Hilfe der Einstellregeln nach Tabelle 7.4 und den Gleichungen (7.64) und (7.65) die Pulsübertragungsfunktion $G_D(z)$ eines diskreten PID-Reglers. Wählen Sie dazu die Abtastzeit zu $T = 25$ s.

b) Berechnen Sie die Übertragungsfunktionen G(z) (Strecke inklusive Halteglied) sowie die Stör-Übertragungsfunktionen des geschlossenen Regelkreises $G_{Z1}(z) = Y(z)/Z_1(z)$ und $G_{Z2}(z) = Y(z)/Z_2(z)$. Setzen Sie dabei voraus, daß es sich um sprungförmige Störungen handelt. Zeichnen Sie die Stör-Sprungantworten des geschlossenen Regelkreises für $z_1(t) = 0{,}002\sigma(t)$ [m³/s] und $z_2(t) = 0{,}005\,\sigma(t)$ [m³/s].

Lösungen zu den Aufgaben

Kapitel 1

Aufgabe 1.1: a) $p_1 = -1$, $p_2 = -4$, $\sigma_a = -2{,}5$. $K > 0$: $\sigma_v = -2{,}5$, $\phi_{a1} = 90°$, $\phi_{a2} = 270°$.
$K < 0$: $K_{krit.} = 4$. Der Regelkreis ist für $-4 < K < \infty$ asymptotisch stabil.

b) $p_1 = -1$, $p_2 = -4$, $q_1 = 1$. $K > 0$: $K^1_{krit.} = 4$. $K < 0$: $\omega_{krit.} = 3\,s^{-1}$, $K^2_{krit.} = -5$, $\sigma_{v1} \approx 4{,}16$, $\sigma_{v2} \approx -2{,}16$. Der Regelkreis ist für $-5 < K < 4$ asymptotisch stabil.

c) $p_1 = -1$, $p_2 = -4$, $q_{1,2} = 1 \pm j2$. $K > 0$: $\sigma_{v1} \approx -2{,}03$, $\omega_{krit.} \approx 2{,}17\,s^{-1}$, $K^1_{krit.} = 2{,}5$.
$K < 0$: $\sigma_{v2} \approx 2{,}32$, $K^2_{krit.} = -0{,}8$, $K^3_{krit.} = -1$. Der Regelkreis ist für $-0{,}8 < K < 2{,}5$ asymptotisch stabil.

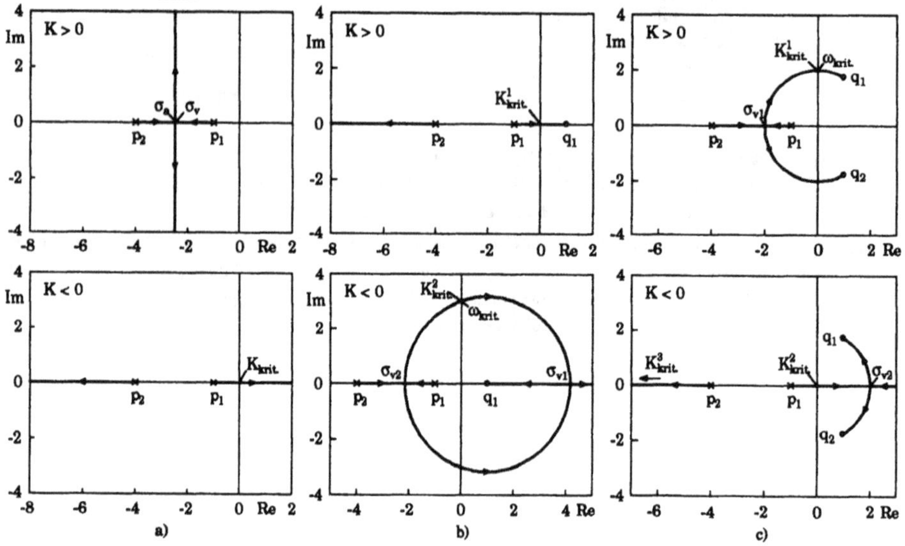

Aufgabe 1.2:

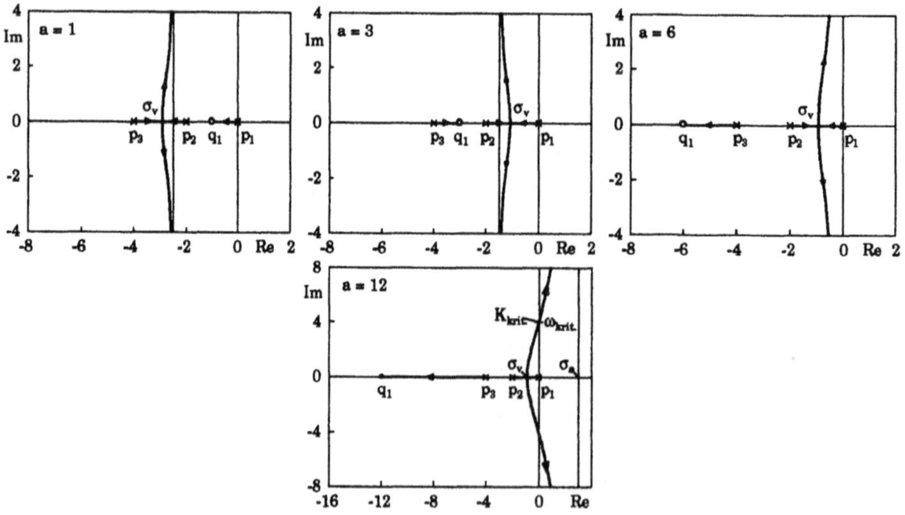

a = 1: $p_1 = 0,\ p_2 = -2,\ p_3 = -4,\ q_1 = -1,\ \sigma_a = -2{,}5,\ \phi_{a1} = 90°,\ \phi_{a2} = 270°,\ \sigma_v \approx -2{,}91.$

a = 3: $p_1 = 0,\ p_2 = -2,\ p_3 = -4,\ q_1 = -3,\ \sigma_a = -1{,}5,\ \phi_{a1} = 90°,\ \phi_{a2} = 270°,\ \sigma_v \approx -1{,}09.$

a = 6: $p_1 = 0,\ p_2 = -2,\ p_3 = -4,\ q_1 = -6,\ \sigma_a = 0,\ \phi_{a1} = 90°,\ \phi_{a2} = 270°,\ \sigma_v \approx -0{,}94.$

a = 12: $p_1 = 0,\ p_2 = -2,\ p_3 = -4,\ q_1 = -12,\ \sigma_a = 3,\ \phi_{a1} = 90°,\ \phi_{a2} = 270°,\ \sigma_v \approx -0{,}89,\ K_{krit.} = 8,\ \omega_{krit.} = 4\ s^{-1}.$

Aufgabe 1.3: a) $p_1 = 0,\ p_2 = -1\,(\rho_{p2} = 3),\ q_1 = -2,\ \sigma_a = -1/3,\ \phi_{a1} = 60°,\ \phi_{a2} = 180°,\ \phi_{a3} = 300°,\ \sigma_{v1} \approx -0{,}28,$ $\sigma_{v2} \approx -2{,}39,\ \omega_{krit.} \approx 0{,}75\ s^{-1},\ K_{krit.} \approx 0{,}685.$

b) $p_1 = 2,\ p_2 = 0,\ p_3 = -6,\ q_{1,2} = -3 \pm j,\ \sigma_v \approx 0{,}83,\ \phi_{q1} \approx 78{,}7°,\ \omega_{krit.} = 2\ s^{-1},\ K_{krit.} = 8/3.$

c) $p_1 = 0,\ p_2 = -1,\ p_3 = -2,\ p_4 = -4\,(\rho_{p4} = 2),\ q_{1,2} = -2 \pm j2,\ \sigma_a = -7/3,\ \phi_{a1} = 60°,\ \phi_{a2} = 180°,$ $\phi_{a3} = 300°,\ \sigma_{v1} \approx -0{,}41,\ \sigma_{v2} \approx -2{,}84,\ \omega_{krit.} \approx 1{,}57\ s^{-1},\ K_{krit.} \approx 16{,}5,\ \phi_{q1} \approx 161{,}6°.$

d) $p_1 = 1,\ p_2 = 0,\ p_{3,4} = -2 \pm j2\sqrt{3},\ q_1 = -1,\ \sigma_a = -2/3,\ \phi_{a1} = 60°,\ \phi_{a2} = 180°,\ \phi_{a3} = 300°,$ $\sigma_{v1} \approx 0{,}45,\ \sigma_{v2} \approx -2{,}26,\ \omega^1_{krit.} \approx 1{,}56\ s^{-1},\ K^1_{krit.} \approx 20{,}7,\ \omega^2_{krit.} \approx 2{,}56\ s^{-1},\ K^2_{krit.} \approx 35{,}7,$ $\phi_{p3} \approx -60{,}6°$. Der geschlossene Kreis ist für $20{,}7 < K < 35{,}7$ asymptotisch stabil.

e) $p_1 = 0,\ p_2 = -3,\ p_{3,4} = -4 \pm j2,\ \sigma_a = -2{,}75,\ \phi_{a1} = 90°,\ \phi_{a2} = 270°,\ \sigma_v \approx -1{,}03,\ \omega_{krit.} \approx 2{,}34\ s^{-1},$ $K_{krit.} \approx 210{,}25$. Der geschlossene Kreis ist für $K < 210{,}25$ asymptotisch stabil.

f) $p_1 = 0\,(\rho_{p1} = 2),\ p_2 = -1,\ p_3 = -8,\ q_{1,2} = -1 \pm j2,\ \sigma_a = -3{,}5,\ \phi_{a1} = 90°,\ \phi_{a2} = 270°,\ \sigma_v \approx -4{,}57,$ $\phi_{p1} = 90°$ und $270°,\ \phi_{q1} \approx 69{,}1°,\ \omega_{krit.} \approx 2{,}04\ s^{-1},\ K_{krit.} \approx 18{,}64$. Der geschlossene Kreis ist für $K > 18{,}64$ asymptotisch stabil.

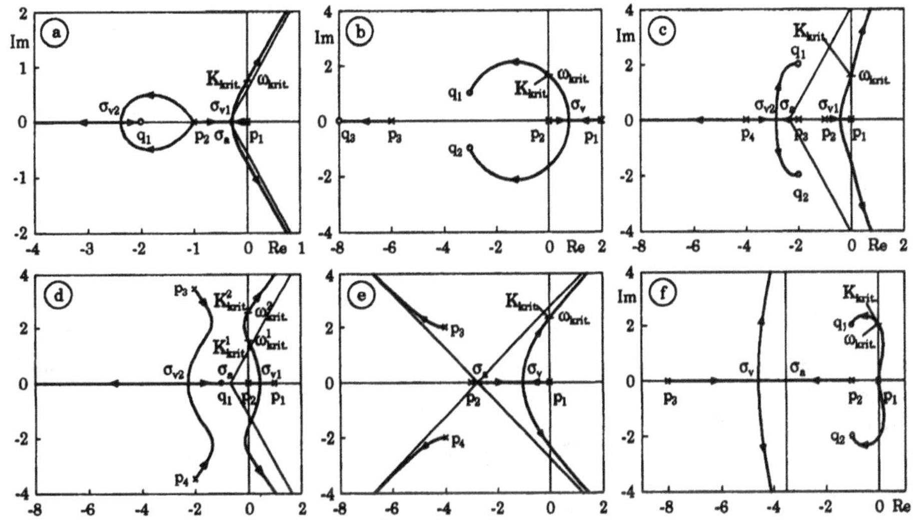

Aufgabe 1.4:

a) $p_1 = 0,\ p_2 = -2,\ p_3 = -6,\ q_1 = -8/3,\ \sigma_a = -8/3,\ \phi_{a1} = 90°,\ \phi_{a2} = 270°,\ \sigma_v \approx -1{,}23,\ K_R = 8,\ s_3 = -4.$

b) $G_o(s) = \dfrac{12s + 32}{s(s + 2 + \Delta)(s + 6)} \Rightarrow \tilde{G}_o(s) = \dfrac{\Delta s(s + 6)}{(s + 4)(s^2 + 4s + 8)},\ p_{1,2} = -2 \pm j2,\ p_3 = -4,\ q_1 = 0,\ q_2 = -6.$

$\Delta > 0$: $\sigma_v \approx -8{,}68,\ \phi_{p1} \approx 206{,}6°$. $\Delta < 0$: $\sigma_v \approx 2{,}43,\ \omega_{krit.} \approx 2{,}52\ s^{-1},\ \Delta_{krit.} \approx -2{,}94,\ \phi_{p1} \approx 26{,}6°$.

Der geschlossene Regelkreis ist für $-2{,}94 < \Delta < \infty$ asymptotisch stabil.

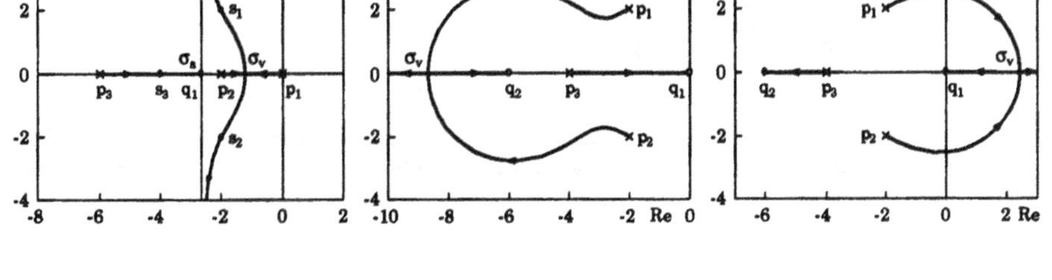

Aufgabe 1.5: a) $p_1 = 1$, $p_{2,3} = -2 \pm j2$, $\varphi_{p2} \approx -56{,}3°$, $\omega^1_{krit} = 0\ s^{-1}$, $K^1_{pkrit.} = 4$, $\omega^2_{krit.} = 2\ s^{-1}$, $K^2_{pkrit.} = 10$.
$\sigma_a = -1$, $\phi_{a1} = 60°$, $\phi_{a2} = 180°$, $\phi_{a3} = 300°$. Das System ist für $4 < K_p < 10$ asymptotisch stabil.
$K_p(\zeta = 0{,}5) \approx 5{,}8$, es treten keine Verzweigungs- und Vereinigungspunkte auf.

b) $\sigma_{v1} \approx -0{,}18$, $\sigma_{v2} \approx -1{,}82$.

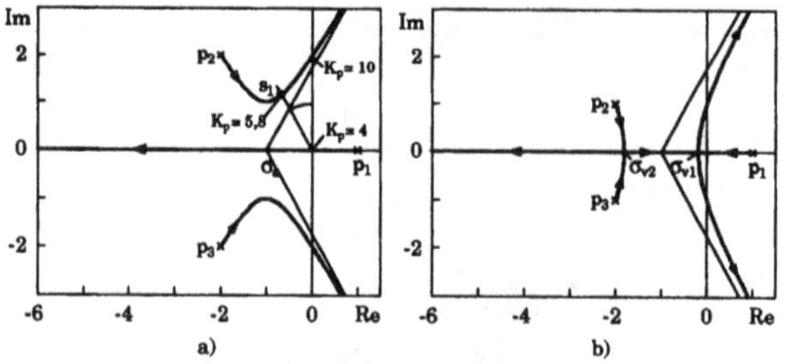

a) b)

zu Aufgabe 1.5

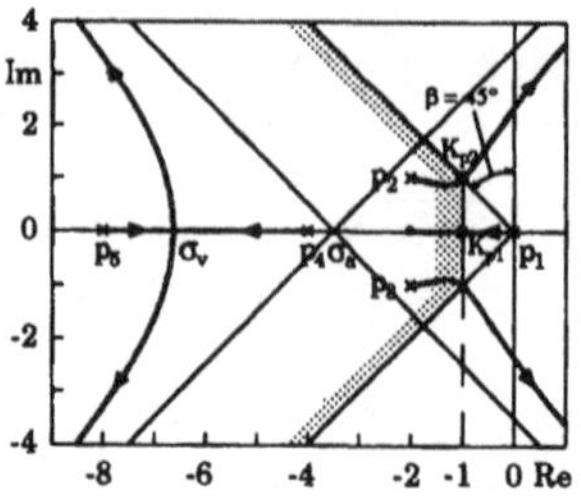

zu Aufgabe 1.6

Aufgabe 1.6: a) $p_1 = 0$, $p_{2,3} = -2 \pm j$, $p_4 = -4$, $p_5 = -8$, $q_1 = -2$, $\sigma_a = -3{,}5$, $\phi_{a1} = 45°$, $\phi_{a2} = 135°$, $\phi_{a3} = 225°$,
$\phi_{a4} = 315°$, $\sigma_v \approx -6{,}6$, $\phi_{p2} \approx -9{,}5°$, $\omega_{krit.} \approx 2{,}34\ s^{-1}$, $K_{pkrit.} \approx 27{,}5$.

b) $K_{p1} = 4{,}2$, $K_{p2} = 5$. Der Regelkreis erfüllt für $4{,}2 \le K_p \le 5$ die Spezifikationen.

Aufgabe 1.7:

a) Mit $K = 0{,}2K_R$ und der Pade-Näherung erhält:

$$G_o(s) = \frac{K(s+5)(s^2-6s+12)}{s(s^2+6s+12)}.$$

$p_1 = 0$, $p_{2,3} = -3 \pm j\sqrt{3}$, $q_{1,2} = 3 \pm j\sqrt{3}$, $q_3 = -5$, $\sigma_{v1} \approx -1{,}48$, $\sigma_{v2} \approx -2{,}11$, $\phi_{q1} \approx 137{,}8°$, $\phi_{p2} \approx -49{,}1°$, $\omega_{krit.} \approx 1{,}98\ s^{-1}$, $K_{Rkrit.} \approx 1{,}84$. Die exakten Werte sind $\omega_{krit.} = 1{,}941\ s^{-1}$ und $K_{Rkrit.} = 1{,}81$, die Näherung ist also akzeptabel.

b) $K_R \approx 0{,}665$.

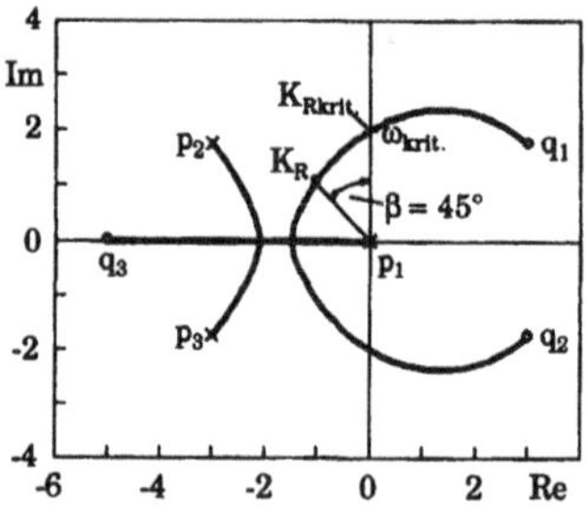

Aufgabe 1.8:

a)
$\sigma_{v1} \approx -1{,}42$, $\sigma_{v2} \approx -4{,}58$,
$\omega_{krit.} \approx 2{,}55\ s^{-1}$,
$K_{pkrit.} \approx 276{,}3$, $\phi_{p2} = -90°$.

b)
$K_{p1} = 40$, $K_{p2} \approx 55{,}1$
Der geschlossene Regelkreis erfüllt für $40 \le K_p \le 55{,}1$ die geforderten Spezifikationen.

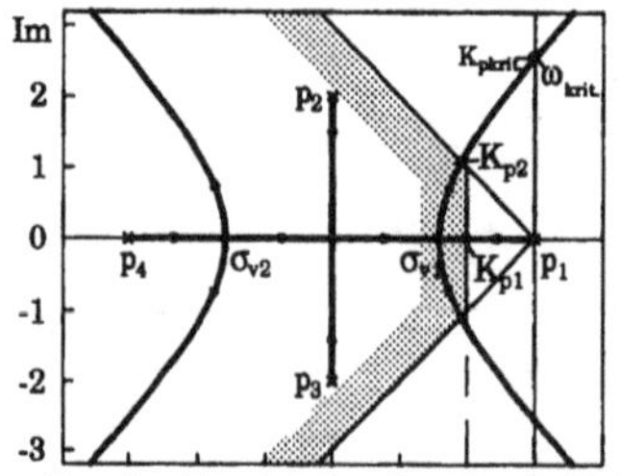

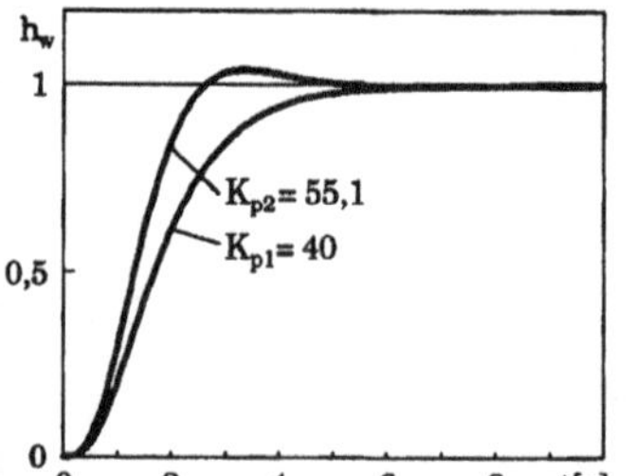

Aufgabe 1.9:

a) $G_o(s) = \dfrac{K(s+a)}{s(s+2)(s+20)}$ mit $K = 40K_pT_v$, $a = 1/T_v$. $s_{1,2} = -2 \pm j2\sqrt{3}$, $K_p = 7{,}2$, $T_v = 1/6\ s$,
$s_3 = -18$, $e(\infty) = 5/36$.

b) $e(\infty) = 0{,}01 \Rightarrow K_c = 100/7{,}2 = 13.889 \Rightarrow \beta = 13{,}889$. Wähle $1/T = 0{,}25 \Rightarrow 1/\beta T = 0{,}018$.

$$G_{Lag} = \frac{s+0{,}25}{s+0{,}18},\quad G_o(s) = \frac{48(s+0{,}25)(s+6)}{s(s+0{,}018)(s+2)(s+20)}.$$

c) Die Wurzelortskurve ist im folgenden Bild zusammen mit einer Vergrößerung um den Ursprung der komplexen Ebene dargestellt. Der durch das Lag-Glied eingeführte vierte Pol des geschlossenen Regelkreises liegt nahe bei der Nullstelle des Lag-Gliedes und beeinflußt die Dominanz des Polpaares $s_{1,2}$ nur sehr geringfügig. Außerdem ist noch die Führungsübergangsfunktion des geschlossenen Regelkreises dargestellt.

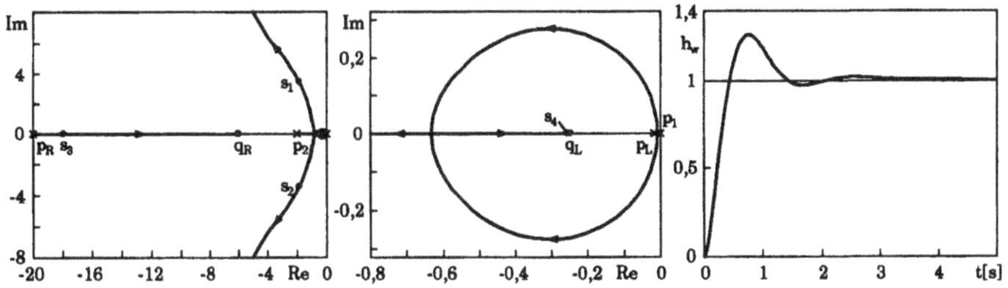

Aufgabe 1.10:

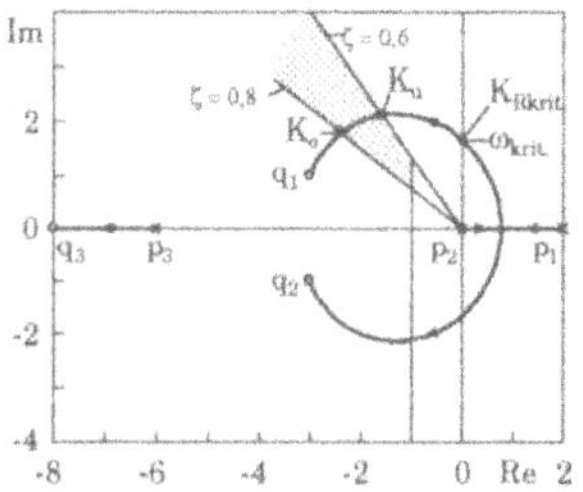

a) $\sigma_v \approx 0{,}8$, $\phi_{q1} \approx 67{,}4°$, $\omega_{krit.} \approx 1{,}59\ s^{-1}$, $K_{Rkrit.} \approx 0{,}46$,
$K_o = 4K_{So} \approx 3{,}39 \Rightarrow K_{So} \approx 0{,}8475$, $K_u = 4K_{Su} \approx 1{,}29 \Rightarrow K_{Su} \approx 0{,}3225$.
Der geschlossene Regelkreis erfüllt für $0{,}3225 \le K_S \le 0{,}8475$ die verlangten Spezifikationen.

b) $q_3 = -8$: $\Delta_1^o \approx 1{,}73$, $\Delta_1^u \approx -2{,}22 \Rightarrow -5{,}78 \le q_3 \le -9{,}73$.
$p_3 = -6$: $\Delta_2^o \approx 1{,}61$, $\Delta_2^u \approx -2{,}44 \Rightarrow -3{,}56 \le p_3 \le -7{,}61$.
$p_1 = 2$: $\Delta_3^o \approx 0{,}61$, $\Delta_3^u \approx -0{,}68 \Rightarrow 1{,}39 \le p_1 \le 2{,}68$.

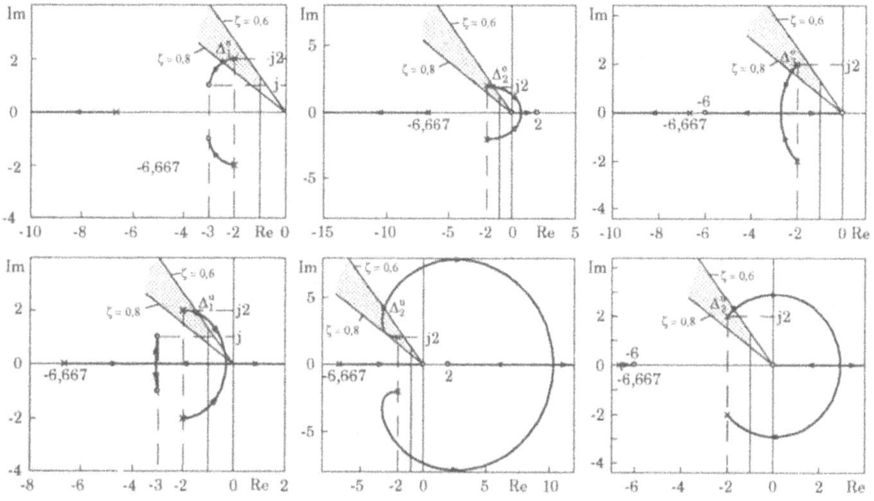

Aufgabe 1.11:

a) $G_o(s) = \dfrac{K(s+a)(s+b)}{s^2(s+0{,}015)}$, $K = 10^{-4} K_R T_1 T_2$, $a = \dfrac{1}{T_1}$, $b = \dfrac{1}{T_2}$. Mit $a = 0{,}015$ bzw. $T_1 = 66{,}667\ s$ (Pol-Nullstellenkürzung) folgt: $b = 0{,}01 \Rightarrow T_2 = 100\ s$, $K = 0{,}02 \Rightarrow K_R = 0{,}03$, $G_R(s) = \dfrac{0{,}03(1+66{,}667s)(1+100s)}{s}$.

b) $\sigma_v = s_{1,2} = -0{,}02$, $K_R(\sigma_v) = 0{,}06$.

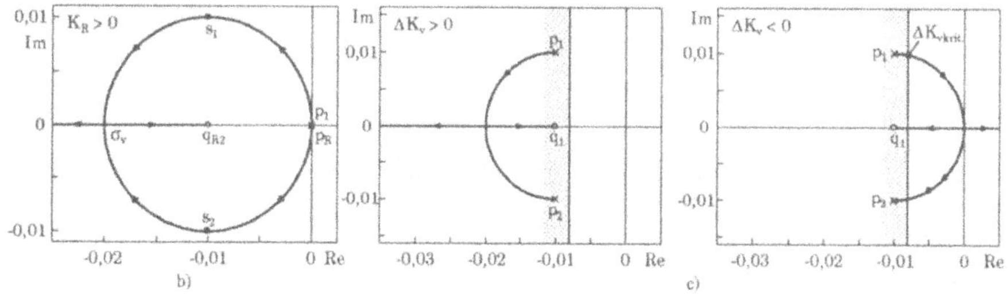

b) c)

c) $\tilde{G}_o(s) = \dfrac{K(s+0{,}01)}{s^2+0{,}02s+0{,}0002}$,

mit: $K = 0{,}004\,\Delta K_v$.

$\Delta K_{v\text{krit.}} \approx -1$. Damit ist für $-1 < \Delta K_v < \infty$ die geforderte Spezifikation erfüllt.

Die Führungs- und Störungsübergangsfunktionen sind im nebenstehenden Bild dargestellt.

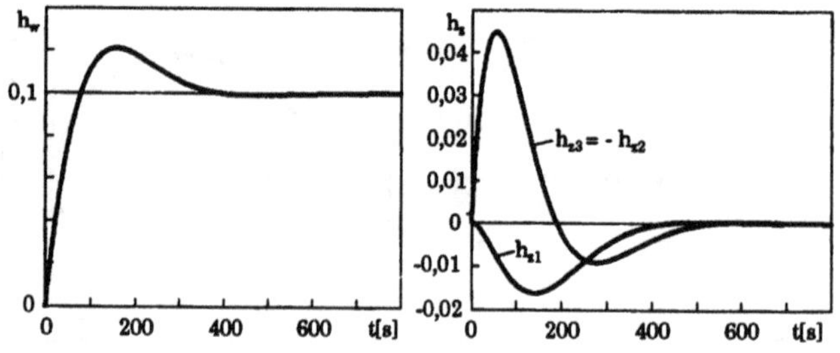

Aufgabe 1.12:

a) PI-Regler:

$$G_R(s) = \frac{2(1+0{,}175s)}{s},$$

Pole des geschlossenen Regelkreises: $s_{1,2} = -5 \pm j5$, $s_3 = -10$ und $s_4 = -25$.

b) PID-Regler:

$$G_R(s) = \frac{3{,}5(1+0{,}1s)(1+3s/35)}{s},$$

Pole des geschlossenen Regelkreises: $s_{1,2} = -5 \pm j5$,

$$s_{3,4} = -17{,}5 \pm j2{,}5\sqrt{7}.$$

Im nebenstehenden Bild sind neben den Wurzelortskurven auch die Führungs- und Störungsübergangsfunktionen dargestellt.

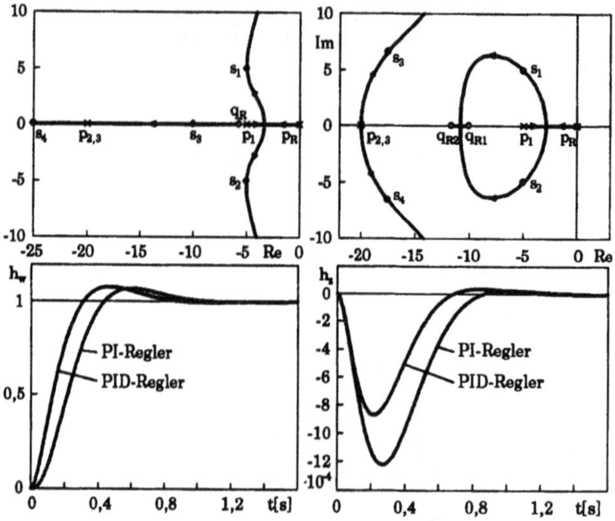

Kapitel 2

Aufgabe 2.1:

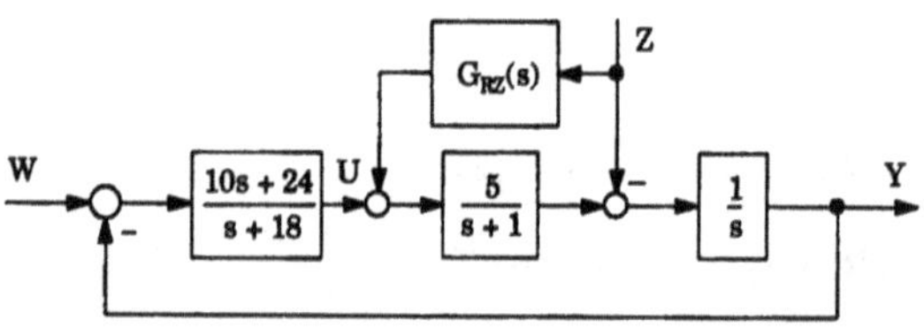

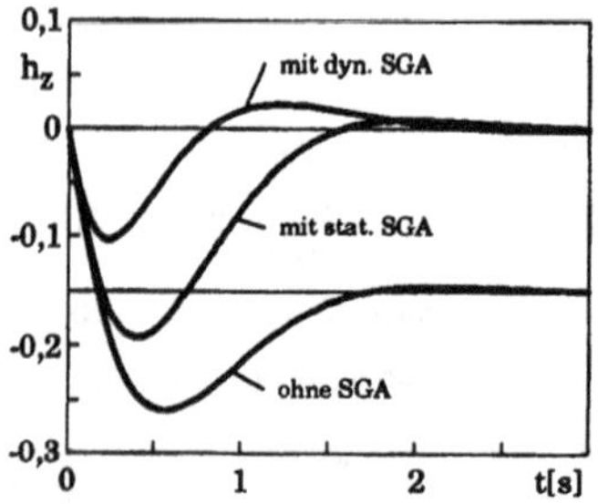

a) $G_Z(s) = \dfrac{-(s+1)(s+18)}{s^3+19s^2+68s+120}$.

b) $G_{RZ}(s) = 0{,}2(s+1)$, nicht realisierbar.

c) $K_{RZ} = 0{,}2$, $G_Z(s) = \dfrac{-s(s+18)}{s^3+19s^2+68s+120}$.

d) z.B. $G_{RZ}(s) = \dfrac{s+1}{s+5}$, $G_Z(s) = \dfrac{-s(s+1)(s+18)}{(s+5)(s^3+19s^2+68s+120)}$.

Aufgabe 2.2: a)

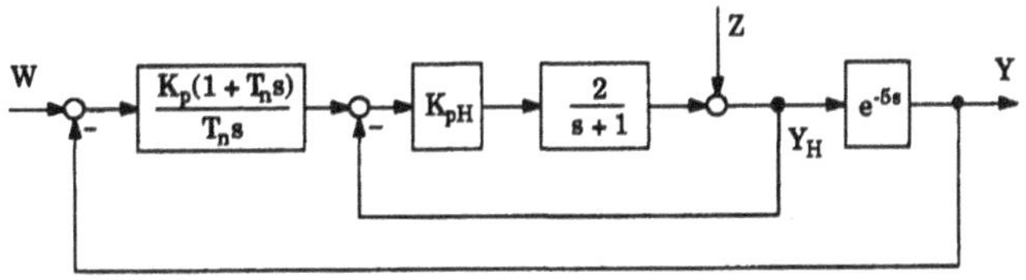

b) $K_{pH} = 2,\ G_H = \frac{4}{s+5},\ \frac{G_{SZ}}{1+G_{RH}G_{S1}} = \frac{s+1}{s+5}.$ c) $G_o(s) = \frac{4K_p(1+T_n s)e^{-5s}}{T_n s(s+5)}.$

d) $G_R(s) = \frac{0,6(1+8,8s)}{8,8s}.$

Aufgabe 2.3: a)

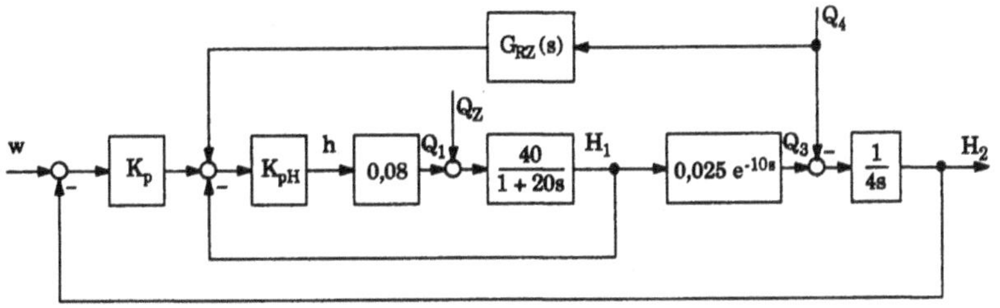

$$G_H = \frac{0,16K_{pH}}{s+\frac{1+3,2K_{pH}}{20}} \Rightarrow K_{pH} = 1,25,\ G_H = \frac{0,2}{s+0,25},\ \frac{G_{SZ}}{1+G_{RH}G_{S1}} = \frac{2}{s+0,25}.$$

Mit $K_p = 10 \Rightarrow G_o(s) = \frac{0,05\,e^{-10s}}{s(1+4s)}$ und $\psi_r \approx 50°$.

b) $G_{RZ}(s) = 50(1+4s)e^{10s}$. Diese Übertragungsfunktion ist nicht realisierbar. Statische Kompensation: $K_{RZ} = 50$.

Aufgabe 2.4:

a) $G_R(s) = \frac{0,7(1+10s)}{s} \Rightarrow G_o(s) = \frac{0,175\,e^{-s}}{s(1+4s)},\ \omega_1 = 0,15\,s^{-1},\ \psi_r = 50,5°.$

b) $G_{RZ}(s) = \frac{4(1+4s)(1+10s)e^{-s}}{1+5s}$ (nicht realisierbar), statische Störgrößenaufschaltung: $K_{RZ} = 4$,

realisierbare dynamische Störgrößenaufschaltung: z.B. $G_{RZ}(s) = \frac{4(1+14s)e^{-s}}{1+5s}$.

Aufgabe 2.5: a) Bei Verwendung konventioneller Regler ist der geschlossene Regelkreis strukturinstabil.

b) $G_{S1}(s) = \frac{M_K(s)}{M(s)} = \frac{8}{s^2+16},\ G_{S2}(s) = \frac{\theta_2(s)}{M_K(s)} = \frac{1}{s^2}.$

c)

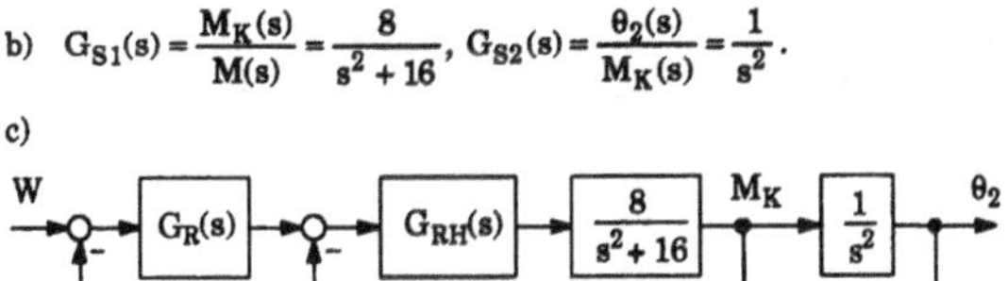

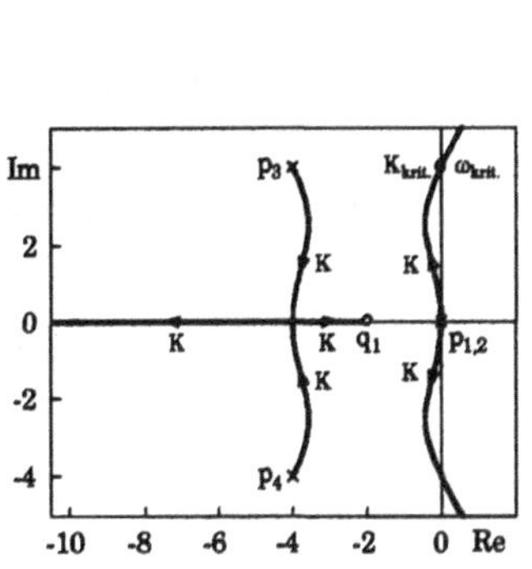

d) $K_{pH} = 2,\ T_v = 0,5\ s,\ G_H = \frac{8(s+2)}{s^2+16}.$

e) $G_o(s) = \frac{K(s+2)}{s^2(s^2+8s+32)},\ K = 8K_p.$

f) $\omega_{krit.} = 4\ s^{-1},\ K_{krit.} = 128 \Rightarrow K_{pkrit.} = 16$. Der geschlossene Regelkreis ist für $0 < K_p < 16$ asymptotisch stabil. Allerdings hat das dominante Polpaar einen relativ kleinen Dämpfungsgrad.

Kapitel 3

Aufgabe 3.1: Mit der Zustandsvektorwahl $\underline{x}^T = [x_1 \;\; x_2 \;\; x_3] = [p_1 \;\; y \;\; \dot{y}]$ und mit $z = F$ erhält man:

$$\dot{\underline{x}} = \begin{bmatrix} -1/T & 0 & 0 \\ 0 & 0 & 1 \\ A/m & -k/m & -(b+RA^2)/m \end{bmatrix} \underline{x} + \begin{bmatrix} K/T \\ 0 \\ 0 \end{bmatrix} u + \begin{bmatrix} 0 \\ 0 \\ -1/m \end{bmatrix} z \quad \text{und} \quad y = [0 \;\; 1 \;\; 0]\, \underline{x}.$$

Aufgabe 3.2: Mit der Zustandsvektorwahl $\underline{x}^T = [x_1 \;\; x_2 \;\; x_3] = [\omega_1 \;\; M_K \;\; \omega_2]$ und mit $u = \omega_e$ sowie $z = M_L$ folgt:

$$\dot{\underline{x}} = \begin{bmatrix} -B/J_1 & -1/J_1 & 0 \\ K & 0 & -K \\ 0 & 1/J_2 & 0 \end{bmatrix} \underline{x} + \begin{bmatrix} B/J_1 \\ 0 \\ 0 \end{bmatrix} u + \begin{bmatrix} 0 \\ 0 \\ -1/J_2 \end{bmatrix} z \quad \text{und} \quad y = [0 \;\; 0 \;\; 1]\, \underline{x}.$$

Aufgabe 3.3: Mit der Zustandsvektorwahl $\underline{x}^T = [x_1 \;\; x_2] = [i \;\; \omega_2]$ und mit $z = M_L$ erhält man:

$$\dot{\underline{x}} = \begin{bmatrix} -RK/(KL+K_1K_2) & -KK_2/(KL+K_1K_2) \\ K_1/J & 0 \end{bmatrix} \underline{x} + \begin{bmatrix} K/(KL+K_1K_2) \\ 0 \end{bmatrix} u + \begin{bmatrix} 0 \\ -1/J \end{bmatrix} z \quad \text{und} \quad y = [0 \;\; 1]\, \underline{x}.$$

Aufgabe 3.4: Mit der Zustandsvektorwahl $\underline{x}^T = [x_1 \;\; x_2] = [\Delta\theta_1 \;\; \Delta\theta_2]$ und mit $u = \Delta Q_2$ sowie $z = \Delta\theta_{1e}$ erhält man:

$$\dot{\underline{x}} = \begin{bmatrix} -(Q_1\rho c + kA)/V_1\rho c & kA/V_1\rho c \\ kA/V_2\rho c & -(kA + Q_{20}\rho c)/V_2\rho c \end{bmatrix} \underline{x} + \begin{bmatrix} 0 \\ (\theta_{2e} - \theta_{20})/V_2 \end{bmatrix} u + \begin{bmatrix} Q_1/V_1 \\ 0 \end{bmatrix} z \quad \text{und} \quad y = [1 \;\; 0]\, \underline{x}.$$

Q_{20} und θ_{20} sind darin Arbeitspunktwerte.

Aufgabe 3.5: Mit der Zustandsvektorwahl $\underline{x}^T = [x_1 \;\; x_2 \;\; x_3] = [\omega_1 \;\; \omega_2 \;\; F_k]$ und mit $u = M$ sowie $z = M_L$ folgt:

$$\dot{\underline{x}} = \begin{bmatrix} -(B_1 + r_1^2 b)/J_1 & r_1 r_2 b/J_1 & -r_1/J_1 \\ r_1 r_2 b/J_2 & -(B_2 + r_2^2 b)/J_2 & r_2/J_2 \\ kr_1 & -kr_2 & 0 \end{bmatrix} \underline{x} + \begin{bmatrix} 1/J_1 \\ 0 \\ 0 \end{bmatrix} u + \begin{bmatrix} 0 \\ -1/J_2 \\ 0 \end{bmatrix} z \quad \text{und} \quad y = [0 \;\; 1 \;\; 0]\underline{x}.$$

Aufgabe 3.6:

a) $\dot{\underline{x}}_R = \begin{bmatrix} 0 & 1 & 0 \\ 0 & 0 & 1 \\ 0 & -8 & -4 \end{bmatrix} \underline{x}_R + \begin{bmatrix} 0 \\ 0 \\ 1 \end{bmatrix} u,$ $\quad y = [2 \;\; 2 \;\; 0]\underline{x}_R.$

$\dot{\underline{x}}_J = \begin{bmatrix} 0 & 0 & 0 \\ 0 & 0 & 1 \\ 0 & -8 & -4 \end{bmatrix} \underline{x}_J + \begin{bmatrix} 1 \\ 0 \\ 1 \end{bmatrix} u,$ $\quad y = [0{,}25 \;\; 1 \;\; -0{,}25]\underline{x}_J.$

b) $\dot{\underline{x}}_R = \begin{bmatrix} 0 & 1 \\ -4 & -4 \end{bmatrix} \underline{x}_R + \begin{bmatrix} 0 \\ 1 \end{bmatrix} u,$ $\quad y = [-6 \;\; -6]\underline{x}_R + [2]u.$

$\dot{\underline{x}}_J = \begin{bmatrix} -2 & 1 \\ 0 & -2 \end{bmatrix} \underline{x}_J + \begin{bmatrix} 0 \\ 1 \end{bmatrix} u,$ $\quad y = [6 \;\; -6]\underline{x}_J + [2]u.$

c) $\dot{\underline{x}}_R = \begin{bmatrix} 0 & 1 & 0 & 0 & 0 \\ 0 & 0 & 1 & 0 & 0 \\ 0 & 0 & 0 & 1 & 0 \\ 0 & 0 & 0 & 0 & 1 \\ -4 & -14 & -20 & -15 & -6 \end{bmatrix} \underline{x}_R + \begin{bmatrix} 0 \\ 0 \\ 0 \\ 0 \\ 1 \end{bmatrix} u,$ $\quad y = [8 \;\; 0 \;\; 0 \;\; 0 \;\; 0]\underline{x}_R.$

$\dot{\underline{x}}_J = \begin{bmatrix} -2 & 0 & 0 & 0 & 0 \\ 0 & 0 & 1 & 0 & 0 \\ 0 & -2 & -2 & 0 & 0 \\ 0 & 0 & 0 & -1 & 1 \\ 0 & 0 & 0 & 0 & -1 \end{bmatrix} \underline{x}_J + \begin{bmatrix} 1 \\ 0 \\ 1 \\ 0 \\ 1 \end{bmatrix} u,$ $\quad y = [4 \;\; 0 \;\; 4 \;\; 8 \;\; -8]\underline{x}_J.$

Aufgabe 3.7:

a) Regelungsnormalform: $\underline{T}_1 = \begin{bmatrix} 1 & 1 & 0 \\ 0 & 0 & 1 \\ -1 & -2 & -1 \end{bmatrix},$ $\quad \dot{\underline{x}}_R = \begin{bmatrix} 0 & 1 & 0 \\ 0 & 0 & 1 \\ 0 & 0 & -1 \end{bmatrix} \underline{x}_R + \begin{bmatrix} 0 \\ 0 \\ 1 \end{bmatrix} u, \quad y = [1 \;\; 0 \;\; 0]\underline{x}_R.$

Jordan-Normalform: $\underline{T}_2 = \begin{bmatrix} 1 & 0 & 0 \\ 0 & 0 & 1 \\ -1 & -1 & 0 \end{bmatrix},$ $\quad \dot{\underline{x}}_J = \begin{bmatrix} 0 & 1 & 0 \\ 0 & 0 & 0 \\ 0 & 0 & -1 \end{bmatrix} \underline{x}_J + \begin{bmatrix} 0 \\ 1 \\ 1 \end{bmatrix} u, \quad y = [1 \;\; -1 \;\; 1]\underline{x}_J.$

b) Regelungsnormalform: $\underline{T}_1 = \begin{bmatrix} 10 & 3 & 2 \\ -1 & -1 & 0 \\ 10 & 2 & 1 \end{bmatrix},$ $\quad \dot{\underline{x}}_R = \begin{bmatrix} 0 & 1 & 0 \\ 0 & 0 & 1 \\ -10 & -12 & -3 \end{bmatrix} \underline{x}_R + \begin{bmatrix} 0 \\ 0 \\ 1 \end{bmatrix} u, \quad y = [8 \;\; 4 \;\; 5]\underline{x}_R + [3]u.$

Jordan-Normalform: $\underline{T}_2 = \begin{bmatrix} 1 & 0 & 1 \\ 0 & -1 & 0 \\ 1 & 0 & 0 \end{bmatrix},$ $\quad \dot{\underline{x}}_J = \begin{bmatrix} -1 & 0 & 0 \\ 0 & 0 & 1 \\ 0 & -10 & -2 \end{bmatrix} \underline{x}_J + \begin{bmatrix} 1 \\ 0 \\ 1 \end{bmatrix} u, \quad y = [1 \;\; -2 \;\; 4]\underline{x}_J + [3]u.$

c) Regelungsnormalform: $\underline{T}_1 = \begin{bmatrix} 16 & 8 & 1 \\ 6 & 5 & 1 \\ 4 & 1 & 0 \end{bmatrix},$ $\quad \dot{\underline{x}}_R = \begin{bmatrix} 0 & 1 & 0 \\ 0 & 0 & 1 \\ -24 & -26 & -9 \end{bmatrix} \underline{x}_R + \begin{bmatrix} 0 \\ 0 \\ 1 \end{bmatrix} u, \quad y = [6 \;\; 5 \;\; 1]\underline{x}_R.$

Jordan-Normalform: $\underline{T}_2 = \begin{bmatrix} 2 & -1 & 0 \\ 0 & 0 & 1 \\ 1 & -1 & 0 \end{bmatrix}$, $\quad \dot{\underline{x}}_J = \begin{bmatrix} -2 & 0 & 0 \\ 0 & -3 & 0 \\ 0 & 0 & -4 \end{bmatrix} \underline{x}_J + \begin{bmatrix} 1 \\ 1 \\ 1 \end{bmatrix} u, \quad y = \begin{bmatrix} 0 & 0 & 1 \end{bmatrix} \underline{x}_J.$

Aufgabe 3.8:

a) $\underline{\Phi}(t) = \begin{bmatrix} 1 & 0,25(1-e^{-4t}) \\ 0 & e^{-4t} \end{bmatrix}$, $\underline{x}(t) = \begin{bmatrix} 0,25(t-0,25+0,25e^{-4t}) \\ 0,25(1-e^{-4t}) \end{bmatrix}$, $\begin{matrix} y(t) = 0,5(t-0,25+0,25e^{-4t}), \\ z(t) = 0. \end{matrix}$ $\underline{x}(t) = \begin{bmatrix} t \\ 0 \end{bmatrix}$, $\begin{matrix} y(t) = 2t, \\ u(t) = 0. \end{matrix}$

b) $\underline{\Phi}(t) = \begin{bmatrix} e^{-2t} & 0 \\ 0 & e^{-4t} \end{bmatrix}$, $\underline{x}(t) = \begin{bmatrix} 0,5(1-e^{-2t}) \\ 0,25(1-e^{-4t}) \end{bmatrix}$, $\begin{matrix} y(t) = 1+0,5(e^{-4t}-e^{-2t}), \\ z(t) = 0. \end{matrix}$ $\underline{x}(t) = \begin{bmatrix} 1-e^{-2t} \\ 0 \end{bmatrix}$, $\begin{matrix} y(t) = 2-e^{-2t}, \\ u(t) = 0. \end{matrix}$

Aufgabe 3.9:

a) $Z(s) = 0$: $\dfrac{Y(s)}{U(s)} = \dfrac{2}{s(s+4)}$, $U(s) = 0$: $\dfrac{Y(s)}{Z(s)} = \dfrac{2}{s}$. b) $Z(s) = 0$: $\dfrac{Y(s)}{U(s)} = \dfrac{s^2+5s+8}{(s+2)(s+4)}$, $U(s) = 0$: $\dfrac{Y(s)}{Z(s)} = \dfrac{2}{s+2}$.

Aufgabe 3.10:

3.1: $G(s) = \dfrac{KA}{(1+Ts)\left[ms^2+(b+RA^2)s+k\right]}$,

$G_Z(s) = \dfrac{-1}{ms^2+(b+RA^2)s+k}$.

3.2: $G(s) = \dfrac{KB}{J_1J_2s^3+BJ_2s^2+K(J_1+J_2)s+BK}$,

$G_Z(s) = \dfrac{-(J_1s^2+Bs+K)}{J_1J_2s^3+BJ_2s^2+K(J_1+J_2)s+BK}$.

3.3: $G(s) = \dfrac{KK_1}{J(KL+K_1K_2)s^2+JRKs+KK_1K_2}$,

$G_Z(s) = \dfrac{-\left[(KL+K_1K_2)s+RK\right]}{J(KL+K_1K_2)s^2+JRKs+KK_1K_2}$.

3.4: $G(s) = \dfrac{kA(\theta_{2e}-\theta_{20})}{R(s)}$,

$G_Z(s) = \dfrac{Q_1V_2\rho cs + Q_1(Q_{20}\rho c+kA)}{R(s)}$, mit

$R(s) = V_1V_2\rho cs^2 + \left[\rho c(V_2Q_1+V_1Q_{20})+kA(V_1+V_2)\right]s + {}$
$+Q_1Q_{20}\rho c + kA(Q_1+Q_{20})$.

Aufgabe 3.11:

a) $\dot{\underline{x}} = \begin{bmatrix} -5 & 1 & 1 \\ 0 & -3 & -2 \\ 0 & 0 & -4 \end{bmatrix} \underline{x} + \begin{bmatrix} 0 \\ 1 \\ 1 \end{bmatrix} u$, b) $\underline{T} = \begin{bmatrix} -0,5 & 3 & -2,5 \\ -1 & 2 & 0 \\ 0 & 1 & 0 \end{bmatrix}$, $\dot{\underline{x}}_J = \begin{bmatrix} -3 & 0 & 0 \\ 0 & -4 & 0 \\ 0 & 0 & -5 \end{bmatrix} \underline{x}_J + \begin{bmatrix} 1 \\ 1 \\ 1 \end{bmatrix} u$,

$y = \begin{bmatrix} 1 & 0 & -3 \end{bmatrix} \underline{x}.$, $\quad y = \begin{bmatrix} -0,5 & 0 & -2,5 \end{bmatrix} \underline{x}_J$.

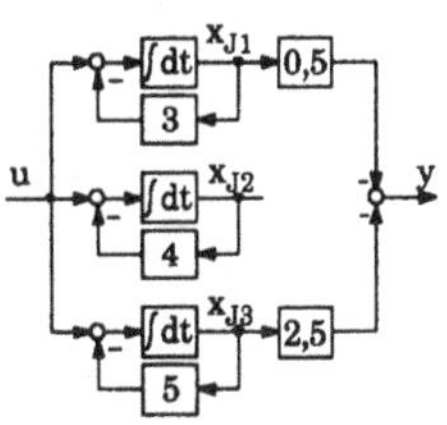

Das System ist vollständig zustandssteuerbar, aber nicht vollständig zustandsbeobachtbar (x_{J2} ist nicht beobachtbar).

c) Übertragungsfunktion $G(s) = \dfrac{Y(s)}{U(s)} = \dfrac{-(3s+10)}{(s+3)(s+5)}$.

Aufgabe 3.12:

a) $\text{Rang}\,\underline{Q}_S = \text{Rang}\begin{bmatrix} 0 & 1 & 0 \\ 0 & 2 & -1 \\ 1 & -4 & 2 \end{bmatrix} = 3$, b) $\text{Rang}\,\underline{Q}_S = \text{Rang}\begin{bmatrix} 0 & -1 & 2 \\ 0 & 1 & -2 \\ 1 & -4 & -2 \end{bmatrix} = 2$, c) $\text{Rang}\,\underline{Q}_S = \text{Rang}\begin{bmatrix} 0 & 1 & -5 \\ 1 & -3 & 9 \\ 1 & -2 & 6 \end{bmatrix} = 3$,

$\Rightarrow$ steuerbar. $\qquad \Rightarrow$ nicht steuerbar. $\qquad \Rightarrow$ steuerbar.

$\text{Rang}\,\underline{Q}_B = \text{Rang}\begin{bmatrix} 1 & 2 & 1 \\ 0 & 2 & 1 \\ 0 & 0 & 0 \end{bmatrix} = 2$, $\text{Rang}\,\underline{Q}_B = \text{Rang}\begin{bmatrix} 0 & 1 & 0 \\ -2 & 0 & 1 \\ 4 & -10 & -2 \end{bmatrix} = 3$, $\text{Rang}\,\underline{Q}_B = \text{Rang}\begin{bmatrix} -1 & 0 & 1 \\ 6 & 1 & -4 \\ -28 & -5 & 16 \end{bmatrix} = 3$,

$\Rightarrow$ nicht beobachtbar. $\qquad \Rightarrow$ beobachtbar. $\qquad \Rightarrow$ beobachtbar.

Kapitel 4

Aufgabe 4.1: a) $\dot{\underline{x}} = \begin{bmatrix} 0 & 1 & 0 \\ 0 & -2 & 3 \\ 0 & 0 & -1 \end{bmatrix} \underline{x} + \begin{bmatrix} 0 \\ 1 \\ 1 \end{bmatrix} u, \quad y = \begin{bmatrix} 1 & 0 & 0 \end{bmatrix} \underline{x}.$ b) $\dot{\underline{x}}_R = \begin{bmatrix} 0 & 1 & 0 \\ 0 & 0 & 1 \\ 0 & -2 & -3 \end{bmatrix} \underline{x}_R + \begin{bmatrix} 0 \\ 0 \\ 1 \end{bmatrix} u, \quad y = \begin{bmatrix} 4 & 1 & 0 \end{bmatrix} \underline{x}_R.$

c) $u = 10w - \begin{bmatrix} 40 & 22 & 9 \end{bmatrix} \underline{x}_R$. Mit $\underline{T} = \begin{bmatrix} 4 & 1 & 0 \\ 0 & 4 & 1 \\ 0 & 2 & 1 \end{bmatrix}$ folgt: $u = 10w - \begin{bmatrix} 10 & -3 & 12 \end{bmatrix} \underline{x}$.

d) $\underline{\dot{x}} = \begin{bmatrix} 0 & 1 & 0 \\ -10 & 1 & -9 \\ -10 & 3 & -13 \end{bmatrix} \underline{x} + \begin{bmatrix} 0 \\ 10 \\ 10 \end{bmatrix} w, \quad y = [1 \;\; 0 \;\; 0]\underline{x}.$ e) $G_W(s) = \dfrac{10(s+4)}{s^3 + 12s^2 + 24s + 40}.$

Aufgabe 4.2: a) $\underline{\dot{x}} = \begin{bmatrix} 0 & 1 & 0 \\ 0 & 0 & 1 \\ 0 & 0 & -2 \end{bmatrix} \underline{x} + \begin{bmatrix} 0 \\ 0 \\ 1000 \end{bmatrix} u, \quad y = [1 \;\; 0 \;\; 0]\underline{x}.$

b) Mit $\lambda_1 = -1$, $\lambda_{2,3} = 10$ folgt: $u = 0{,}1w - [0{,}1 \;\; 0{,}12 \;\; 0{,}019]\underline{x}$.

c) $$G_W(s) = \frac{100}{s^3 + 21s^2 + 120s + 100} = \frac{100}{(s+1)(s+10)^2}.$$

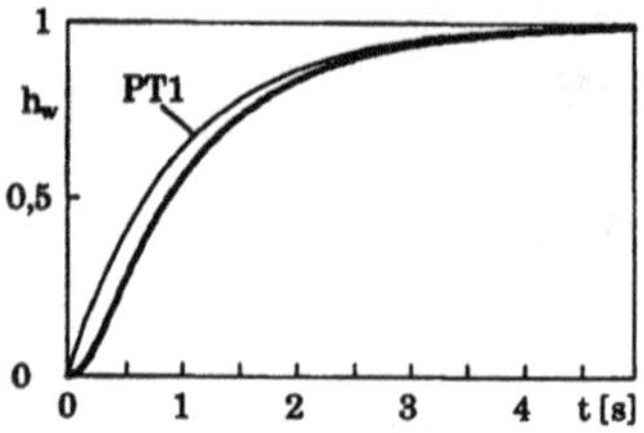

Mit $v = x_2$ als einzig meßbarer Zustandsgröße ist das System nicht beobachtbar, da die Beobachtbarkeitsmatrix $\underline{Q}_B$ nicht den vollen Rang besitzt. Es kann damit also auch kein Beobachter realisiert werden. Die Führungsübergangsfunktion zusammen mit der eines PT1-Gliedes mit einer Zeitkonstante T = 1 s ist im obigen Bild dargestellt.

Aufgabe 4.3: a) $u = 0{,}55z - [0{,}55 \;\; 0{,}075 \;\; 50]\underline{x}$. b) $\underline{\dot{x}} = \begin{bmatrix} 0 & 1 & 0 \\ -88 & -24 & -8000 \\ 0{,}02 & 0 & 0 \end{bmatrix} \underline{x} + \begin{bmatrix} 0 \\ 88 \\ -0{,}02 \end{bmatrix} z,$

$$G_Z = \frac{-0{,}02s(s+24)}{s^3 + 24s^2 + 88s + 160}.$$

Aufgabe 4.4: a) $\underline{\dot{x}} = \begin{bmatrix} -2 & 4 \\ -2{,}5 & 0 \end{bmatrix} \underline{x} + \begin{bmatrix} 0 \\ 0{,}625 \end{bmatrix} u + \begin{bmatrix} -1 \\ 0 \end{bmatrix} z, \quad y = [1 \;\; 0]\underline{x}.$ b) $u = -[4 \;\; 19{,}2]\underline{x} + 16\int_0^t (w-y)dt.$

c) Mit $\lambda_{B1,2} = -20$ folgt: $\underline{\dot{\hat{x}}} = \begin{bmatrix} -40 & 4 \\ -100 & 0 \end{bmatrix} \underline{\hat{x}} + \begin{bmatrix} 0 \\ 0{,}625 \end{bmatrix} u + \begin{bmatrix} 38 \\ 97{,}5 \end{bmatrix} y.$

Aufgabe 4.5: a) $\underline{\dot{x}} = \begin{bmatrix} 0 & -1 \\ 0 & -0{,}05 \end{bmatrix} \underline{x} + \begin{bmatrix} 0 \\ 0{,}0025 \end{bmatrix} u + \begin{bmatrix} 1 \\ 0 \end{bmatrix} z, \quad y = [1 \;\; 0]\underline{x}.$ b) $u = -[-12 \;\; 100]\underline{x} - 0{,}4\int_0^t (w-y)dt.$

c)

$$G_W(s) = \frac{0{,}001}{(s+0{,}1)^3}, \quad G_Z(s) = \frac{s(s+0{,}3)}{(s+0{,}1)^3}.$$

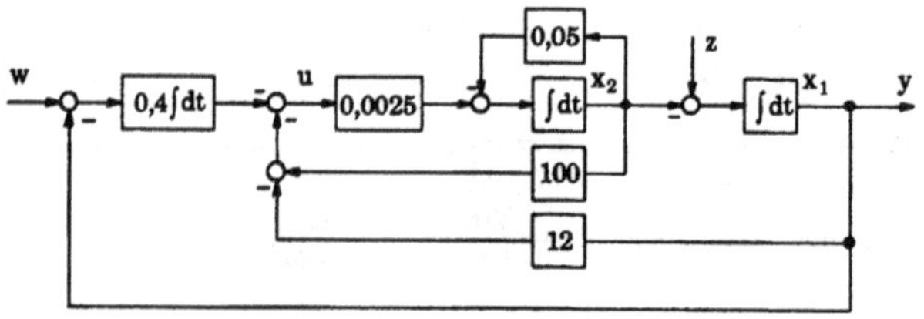

Aufgabe 4.6: a) $\underline{\dot{x}} = \begin{bmatrix} 0 & 3750 \\ -10^{-6} & -0{,}125 \end{bmatrix} \underline{x} + \begin{bmatrix} 0 \\ 1{,}25\;10^{-4} \end{bmatrix} u + \begin{bmatrix} -3750 \\ 0 \end{bmatrix} z, \quad y = [1/98{,}1 \;\; 0]\underline{x}.$

b) $u = -[0{,}04 \;\; 1400]\underline{x} + 2400\,z$.

c) $u = -[1 \;\; 13400]\underline{x} + 7{,}0632\int_0^t (w-y)dt.$

d) $G_Z(s) = \dfrac{-38{,}23s}{(s+0{,}15)^2}, \qquad G_Z(s) = \dfrac{-38{,}23s(s+1{,}8)}{(s+0{,}15)^2(s+1{,}5)}.$

e) $y(t) = -0{,}3823\,t\,e^{-0{,}15t}$, $e_{max} \approx 0{,}94$ cm,

$y(t) = -0{,}4672\,t\,e^{-0{,}15t} + 0{,}0629(e^{-0{,}15t} - e^{-1{,}5t})$, $e_{max} \approx 1{,}12$ cm.

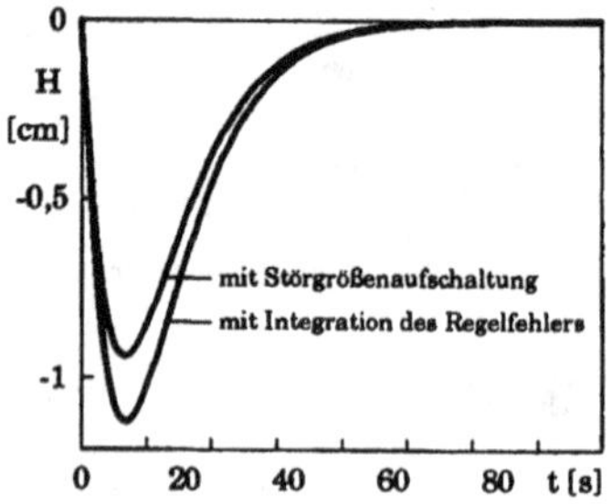

Aufgabe 4.7: a) $\underline{\dot{x}} = \begin{bmatrix} 0 & 2 \\ 0 & -4 \end{bmatrix} \underline{x} + \begin{bmatrix} 0 \\ 2 \end{bmatrix} u, \quad y = [1 \;\; 1]\underline{x}.$ b) Das System ist vollständig steuer- und beobachtbar.

c) $u = 8w - [8 \;\; 2]\underline{x}$. d) Mit $\lambda_{B1} = \lambda_{B2} = -10$ folgt für den Beobachter:

$$\underline{\dot{\hat{x}}} = \begin{bmatrix} -34 & -32 \\ 18 & 14 \end{bmatrix} \underline{\hat{x}} + \begin{bmatrix} 0 \\ 2 \end{bmatrix} u + \begin{bmatrix} 34 \\ -18 \end{bmatrix} y.$$

Kapitel 5

Aufgabe 5.1: a) $J\ddot{y} + Ky + M_R = 0$; $M_R = M_C$ für $\dot{y} > 0$, $M_R = -M_C$ für $\dot{y} < 0$.

b) Trajektorien: $x_2 > 0$: $\frac{x_2^2}{2} + (x_1 + 0,5)^2 = R^2$, $x_2 < 0$: $\frac{x_2^2}{2} + (x_1 - 0,5)^2 = R^2$, (Ellipsenscharen).

c) $\hat{x}_2 > 0$: $\hat{x}_2^2 + (x_1 + 0,5)^2 = R^2$, $\hat{x}_2 < 0$: $\hat{x}_2^2 + (x_1 - 0,5)^2 = R^2$, (Kreisscharen).

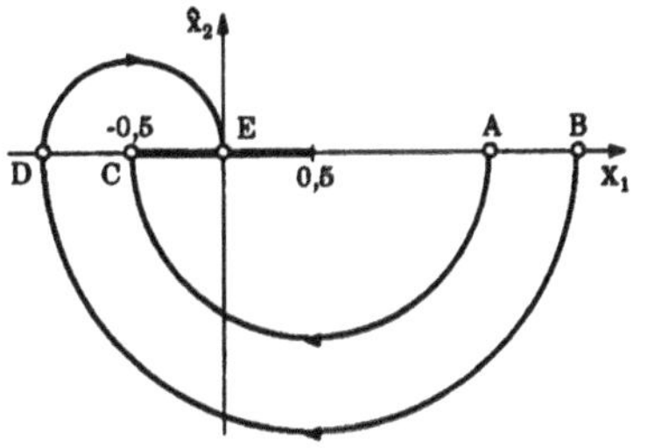

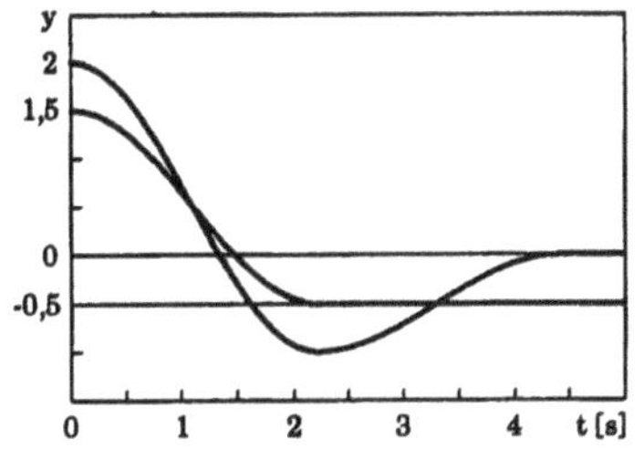

Aufgabe 5.2:

a) Die Aufteilung der Phasenebene in Blätter erfolgt wie in Beispiel 5.4.

b) Trajektoriengleichungen:

$$\text{I: } x_2^2 = 2x_1 + C,$$
$$\text{II: } x_2 = C,$$
$$\text{III: } x_2^2 = -2x_1 + C.$$

c) Die Trajektorie ist im obigen Bild dargestellt. Der Regelkreis ist instabil.

d) $\Delta T = 3,68$ s.

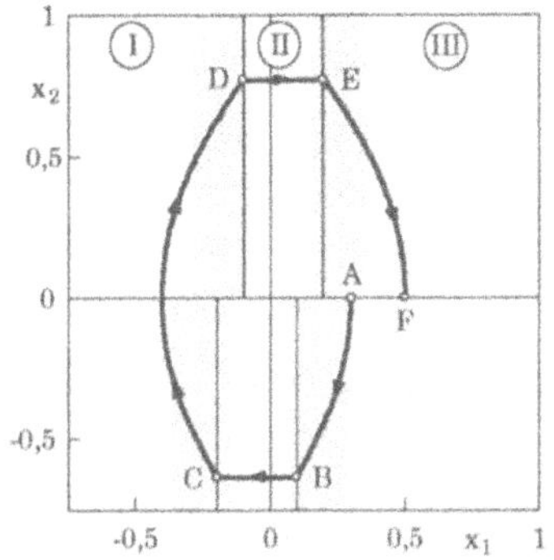

Aufgabe 5.3: a) I: $x_1 > \Delta$: $u = K_p(\Delta - x_1)$, II: $-\Delta < x_1 < \Delta$: $u = 0$, III: $x_1 < -\Delta$: $u = -K_p(\Delta + x_1)$.

b) I: $\frac{dx_2}{dx_1} = \frac{K_p(\Delta - x_1) - 3x_2}{x_2}$,

II: $\frac{dx_2}{dx_1} = -3$,

III: $\frac{dx_2}{dx_1} = \frac{-K_p(\Delta + x_1) - 3x_2}{x_2}$.

c) Trajektoriengleichung: II: $3x_1 + x_2 = C$.

Isoklinengleichungen:

I: $x_2 = \frac{0,4 - 2x_1}{K + 3}$, III: $x_2 = \frac{-0,4 - 2x_1}{K + 3}$.

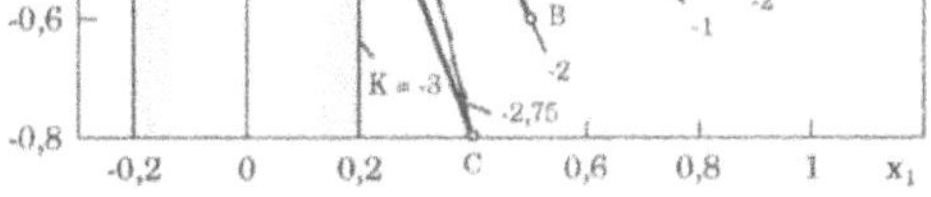

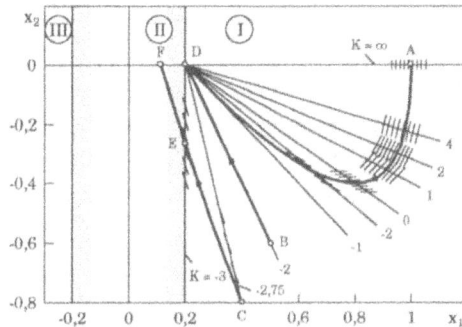

Aufgabe 5.4: a) I: $u = 10$ für: $x_2 < 0$ und $x_1 < 3,6$ bzw. für: $x_2 > 0$ und $x_1 < 4,4$,

II: $u = 0$ für: $x_2 < 0$ und $x_1 > 3,6$ bzw. für: $x_2 > 0$ und $x_1 > 4,4$.

b) I: $2x_2 + x_1 = 10$, II: $2x_2 + x_1 = 0$. c) $T_{GZ} = 0,668$ s.

Aufgabe 5.5: a) Fall A: I: $u = 1$ für: $x_1 < -0,3$, II: $u = 0$ für: $-0,3 < x_1 < 0,3$, III: $u = -1$ für: $x_1 > 0,3$.

Fall B: I: $u = 1$ für: $x_2 > 0$ und $x_1 < -0,2$ sowie für: $x_2 < 0$ und $x_1 < -0,4$.

II: $u = 0$ für: $x_2 > 0$ und $-0,2 \le x_1 \le 0,4$ sowie für: $x_2 < 0$ und $-0,4 \le x_1 \le 0,2$.

III: $u = -1$ für: $x_2 > 0$ und $x_1 > 0,4$ sowie für: $x_2 < 0$ und $x_1 > 0,2$.

b) I: $x_1 = -x_2 - \ln|x_2 - 1| + C$, II: $x_1 = -x_2 + C$, III: $x_1 = -x_2 + \ln|x_2 + 1| + C$.

c) Fall A: B(0,3;-0,871), C(-0,3;-0,275), D(-0,3;0,230), E(-0,070;0). Fall B: B(0,2;-0,887), C(-0,4;-0,287), D(-0,2;0,539), E(0,338;0). In beiden Fällen klingen die Eigenvorgänge auf Werte $y \neq 0$ ab, die Regelkreise sind also stabil.

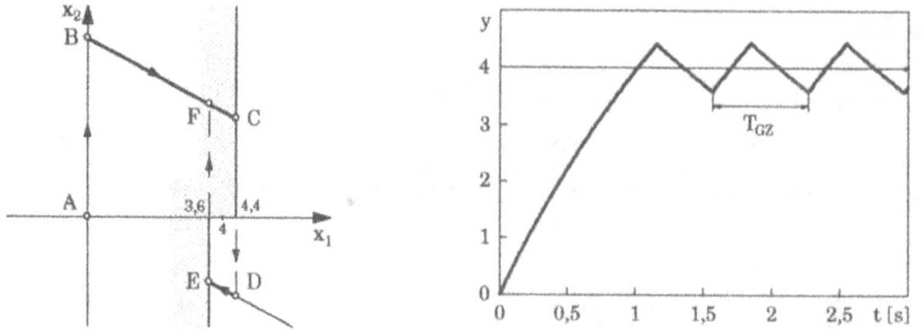

zu Aufgabe 5.4

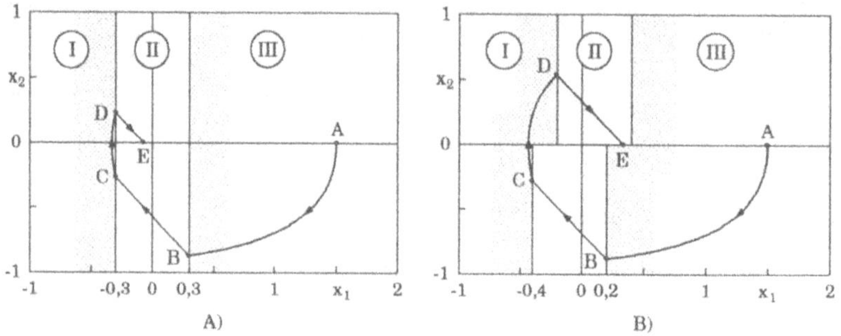

zu Aufgabe 5.5

Aufgabe 5.6: a) Mit $\alpha = \arcsin(\varepsilon / \overline{E})$ und $\beta = \arcsin\left[(a + \varepsilon K) / \overline{E}K\right]$ gilt für die Beschreibungsfunktion:

$$N(\overline{E}) = \begin{cases} 0 & \text{für: } \overline{E} \le \varepsilon \\ \dfrac{4}{\pi\overline{E}}\left[K\overline{E}\left(\dfrac{\pi}{4} - \dfrac{\alpha}{2} + \dfrac{\sin\alpha\cos\alpha}{2}\right) - K\varepsilon\cos\alpha\right] & \text{für: } \varepsilon < \overline{E} \le \left(\varepsilon + \dfrac{a}{K}\right). \\ \dfrac{4}{\pi\overline{E}}\left[K\overline{E}\left(\dfrac{\beta}{2} - \dfrac{\alpha}{2} + \dfrac{\sin\alpha\cos\alpha}{2} - \dfrac{\sin\beta\cos\beta}{2}\right) + K\varepsilon(\cos\beta - \cos\alpha) + a\cos\beta\right] & \text{für: } \left(\varepsilon + \dfrac{a}{K}\right) < \overline{E} \end{cases}$$

b)

$\overline{E}_{s1} \approx 0,4,\ \omega_{s1} = \sqrt{3}\ s^{-1}$,
$\overline{E}_{s2} \approx 1,5,\ \omega_{s2} = \sqrt{3}\ s^{-1}$.

c) Grenzzyklus 1 ist labil, Grenzzyklus 2 ist stabil.

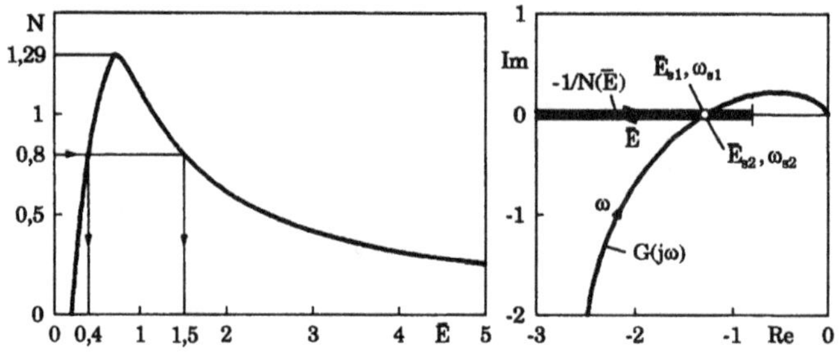

Aufgabe 5.7: a) Das nebenstehende Bild zeigt die relevanten Teile der Ortskurven $G(j\omega)$ und $-1/N(\overline{E})$. Der Schnittpunkt der beiden Ortskurven liegt bei S(-0,509;-0,114). Aus der Beziehung $\mathrm{Im}\left[-1/N(E)\right] = -0,114$ folgt für die Amplitude $\overline{E}_s = 0,546$ und aus, z.B. $\mathrm{Re}\left[G(j\omega)\right] = -0,509$ für die Kreisfrequenz des Grenzzyklus $\omega_s = 1,117\ s^{-1}$.

b) Der Grenzzyklus ist stabil, da für Auslenkungen der Amplitude $\overline{E}$ gilt:

Für: $\overline{E} > \overline{E}_s$: $|G| < |-1/N| \Rightarrow$ Abklingen bis $\overline{E}_s$, und
für: $\overline{E} < \overline{E}_s$: $|G| > |-1/N| \Rightarrow$ Aufklingen bis $\overline{E}_s$.

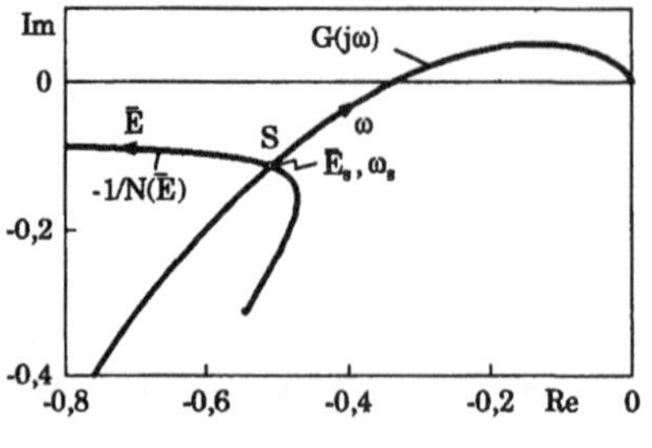

Aufgabe 5.8: a) Mit $\gamma = 1 - \frac{2h}{\overline{E}}$, $-1 < \gamma < 1$ erhält man:

$$N(\overline{E}) = \frac{1}{2} + \frac{1}{\pi}\left[\arcsin\gamma + A\sqrt{1-\gamma^2}\right] - j\,\frac{1-\gamma^2}{\pi}.$$

b) Grenzzyklus 1: $\overline{E}_{s1} = 1{,}056$, $\omega_{s1} = 0{,}314\ s^{-1}$.
Grenzzyklus 2: $\overline{E}_{s2} = 1{,}923$, $\omega_{s2} = 1{,}565\ s^{-1}$.

c) Beim Grenzzyklus 1 handelt es sich um einen labilen und beim Grenzzyklus 2 um einen stabilen Grenzzyklus.

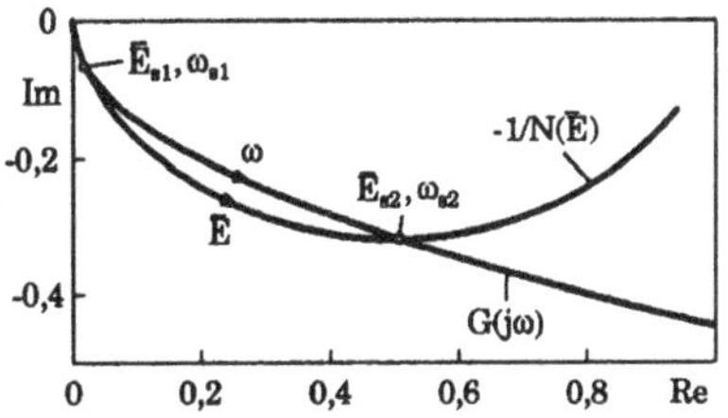

Aufgabe 5.9: a) $N(\overline{E}) = \frac{4a}{\pi\overline{E}}$.

b) Man zeichnet die Frequenzkennlinien des linearen Übertragungsgliedes $G(j\omega)$. Aus dem Bode-Diagramm liest man ab:

$$\omega_2 = \omega_s \approx 1{,}37\ s^{-1} \text{ und } A(\omega_2) \approx -20{,}4\ dB.$$

Der Wert, den die Beschreibungsfunktion (äquivalente Verstärkung) $N(\overline{E})$ annehmen muß, um den geschlossenen Regelkreis an die Stabilitätsgrenze (Grenzzyklus) zu bringen, lautet:

$$N(\overline{E}_s) \approx 20{,}4\ dB = 10{,}47.$$

Aus der Gleichung für die $N(\overline{E})$ folgt sodann für die Amplitude des Grenzzyklus:

$$\overline{E}_s = \overline{Y}_s = 0{,}608.$$

c) Der resultierende Grenzzyklus ist stabil.

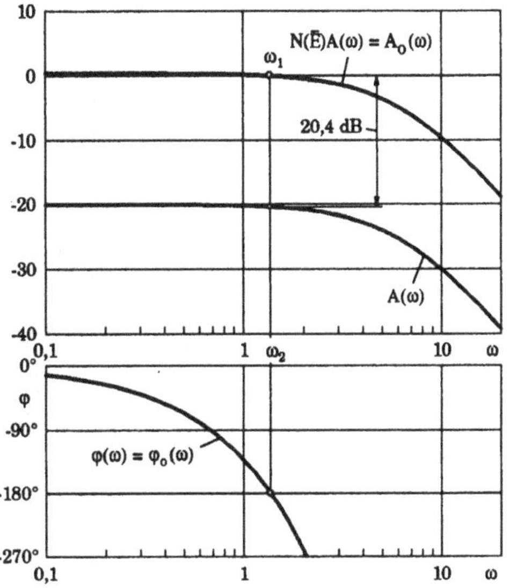

Kapitel 6

Aufgabe 6.1: a) $X(z) = \frac{z^{-3}(1-z^{-4})}{4(1-z^{-1})^2}$, b) $X(z) = \frac{1-z^{-5}}{1-z^{-1}}$, c) $X(z) = \frac{z^{-1} - 2z^{-4} + z^{-7}}{3(1-z^{-1})^2}$.

Aufgabe 6.2: 1) a) $x(0) = 1$, $x(\infty) = \infty$, b) $x(0) = 0$, $x(\infty) = 4$, c) $x(0) = 2$, $x(\infty) = 12$.
2) a) $\{1; 4; 7; 10; 13; 16; \ldots\}$, b) $\{0; 1; 3; 6; 7; 5; \ldots\}$, c) $\{2; 4; 6{,}5; 8{,}5; 9{,}875; 10{,}75; \ldots\}$.
3) a) $x(k) = 3k + \sigma(k)$, b) $x(k) = -2\delta_0(k) + 4\sigma(k) - \frac{4}{\sqrt{3}}\sin\frac{k\pi}{3} - 2\cos\frac{k\pi}{3}$, c) $x(k) = 12\sigma(k) - 3k(0{,}5)^{k-1} - 10(0{,}5)^k$.

Aufgabe 6.3:
$$x(k) = \sigma(k) - \frac{1}{2}\left(\frac{1}{\sqrt{2}}\right)^k \cos\frac{k\pi}{4} + \frac{1}{2}\left(\frac{1}{\sqrt{2}}\right)^k \sin\frac{k\pi}{4}.$$

Aufgabe 6.4: a) $U(z) = 1 + 0{,}2142z^{-1} - 0{,}2142z^{-2}$,

$$X(z) = \frac{0{,}3679z^{-1} + 0{,}3430z^{-2} - 0{,}02221z^{-3} - 0{,}05659z^{-4}}{1 - 1{,}3679z^{-1} + 0{,}3679z^{-2}}.$$

b) $X(z) = 0{,}3679z^{-1} + 0{,}8463z^{-2} + z^{-3} + z^{-4} + z^{-5} + \ldots$,

$x(0) = 0$, $x(1) = 0{,}3679$, $x(2) = 0{,}8463$, $x(k) = 1$ für $k = 3, 4, 5, \ldots$.

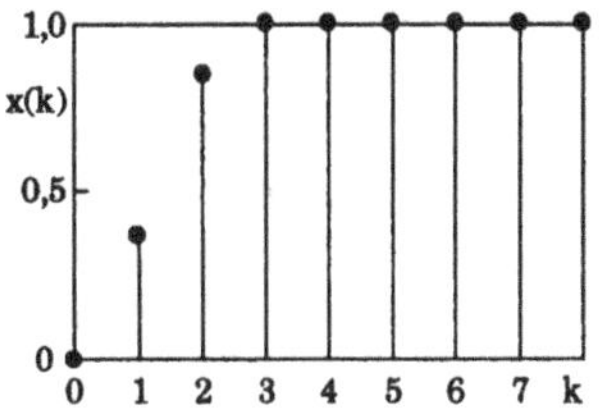

Aufgabe 6.5: a) $G(z) = \frac{1+z^{-1}}{1-z^{-1}+0{,}24z^{-2}}$, $g(k) = 8(0{,}6)^k - 7(0{,}4)^k$. b) $h(k) = \sum_{\nu=0}^{k}\sigma(k-\nu)g(\nu)$

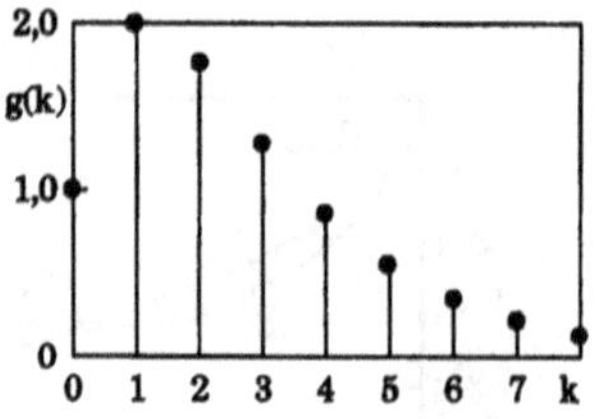

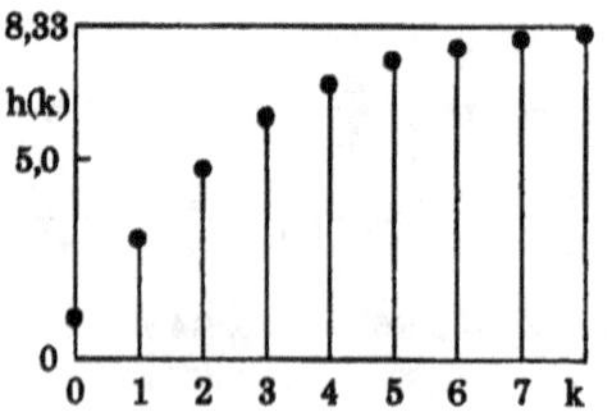

Aufgabe 6.6: a) $G(z)=\dfrac{(1+2e^{-2T}-3e^{-4T})z^{-1}+(-3e^{-2T}+2e^{-4T}+e^{-6T})z^{-2}}{(1-e^{-2T}z^{-1})(1-e^{-4T}z^{-1})}$,

b) $G(z)=\dfrac{\left[1-e^{-T}(\cos T+\sin T)\right]z^{-1}+\left[e^{-2T}+e^{-T}(\sin T-\cos T)\right]z^{-2}}{1-2e^{-T}z^{-1}\cos T+e^{-2T}z^{-2}}$, c) $G(z)=\dfrac{(1-e^{-0,2T})z^{-1}}{1-e^{-0,2T}z^{-1}}z^{-2/T}$.

Aufgabe 6.7: $G_W(z)=\dfrac{Y(z)}{W(z)}=\dfrac{G_D(z)H_0G_1G_2(z)}{1+G_D(z)\left[H_0G_1(z)+H_0G_1G_2(z)\right]}$, $\dfrac{X(z)}{W(z)}=\dfrac{G_D(z)H_0G_1(z)}{1+G_D(z)\left[H_0G_1(z)+H_0G_1G_2(z)\right]}$.

Aufgabe 6.8: a) $Y(z)=\dfrac{G_2Z(z)}{1+G_D(z)H_0G_1G_2(z)}$.

b) $$Y(z)=\frac{(1-e^{-2T})z^{-1}(1-e^{-T}z^{-1})}{(1-z^{-1})(1-e^{-T}z^{-1})(1-e^{-2T}z^{-1})+(d_0+d_1z^{-1})\left[(1-2e^{-T}+e^{-2T})z^{-1}+(e^{-T}-2e^{-2T}+e^{-3T})z^{-2}\right]},$$

Endwertsatz: $\lim\limits_{k\to\infty}y(kT)=\lim\limits_{z\to 1}\left[(1-z^{-1})Y(z)\right]=0$. Es tritt kein bleibender Regelfehler auf!

Aufgabe 6.9: Gerade $s=-0,25\pm j\omega$ $\Rightarrow$ konzentrischer Kreis mit Radius $e^{-0,25}=0,779$,
Geraden $s=\sigma\pm j$ $\Rightarrow$ Geraden durch den Ursprung unter dem Winkel $\pm 1\,\text{rad}=\pm 57,3°$.
Gerade $\zeta=0,6$ $\Rightarrow$ logarithmische Spirale mit $|z|=\exp\left[-1,5\pi\omega_d/\omega_s\right]$ und $\arg z=2\pi\omega_d/\omega_s$.

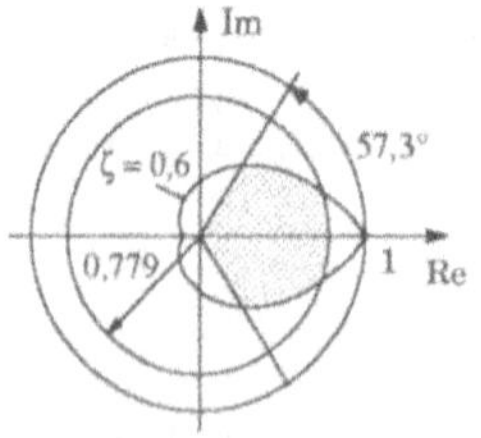

zu Aufgabe 6.9

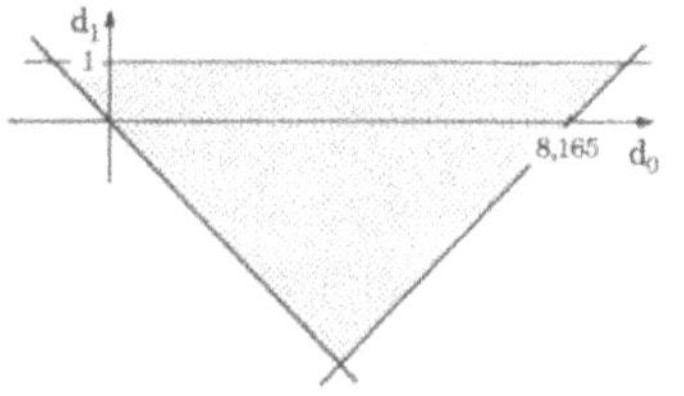

zu Aufgabe 6.11

Aufgabe 6.10: Der Regelkreis ist asymptotisch stabil.

Aufgabe 6.11: $P(z)=z^2+(0,3935d_0-1,6065)z+(0,3935d_1+0,6085)$

$P(1)>0$: $\Rightarrow$ $d_0+d_1>0$, $(-1)^2P(-1)>0$: $\Rightarrow$ $d_0-d_1<8,165$, $|\gamma_0|<|\gamma_2|$: $\Rightarrow$ $d_1<1$.

Der Regelkreis ist für den im obigen Bild dargestellten Bereich der Parameterebene asymptotisch stabil.

Kapitel 7

Aufgabe 7.1: a) $G_R(s)=\dfrac{1,6(s+5,306)}{s}$.

b) $G_D(z)=\dfrac{2,0245-1,1755z^{-1}}{1-z^{-1}}$.

c) $G(z)=\dfrac{0,0726z^{-1}+0,0426z^{-2}}{(1-0,3012z^{-1})(1-0,6703z^{-1})}$,

$G_W(z)=\dfrac{0,147z^{-1}+0,0009z^{-2}-0,0501z^{-3}}{1-1,8245z^{-1}+1,1743z^{-2}-0,252z^{-3}}$.

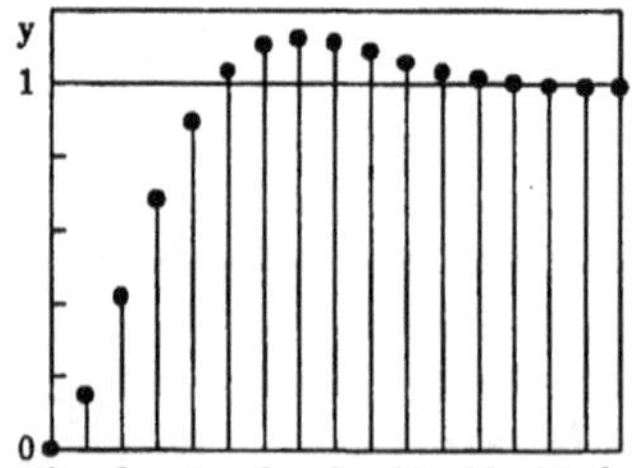

Aufgabe 7.2: a) $G_R(s) = 9{,}0667\,\dfrac{s+0{,}03}{s+0{,}0533}$.

b) $G_D(z) = 7{,}4133\,\dfrac{1-0{,}5488z^{-1}}{1-0{,}3444z^{-1}}$.

c) $G(z) = \dfrac{0{,}0165z^{-1}+0{,}0135z^{-2}}{(1-z^{-1})(1-0{,}5488z^{-1})}$,

$G_W(z) = \dfrac{0{,}1223z^{-1}+0{,}1002z^{-2}}{1-1{,}2219z^{-1}+0{,}4444z^{-2}}$.

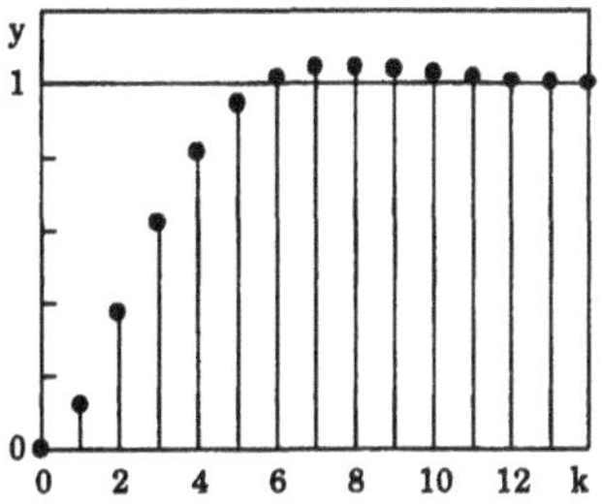

Aufgabe 7.3: a) $G(z) = 0{,}0022\,\dfrac{z+0{,}8762}{(z-1)(z-0{,}6703)}$, $G_D(z) = 0{,}6593\,\dfrac{z-0{,}6703}{z-0{,}3985}$,

$G_o(z) = 0{,}0579\,\dfrac{z+0{,}8762}{(z-1)(z-0{,}3985)}$, b) $G_W(z) = \dfrac{0{,}0579z+0{,}0508}{z^2-1{,}3406z+0{,}4493}$.

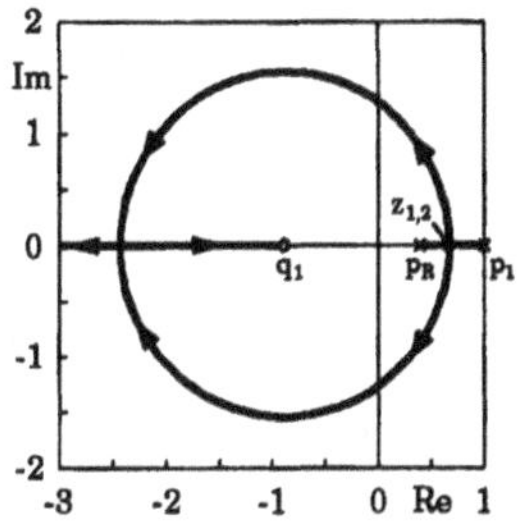

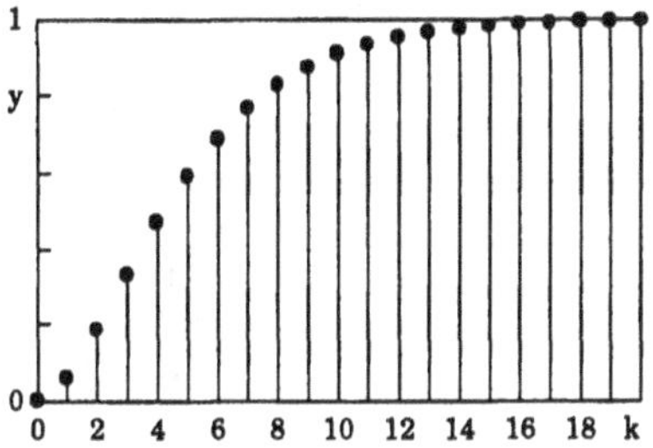

c) $Y(z) = -8{,}788\cdot 10^{-4}\,\dfrac{z^{-1}(1+0{,}8762z^{-1})(1-0{,}3985z^{-1})}{(1-0{,}6703z^{-1})^3}\,\dfrac{1}{1-z^{-1}}$.

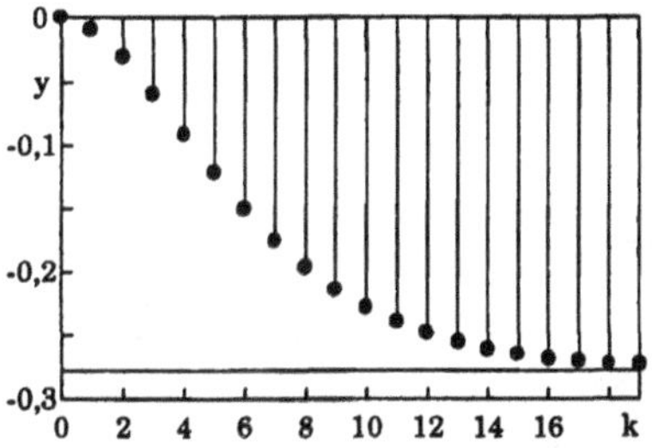

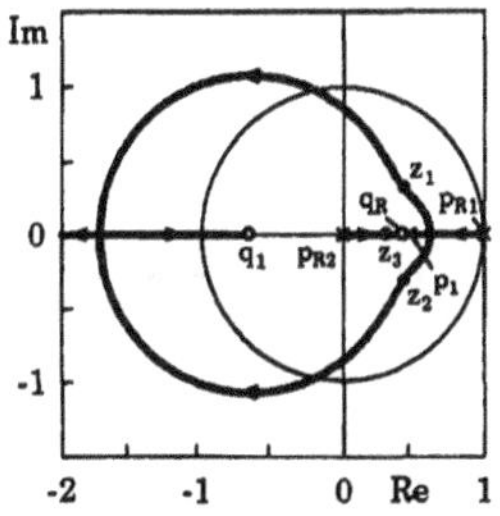

Aufgabe 7.4: a) $G(z) = 0{,}001564\,\dfrac{z+0{,}6590}{(z-0{,}6065)(z-0{,}4724)}$. b) $G_D(z) = 196{,}67\,\dfrac{(z-0{,}6065)(z-0{,}4233)}{z(z-1)}$,

Die WOK ist im obigen Bild dargestellt. $G_o(z) = 0{,}3077\,\dfrac{(z+0{,}6590)(z-0{,}4233)}{z(z-1)(z-0{,}4724)}$.

c) $Y(z) = 0{,}01\,\dfrac{3{,}5778z^3-4{,}5606z^2+0{,}9828z}{(z-0{,}6065)(z^3-1{,}1647z^2+0{,}5449z-0{,}0858)}\,\dfrac{z}{z-1}$.

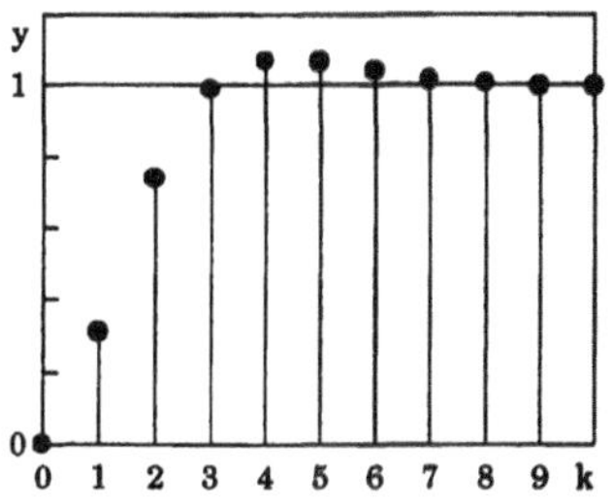

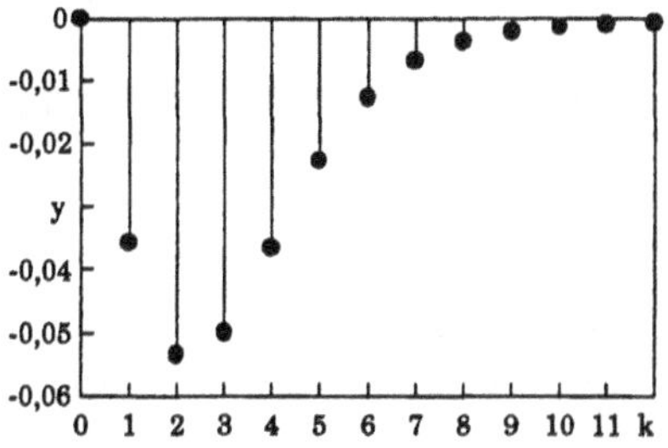

Aufgabe 7.5: a) $G(z)=\dfrac{0{,}2527z^{-1}+0{,}1667z^{-2}}{(1-0{,}3679z^{-1})(1-0{,}7788z^{-1})}$.

b) $C(z)=1$,
$F_W(z)=0{,}6025z^{-1}+0{,}3975z^{-2}$,
$G_{UW}(z)=2{,}3844-2{,}7342z^{-1}+0{,}6831z^{-2}$,
$$G_D(z)=\frac{1-1{,}1467z^{-1}+0{,}2865z^{-2}}{0{,}4194-0{,}2527z^{-1}-0{,}1667z^{-2}}.$$

c) $C(z)=1+1{,}3844z^{-1}$,
$F_W(z)=0{,}2527z^{-1}+0{,}5165z^{-2}+0{,}2308z^{-3}$,
$G_{UW}(z)=1+0{,}2377z^{-1}-1{,}301z^{-2}+0{,}3966z^{-3}$,
$$G_D(z)=\frac{1+0{,}2377z^{-1}-1{,}3010z^{-2}+0{,}3966z^{-3}}{1-0{,}2527z^{-1}-0{,}5165z^{-2}-0{,}2308z^{-3}}.$$

d) $C(z)=1+1{,}1467z^{-1}+0{,}2377z^{-2}$,
$F_W(z)=0{,}2527z^{-1}+0{,}4565z^{-2}+0{,}2512z^{-3}+0{,}0396z^{-4}$,
$G_{UW}(z)=1-0{,}7907z^{-2}+0{,}0560z^{-3}+0{,}0681z^{-4}$,
$$G_D(z)=\frac{1-0{,}7907z^{-2}+0{,}560z^{-3}+0{,}0681z^{-4}}{1-0{,}2527z^{-1}-0{,}4565z^{-2}-0{,}2512z^{-3}-0{,}0396z^{-4}}.$$

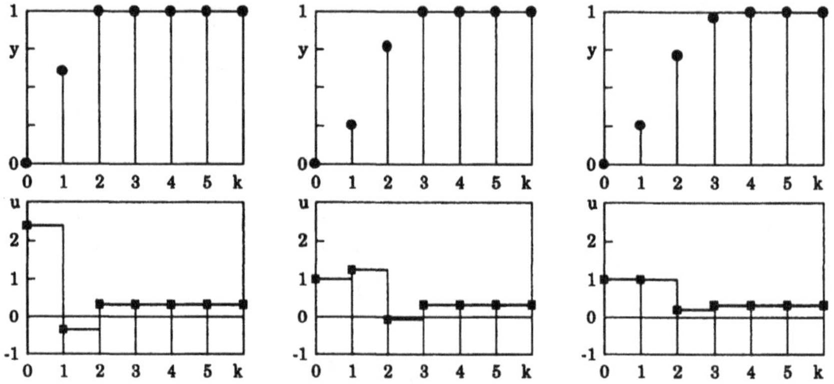

b) c) d)

Aufgabe 7.6: a) $G(z)=\dfrac{0{,}0646z^{-1}+0{,}1997z^{-2}+0{,}0331z^{-3}}{(1-z^{-1})(1-1{,}0646z^{-1}+0{,}3679z^{-2})}$.

b) $C(z)=1+0{,}6484z^{-1}$,
$F_W(z)=0{,}1291z^{-1}+0{,}4831z^{-2}+0{,}3371z^{-3}+0{,}0507z^{-4}$,
$G_{UW}(z)=2-2{,}8323z^{-1}+0{,}1874z^{-2}+1{,}1219z^{-3}-0{,}4770z^{-4}$,
$$G_D(z)=\frac{2-0{,}8323z^{-1}-0{,}6448z^{-2}+0{,}4771z^{-3}}{1+0{,}8709z^{-1}+0{,}3878z^{-2}+0{,}0507z^{-3}}.$$

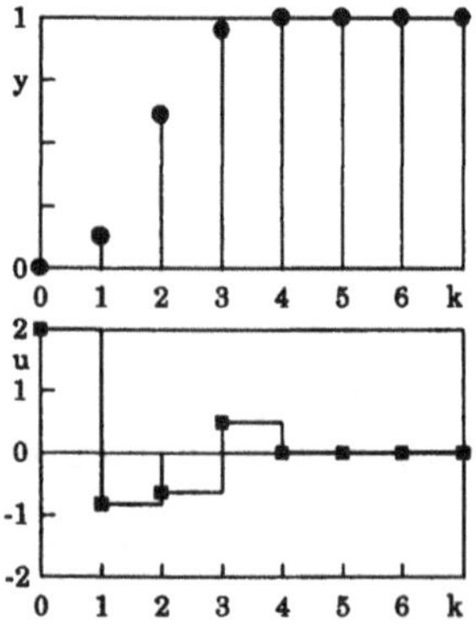

Aufgabe 7.7: a) $$G(z)=\frac{0{,}8342z^{-1}+0{,}5908z^{-2}}{1-0{,}6554z^{-1}+0{,}3679z^{-2}}.$$

b) $C_Z(z)=1+0{,}6554z^{-1}+0{,}0616z^{-2}$, $\quad G_D(z)=\dfrac{1-0{,}2008z^{-2}+0{,}1781z^{-3}+0{,}0227z^{-4}}{0{,}8342+0{,}3033z^{-1}-0{,}6989z^{-2}-0{,}4022z^{-3}-0{,}0364z^{-4}}$,

$C_W(z)=1$, $\quad G_V(z)=\dfrac{0{,}5854+0{,}4146z^{-1}}{1-0{,}2008z^{-2}+0{,}1781z^{-3}+0{,}0227z^{-4}}$.

c) $F_Z(z)=0{,}8342z^{-1}+0{,}3033z^{-2}-0{,}6989z^{-3}-0{,}4022z^{-4}-0{,}0364z^{-5}$,
$G_{UZ}(z)=-z^{-1}+0{,}2008z^{-3}-0{,}1781z^{-4}-0{,}0227z^{-5}$,
$F_W(z)=0{,}5854z^{-1}+0{,}4146z^{-2}$, $\quad G_{UW}(z)=0{,}7017-0{,}4599z^{-1}+0{,}2582z^{-2}$.

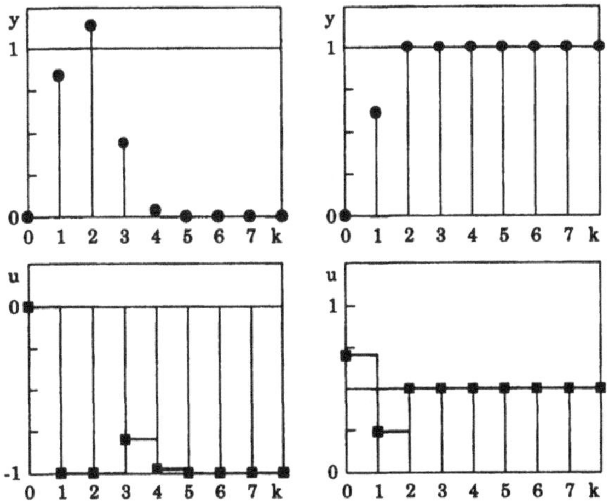

Aufgabe 7.8: a) $G(z)=\dfrac{0{,}0803z^{-1}+0{,}1544z^{-2}+0{,}0179z^{-3}}{1-1{,}1036z^{-1}+0{,}4060z^{-2}-0{,}0498z^{-3}}$,

$B^{+}(z)=0{,}0803z^{-1}(1+0{,}1239z^{-1}),\quad B^{-}(z)=1+1{,}7989z^{-1}$.

b) $C_Z(z)=1+1{,}1373z^{-1},\quad H(z)=0{,}9663z^{-1}-0{,}8555z^{-2}+0{,}2779z^{-3}-0{,}0315z^{-4}$,

$$G_D(z)=\frac{0{,}9663-0{,}8555z^{-1}+0{,}2779z^{-2}-0{,}1315z^{-3}}{(1-z^{-1})(0{,}0803+0{,}1012z^{-1}+0{,}0113z^{-2})},$$

$$G_V(z)=\frac{0{,}0803+0{,}0099z^{-1}}{0{,}2441-0{,}2161z^{-1}+0{,}0702z^{-2}-0{,}0080z^{-3}}.$$

c) $F_Z(z)=0{,}0803z^{-1}+0{,}1654z^{-2}-0{,}0522z^{-3}-0{,}1731z^{-4}-0{,}0204z^{-5}$,

$G_{UZ}(z)=-0{,}9663z^{-1}-0{,}8828z^{-2}+1{,}2611z^{-3}-0{,}4686z^{-4}+0{,}0566z^{-5}$,

$F_W(z)=0{,}3179z^{-1}+0{,}6112z^{-2}+0{,}0709z^{-3}$,

$G_{UW}(z)=3{,}9588-4{,}3690z^{-1}+1{,}6073z^{-2}-0{,}1971z^{-3}$.

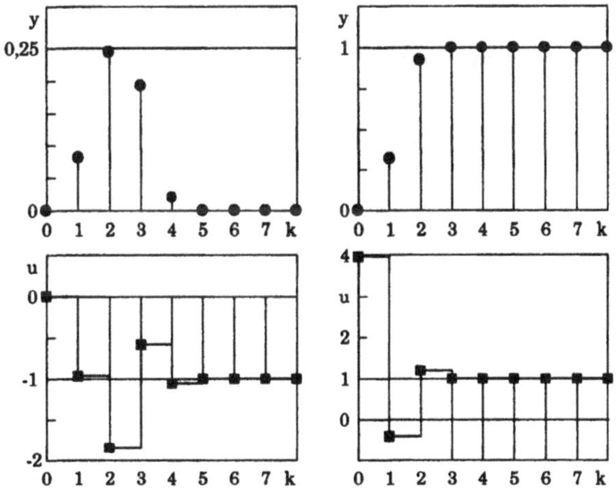

Aufgabe 7.9: a) $T_u=7\,s,\ T_a=42\,s,\ K_S=4,\ K_p=1{,}145,\ T_n=14{,}727\,s,\ T_v=5{,}5\,s$,

$$G_D(z)=\frac{2{,}8749-4{,}1383z^{-1}+1{,}5744z^{-2}}{1-z^{-1}}.$$

b) $$G(z)=\frac{0{,}0363z^{-1}+0{,}0986z^{-2}+0{,}0163z^{-2}}{1-1{,}8569z^{-1}+1{,}0966z^{-2}-0{,}2019z^{-3}},$$

$$G_W(z)=\frac{0{,}1046z^{-1}+0{,}1332z^{-2}-0{,}3040z^{-3}+0{,}0878z^{-4}+0{,}0257z^{-5}}{1-2{,}7523z^{-1}+3{,}0867z^{-2}-1{,}6025z^{-3}+0{,}2897z^{-4}+0{,}0257z^{-5}}.$$

c)
$$G_Z(z)=\frac{0{,}0658z^{-1}-0{,}0362z^{-2}-0{,}0494z^{-3}+0{,}0198z^{-4}}{1-2{,}7523z^{-1}+3{,}0867z^{-2}-1{,}6025z^{-3}+0{,}2897z^{-4}+0{,}0257z^{-5}}$$

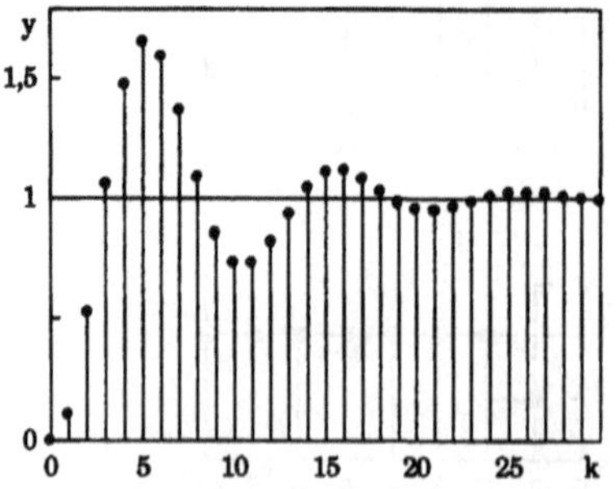

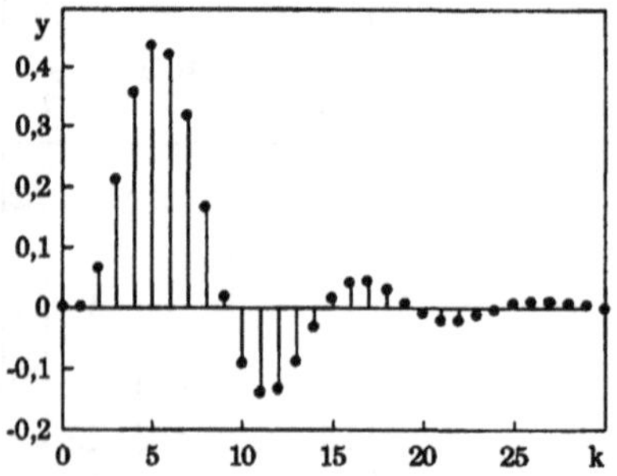

Aufgabe 7.10: a) $K_{pkrit.}=0{,}928$, $T_{krit.}=337{,}5\,s$, $K_p=0{,}557$, $T_n=168{,}75\,s$, $T_v=42{,}19\,s$,

$$G_D(z)=\frac{1{,}5383-2{,}3957z^{-1}+0{,}9400z^{-2}}{1-z^{-1}}.$$

b) $$G(z)=\frac{0{,}1603z^{-3}+0{,}1302z^{-4}}{(1-z^{-1})(1-0{,}5353z^{-1})},$$

$$G_{Z1}(z)=\frac{1{,}6030z^{-3}-0{,}3010z^{-4}-1{,}3010z^{-5}}{1-2{,}5353z^{-1}+2{,}0706z^{-2}-0{,}2887z^{-3}-0{,}1837z^{-4}-0{,}1612z^{-5}+0{,}1224z^{-6}},$$

$$G_{Z2}(z)=\frac{-6{,}25z^{-1}+9{,}5956z^{-2}-3{,}3456z^{-3}}{1-2{,}5353z^{-1}+2{,}0706z^{-2}-0{,}2887z^{-3}-0{,}1837z^{-4}-0{,}1612z^{-5}+0{,}1224z^{-6}}.$$

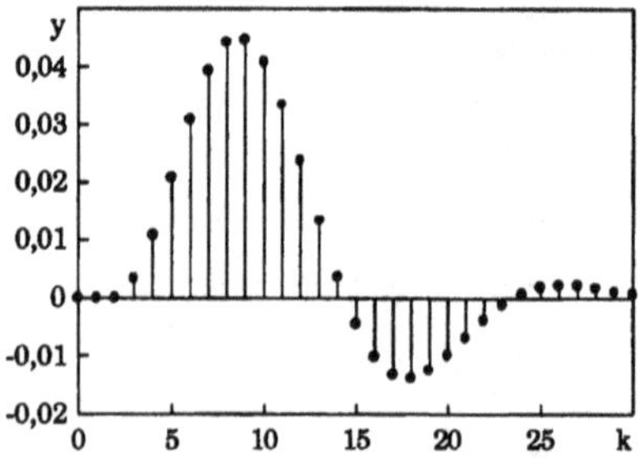

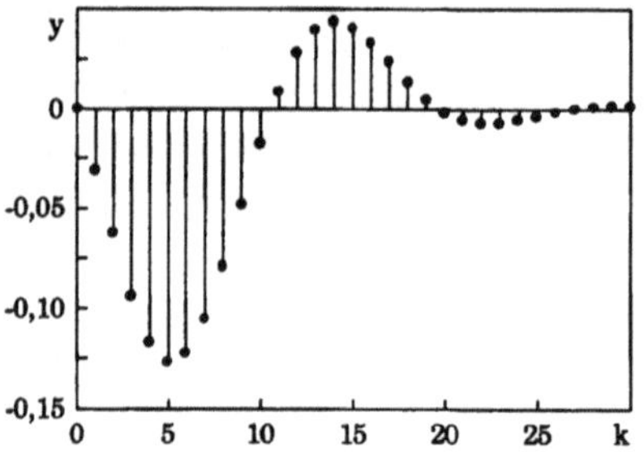

Literatur

Allgemeine Lehrbücher

Böttiger, A.: Regelungstechnik - Einführung für Ingenieure und Naturwissenschaftler, R. Oldenbourg Verlag, München-Wien, 2. Aufl., 1992.

Dickmanns, E.D.: Systemanalyse und Regelkreissynthese, B.G. Teubner, Stuttgart, 1985.

Dorf, R.C.: Modern Control Systems, Addison-Wesley, Reading, Mass., 3rd Ed., 1980.

Föllinger, O.: Regelungstechnik - Einführung in ihre Methoden und ihre Anwendung, Hüthig-Verlag, Heidelberg, 4. Aufl., 1984.

Franklin, G.F., Powell, J.D., Emami-Naeini, A.: Feedback Control of Dynamic Systems, Addison-Wesley, Reading, Mass., 2nd Ed., 1991.

Hostetter, G.H., Savant, C.J., Stefani, R.T.: Design of Feedback Control Systems, Holt, Rinehart and Winston, New York, 1982.

Kuo, B.C.: Automatic Control Systems. Prentice Hall, Englewood Cliffs, N.J., 4th Ed., 1982.

Ogata, K.: Modern Control Engineering, Prentice Hall, Englewood Cliffs, N.J., 2nd Ed., 1990.

Raven, F.H.: Automatic Control Engineering, McGraw-Hill, New York, 3rd Ed., 1978.

Seborg, D.E., Edgar, T.F., Mellichamp, D.A.: Process Dynamics and Control, John Wiley & Sons, New York, 1989.

Schmidt, G.: Grundlagen der Regelungstechnik, Springer-Verlag, Berlin-Heidelberg-New York, 1982.

Takahashi, Y., Rabins, M.J., Auslander, P.M.: Control and Dynamic Systems, Addison-Wesley, Reading, Mass., 1980.

Unbehauen, H.: Regelungstechnik I, 7. Aufl., Vieweg-Verlag, Braunschweig, 1992.

Unbehauen, H.: Regelungstechnik II, 5. Aufl., Vieweg-Verlag, Braunschweig, 1989.

Van de Vegte, J.: Feedback Control Systems, Prentice Hall, Englewood Cliffs, N.J., 1986.

Weinmann, A.: Regelungen, Band 1 und 2, 2. Aufl., Springer-Verlag, Wien-New York, 1987.

Nichtlineare Regelsysteme

Atherton, D.P.: Nonlinear Control Engineering, Van Nostrand Reinhold, London, 1982.

Föllinger, O.: Nichtlineare Regelungen I, Grundbegriffe, Anwendung der Zustandsebene, 7.Aufl., R. Oldenbourg Verlag, München-Wien, 1993.

Föllinger, O.: Nichtlineare Regelungen II, Harmonische Balance, 7.Aufl., R. Oldenbourg Verlag, München-Wien, 1993.

Göldner, K.: Nichtlineare Systeme der Regelungstechnik, Verlag Technik, Berlin 1973.

Zeitz, K.H.: Regelungen mit Zwei- und Dreipunktreglern, R. Oldenbourg Verlag, München-Wien, 1986.

Zustandsraum-Methoden

Föllinger, O., Franke D.: Einführung in die Zustandsbeschreibung dynamischer Systeme, R. Oldenbourg Verlag, München-Wien, 1982.

Freund, E.: Regelungssysteme im Zustandsraum I, Struktur und Analyse, R. Oldenbourg Verlag, München-Wien, 1987.

Freund, E.: Regelungssysteme im Zustandsraum II, Synthese, R. Oldenbourg Verlag, München-Wien, 1987.

Roppenecker, G.: Zeitbereichsentwurf linearer Regelungen, R. Oldenbourg Verlag, München-Wien, 1990.

Digitale Regelung

Ackermann, J.: Abtastregelung, 3. Aufl., Springer-Verlag, Berlin-Heidelberg, 1988.

Föllinger, O.: Lineare Abtastsysteme, 4. Aufl., R. Oldenbourg Verlag, München-Wien, 1991.

Franklin, G.F., Powell, J.D.: Digital Control of Dynamic Systems, Addison-Wesley, Reading, Mass., 1980.

Gausch, R., Hofer, A., Schlacher, K.: Digitale Regelkreise, R. Oldenbourg Verlag, München Wien, 1991.

Isermann, R.: Digitale Regelsysteme, Band 1, 2.Aufl., Springer-Verlag, Berlin-Heidelberg, 1987.

Katz, P.: Digital Control using Microprocessors, Prentice-Hall, Inc., Englewood Cliffs, N.J., 1981.

Kuo, B.C.: Digital Control Systems, Holt, Rinehart and Winston, Inc., New York, 1980.

Ogata, K.: Discrete Time Control Systems, Prentice-Hall, Inc., Englewood Cliffs, N.J., 1987.

Takahashi, Y., Chan, C.S., Auslander, D.M.: Parametereinstellungen bei linearen DDC-Algorithmen, ***rt*** - Regelungstechnik und Prozeß-Datenverarbeitung, 19. Jahrgang, 1971, Heft 6, S. 237-244.

Sachverzeichnis